생명을 보는 마음

생명과학자의 삶에 깃든 생명 이야기

생명을 보는 마음

김성호 지음

풀빛

교교한 달빛에 안겨 잠을 자는 재두루미
재두루미는 발목이 잠길 깊이의 물에서 다리 하나는 들고, 긴 목은 어깨에 올려놓고 잔다.

크든 작든,

보이든 보이지 않든,

움직일 수 있든 움직일 수 없든,

이 땅이 품은 모든 생명에게 바칩니다.

여는 글

가을빛 고운 날입니다. 그제도 어제도 비가 오시더니 오늘은 눈이 시리도록 맑습니다. 덕분에 우산 없이 산책길에 나섭니다. 아름다움의 중심에는 빛깔이 있지 않나 싶습니다. 하늘은 하늘빛으로, 풀은 풀빛으로, 나무는 가을빛으로 모두 제 빛깔로 빛납니다. 산책이니 걸음에 집중하려 하나 뜻대로 되지 않습니다. 나무에 눈길이 가고, 들꽃에 마음이 빼앗기고, 새와 곤충이 길을 막아 걸을 때보다 설 때가 더 많습니다. 비가 많은 해라 버섯도 지천입니다. 버섯을 만나면 엎드려 눈높이 맞추고 인사까지 해야 합니다. 산모퉁이 하나 돌아서기도 제법 시간이 걸립니다.

뒤틀림 없이 곧게 뻗은 소나무를 지납니다. 몇 해 전 큰오색딱따구리가 3주에 걸쳐 힘써 지은 둥지의 입구가 보입니다. 지었으나 끝까지 지키지 못하여 해마다 둥지의 주인이 바뀌었는데, 올해는 하늘

다람쥐가 새끼를 키우고 늦은 봄날 떠난 적이 있습니다. 이후로는 아무도 쓰지 않는 빈집으로 알았으나 그게 아니었습니다. 밖으로 드러나지 않았을 뿐 둥지 속에서는 다람쥐가 은밀히 새끼를 키워 내고 있었습니다. 겨울잠을 바로 앞둔 가을에 어린 다람쥐를 만나는 것은 무척 드문 일입니다. 마침 젖을 뗀 어린 다람쥐들이 세상 첫 나들이에 나섭니다. 하나, 둘, 셋, 넷, 다섯. 모두 다섯입니다. 한 해에 두 무리의 생명을 알뜰히 품어 낸 소나무에서 몇 걸음 벗어나지 못합니다. 푸드덕 소리가 들립니다. 나무와 나무 사이, 푸르른 하늘을 날아다니는 꾀꼬리의 날갯짓이 부산합니다. 꾀꼬리는 봄에 우리나라에 와서 여름을 건너며 어린 새를 키우고 가을이 깊어 추워지기 전에 떠나는 여름 철새입니다.

모두 그러했듯 새들 역시 올여름 참으로 힘겨웠습니다. 맑은 날을 만나기 어려웠습니다. 그 모진 비, 오직 자신의 몸 하나로 막아 내며 어린 새들 잘 돌보았고, 이제는 먼 길 떠날 어린 날개에 힘을 키워 주고 있습니다. 나무 아래에서는 가을 분위

세상 첫 나들이를 나서는 어린 다람쥐들
큰오색딱따구리가 남긴 둥지는 해마다 주인이 바뀐다. 올봄 하늘다람쥐가 새끼를 키운 그곳에 어린 다람쥐 다섯이 커 가고 있다.

기 물씬 나는 쑥부쟁이가 꽃망울을 여럿 터뜨리고 있으며, 배풍등 열매는 어제보다 붉은빛이 더 간절해졌습니다. 나의 눈에도 잘 드러나니 새들의 눈에는 더없이 잘 띄겠습니다. 달콤함은 취하고 대신 열매 속의 씨앗은 멀리 흩뿌려 달라는 뜻일 것입니다. 익을 대로 익은 물봉선 꼬투리 또한 손을 대면 곧바로 톡 하고 터지며 씨앗을 멀리 튕겨 낼 기세입니다. 매미 소리가 거의 들리지 않는다 싶더니 줄베짱이와 긴꼬리쌕쌔기를 비롯한 풀벌레 소리가 하루가 다르게 숲을 채우고 있습니다. 언제나 싱그러운 대나무 사이로 절구를 닮은 절구버섯이 피어 있었는데, 오늘은 스러져 가는 절구버섯에서 또 다른 버섯이 피었습니다. 버섯에서 피어나는 버섯, 덧붙이버섯입니다.

같은 길을 그제도 걷고, 어제도 걷고, 오늘도 걷는 것이라 같은 나무이고 같은 들꽃이고 같은 버섯일 수 있습니다. 어제와 오늘이 같고 오늘과 내일이 같다면 지칠 수 있습니다. 설렘이 덜하거나 아예 없기도 쉽습니다. 그러나 자연이 품은 생명 중 어제와 오늘이 같은 것은 없었습니다. 저들과 더불어 사는 나의 삶이 날마다 새뜻한 까닭입니다.

어느 결에 60의 나이가 되었습니다. 돌이켜 보니 나의 삶은 자연에 깃들인 생명으로부터 멀어진 적이 없었습니다. 시골 외가에서 생명과 더불어 놀았던 어린 시절이 있었고, 생물보다 더 사랑하는 것이 없었기에 대학에서 생물학을 전공한 시간이 있었고, 공부하고 연구한 내용을 가르치며 산 시간이 있었으며, 생명이 있는 것들이 저마다 살아가는 모습을 오래도록 지켜보다 그 끝에서는 나의 삶은 어떤지를 물었던 시간이 있었습니다. 결국 오늘 하루와 지난 60년의 하루하루가 크게 다르지 않았습니다. 이 책은 그 모든 하루의 소중한 기억을 함께 나누고자 썼습니다.

책을 낼 때마다 신세를 지는 친구가 있습니다. 신세라는 표현이 많이 약합니다. 대학 동기인 조선대학교 조은희 교수입니다. 공들여 넘치게 쓴 다음 아낌없이 버리는 과정에서 이번 또한 무엇을 버려야 할지 정확히 짚어 주었습니다. 그저 고마운 마음뿐입니다. 부족함이 많은 글을 토씨 하나 빠뜨리지 않고 꼼꼼히 읽어 주시고 조언과 더불어 추천의 글을 써 주신 안도현 시인, 고려대학교 윤태웅 교수, 국립과천과학관 이정모 관장 세 분께도 깊이 감사드립니다.《생명을 보는 마음》은 지금까지 펴낸 나의 책과 다른 점이 있습니다. 출판사에서 먼저 책의 제목을 정한 다음 나를 필자로 삼아 주었습니다. 귀한 기회를 주신 도서출판 풀빛의 모든 가족, 특히 오랜 시간 서로 다른 생각이 무수히 오가면서도 단 한 번도 친절함과 섬세함이 흔들리지 않았던 기획·책임편집 김재실 선생님, 긴 이야기의 느낌을 표지 한 장에 온전히 담아 주시고 밤잠을 설치며 사진의 위치와 크기를 아름답게 잡아 주신 김진영 선생님께 고마운 마음 전합니다.

책을 펼치면 생명, 동물과 식물과 미생물을 보는 나의 마음을 만나게 됩니다. 생명을 향한 여러분의 마음도 함께 열어 보시기 바랍니다. 그러다 여러분 안에 이미 있는 생명 존중과 경외의 마음을 마주하게 된다면 내게 더 이상의 기쁨은 없겠습니다.

2020년 가을빛 고운 날

김성호

차례

5. 생물다양성과 멸종위기 생물

6. 야생동물의 비운

7. 동물축제의 불편한 진실

8. 동물원 이야기

9. 실험동물

10. 동물전염병

Ⅱ 식물을 대하는 마음

1. 식물과의 만남 - 고마움과 아름다움의 시간

2. 공부로 만난 식물 - 식물은 어떤 생명인가?

3. 식물의 생존전략

4. 위기의 식물

Ⅲ 작은 것들을 대하는 마음

빗속에서도 먹이를 구해 둥지에 온 큰오색딱따구리 수컷

I

동물을 대하는 마음

나의 삶에서 큰 축복이라 여기는 세 가지가 있다. 첫째는 아들과 딸이 나의 아들과 딸로 세상에 와 준 것이고, 둘째는 초등학교에서 중학교까지 방학이면 시골 외가댁에서 생활한 것이며, 셋째는 지리산과 섬진강 곁에서 내 삶의 절반을 살고 있는 것이다.

1

•

동물과의 만남

친가와 외가는 농촌 마을의 옆집 사이였다고 들었다. 어릴 때부터 벗으로 지낸 두 분이 결혼을 하고 그 사이에서 내가 태어났다. 친할머니는 나를 보지 못하셨고, 친할아버지는 내가 태어난 해에 돌아가신 것으로 알고 있다. 친할아버지께서 세상을 떠나신 뒤 부모님은 서울로 올라오셨다. 여전히 본가의 이웃집에 사시던 외할머니는 고등학교 3학년 때 떠나셨고, 외할아버지는 96세에 운명하셨는데 그때 내 나이 마흔다섯이었다. 그 나이가 되도록 외손자로서 사랑을 받은 것이니 더없이 고마운 일이다.

생명을 키웠던 동물농장

서울에 오신 아버지는 목수 일을 하셨고 우리 가족은 오랜 시간 단칸방 생활을 한다. 어머니는 늘 비좁은 공간에서 생활하는 나를 안타깝게 여기셨다. 작은 입이지만 그 하나마저 줄여야 했는지도 모르겠다. 초등학교 시절부터 중학교에 다닐 때까지는 방학을 하면 바로 다음 날 외가댁으로 갔다. 돌아오는 것은 개학 전날이었다. 외가는 농촌에 자리 잡은 초가집이었다. 다른 집들은 멀리 보이는 야트막한 산자락과 저수지 곁을 따라 옹기종기 모여 있었고, 외가는 드넓은 들녘에 홀로 뚝 떨어져 호젓하게 있었다. 무척 큰 집이었고, 가장 식구가 많을 때는 열일곱 명이 함께 살았다. 외할아버지, 외할머니, 큰외삼촌 가족, 둘째 외삼촌 가족, 셋째 외삼촌, 이모, 막내 외삼촌, 그리고 나. 자연에 깃든 생명에 스스로 눈길을 주기 시작하고 그 안으로 조금씩 들어간 것은 그 시절 외가에서 보냈던 시간과 맞닿아 있다.

외가는 한마디로 동물농장이었다.

우선 소. 농사를 짓기 위해 집마다 소를 한 마리씩 키우던 시절이다. 암컷이었고 할아버지는 자신보다 소를 더 아끼셨다. 우리 소는 다른 소와 격이 달랐다. 무척 잘생겼다. 특히 눈이 크고 예뻤다. 쌍꺼풀도 멋졌다. 뿔마저 뒤틀림 없이 양쪽이 똑같은 모습으로 안정적이었고 구부러진 각도 또한 부드러웠다. 마르지도 뚱뚱하지도 않고 토실토실한 정도로 딱 알맞았다. 더군다나 언제나 깨끗했다. 외양간이 집 안에 있었는데 냄새도 거의 없었다. 쉼 없이 할아버지의 손길이 닿은 까닭이다. 외양간뿐이랴. 할아버지는 날마다 소의 몸을 빗질해 주었다. 털은 가지런했으며 몸에서는 반질반질 윤이 났다.

가장 마음 쓰시는 것은 먹을거리였다. 여름이면 날마다 꼴을 베어다 주셨고, 겨울이면 역시 하루도 거르지 않고 소죽을 쒀 주셨다. 소가 건강하지 않을 수가 없었다. 나는, 꼴을 베러 가시는 길에 함께 나서

거나 소죽을 쑤실 때 옆에서 말동무가 되어 주는 정도였지만, 더러 소를 데리고 나가 직접 풀을 뜯게도 했다. 물론 할아버지의 허락을 받고서였다. 논둑은 소를 데리고 다니기 너무 좁았다. 마을과 마을을 잇는 길은 수레가 지날 만큼은 되었기에 그 길을 따라 풀을 뜯게 했으며, 이웃들도 다르지 않았다.

여러 소가 다니는 길인 터라 어쩔 수 없이 여기저기에 소똥이 수북이 쌓이기 마련이다. 그냥 지나칠 수 없다. 뭐가 있기 때문이다. 코가 닿을 듯 다가간다. 풀을 먹은 소의 똥 냄새는 그리 고약하지 않다. 소똥구리다. 배설 직후의 소똥은 수분이 많아 소똥구리가 모이지 않는다. 하루나 이틀 지나 알맞게 마른 똥 무더기에는 소똥구리가 바글바글했다. 소똥을 동그랗게 잘라 낸 뒤 물구나무를 선 자세로 뒷다리로 밀면서 소똥을 굴리는 모습은 귀엽기 짝이 없다. 큰일이다. 소똥구리에 정신이 팔려 고삐를 놓고 있었던 것이다. 논의 벼와 길가에 줄줄이 서 있는 콩잎을 뜯어 먹을 수 있는데 그런 일은 없었다. 혼자 알아서 천천히 움직이며 먹어야 할 풀만 먹었다. 참으로 온순하면서도 듬직한 친구였다. 소하고는 어느 정도 마음을 주고받는 순간도 있지 않았나 싶다.

다음은 닭. 서른 마리 정도를 키우셨다. 닭이 홰를 치며 내는 "꼬끼오~" 소리는 정말 많이 들었다. 닭이 새벽에 홰를 치며 운다고 하는데 사실과 다르다. 심심한지 낮에도 밤에도 새벽에도 자주 그런다. 닭장이 처음에는 집 안에 있었으나 나중에는 마당으로 옮겨졌다. 닭장은 가둬 키우기 위해 있는 것이 아니었다. 족제비를 비롯하여 닭을 탐내는 동물로부터 닭을 지키기 위함이었다. 어둠이 내릴 즈음이면 닭은 대부분 스스로 닭장에 들어간다. 물론 버티는 닭도 있다. 닭이라 하여 다 같지 않다. 버티는 녀석은 살살 몰아서 넣으면 된다. 닭이 다 있는지 숫자를 세고 문을 꼭꼭 닫는 것은 나의 몫이었다. 닭이 이리저리 움직이면 숫자를 세는 단순한 일도 쉽지 않다.

날이 밝으면 닭장 문을 열어 준다. 나보다 더 일찍 일어나시는 할아버지나 큰외삼촌이 열어 주실 때가 많았지만 더러 내가 열어 주기도 했다. 닭은 하나둘씩 꼬리를 잇듯 닭장을 빠져나와 먹이터로 향한다. 여름에는 주변이 모두 논이라 바깥마당과 텃밭에서 주로 먹이활동을 하지만 겨울이면 빈 논과 들녘을 따라 멀리 가기도 했다. 닭이 모이를 찾아 먹는 모습은 참 재미있다. 고개 들어 하늘을 보며 양쪽 발을 교대로 흙을 긁어낸 다음 그제야 고개를 숙여 흙 속에 숨은 지렁이나 벌레를 잡아먹는다. 흙을 헤집을 때는 흙을 보지 않는다.

수탉은 암탉을 여럿 거느린다. 어쩔 수 없이 바쁘다. 암탉이 알을 낳으면 "꼬꼬댁 꼭꼭꼭꼭, 꼬꼬댁 꼭꼭꼭꼭" 소리를 오래도록 낸다. 수탉이 홰를 치며 내는 소리와는 사뭇 다르다. 암탉이 알을 낳고 울면 수탉은 멀리서도 허겁지겁 암탉 쪽으로 걸음을 옮긴다. 그렇게 거의 다 암탉 쪽으로 갔는데 반대쪽에서 다른 암탉이 알을 낳고 세차게 울기 시작할 때가 있다. 수탉은 방향을 바꿔 되돌아간다. 또 반대쪽에서 울면 다시 방향을 바꾸고, 그러기를 몇 번…. 중간에서 이러지도 저러지도 못하고 허둥거리는 모습이 눈에 선하다.

닭이 낳아 주는 달걀은 무척 귀한 음식이었다. 열 개 남짓의 알이 날마다 쌓였지만 쉽사리 먹을거리로 삼지 못하였다. 모든 것을 아낌없이 주고 싶어 하셨던 외할머니께서도 달걀만큼은 쉽게 내주지 못하셨다. 오일장, 5일마다 시장이 열리던 때다. 장날이면 외할아버지는 달걀 열 개가 들어가는 꾸러미 다섯 개를 하나로 묶어 옆구리에 차고 장터로 향하셨다. 20리(8㎞) 길이니 왕복 네 시간 거리다. 돌아오시는 길, 언제나 손 한쪽에는 새끼줄로 엮은 자반고등어 또는 자반갈치, 다른 한쪽에는 손자와 손녀들을 위한 주전부리 보따리가 들려 있었다.

할아버지는 볏짚으로 무엇을 만드는 것에 달인이셨다. 그때는 〈생활의 달인〉이라는 프로그램이 없었던 것이 아쉽다. 새끼줄, 달걀 꾸러미, 가마니, 멍석, 삼태기, 구럭… 만들지 못하는 것이 없으셨고 솜씨 또한 뛰어나셨다. 여름이면 여치집도 멋지게 만들어 주셨다. 닭이 알을 품는 둥우리 또한 할아버지의 작품이었다. 암탉은 알을 품기 시작하면 둥우리에서 거의 내려오지 않는다. 할머니께서는 한 달을 그렇게 품는다고 하셨다. 하루는 꼬박 지켜본 적이 있다. 딱 한 번 둥지를 나서 날갯짓 몇 번 한 뒤 마당으로 나가 잠깐 먹이를 먹은 뒤 다시 둥우리로 들어갔다.

생명이 그냥 생기는 것이 아니었다. 방학과 시기가 맞지 않아 한 달 품기의 결과인 병아리의 탄생은 두 번밖에 만나지 못했다. 그럼에도 그 귀여움에 대한 기억은 선명하다. 서울의 학교 주변에서 팔던 노란색 병아리와는 차원이 달랐다. 시골 닭, 토종닭이다. 세상의 모든 색을 한 몸에 두른 그 작고 깜찍한 병아리들이 "삐약, 삐약" 소리를 내며 엄마를 졸졸졸 따라다니는 모습은 귀여움으로 본다면 최고가 아닐까 싶다.

돼지. 외양간은 집 안에 있었지만 돼지우리는 바깥마당 구석 쪽에 있었다. 냄새가 좀 난다. 검은색의 토종돼지였다. 외양간처럼 돼지우리 입구에도 구유, 먹이통이 있었다. 큰 통나무를 반으로 자르고 속을 파내 만든 것인데, 역시 외할아버지의 멋진 작품 중 하나다. 돼지의 먹성은 정말 좋다. 무엇이든 잘도 먹는다. 대가족이 모여 사니 어쩔 수 없이 음식 쓰레기가 많이 생긴다. 돼지의 먹을 것을 챙기는 것은 부엌에서 많은 시간을 보내시는 큰외숙모님 몫이었다. 많은 시간을 보냈다기보다는 부엌에서 살았다는 표현이 옳겠다.

열일곱 명의 대식구였다. 아침 준비하고 설거지하고, 점심 준비하고 설거지하고, 저녁 준비하고 설거지하고…. 부엌에는 큰 가마솥이 세 개나 있었다. 언제나 하얀 수건을 곱게 접어 모자처럼 쓰고 계셨는데 아주 늦은 밤에야 벗으셨다. 어린 눈에도 외숙모님이 꽤나 힘드시겠다는 생각이 들었다. 사내 녀석이 부엌에 오면 안 된다는 말을 계속 들으면서도 아궁이에 불 지피는 일이라도 도우려 들락거렸는데, 얼마나 도움이 되었는지는 모르겠다. 밥을 지으려 쌀을 씻으면 뿌연 물이 나오는데 쌀뜨물이라고 한다. 맹물이 아니다. 쌀의 기운이 어느 정도 있는 물이다. 쌀뜨물도 허투루 버리지 않으셨다. 따로 모으는 통이 있었고 그 통에는 감자껍질, 오이껍질, 호박껍질, 남은 음식들이 함께 모였다. 그 통을 옮겨 돼지 구유에 쏟아 주는 일도 할 수 있다면 많이 하려 했던 기억이 난다. 돼지는 그 모든 것을 잘도 먹어 주며 컸다.

돼지는 언제나 우리 안에만 있었기 때문에 사귈 기회가 거의 없었다. 돼지가 아주 잘생겼다고 말하기는 어렵다. 큰 몸통에 비해 무척 짧은 다리, 조그마한 눈, 삐죽 튀어나온 주둥이. 주둥이에는 코가 바로 붙어 있고 콧구멍까지 크게 뻥 뚫려 있으며, 그 큰 몸집에 어울리지 않는 가늘고 짧은 꼬리, 게다가 돌돌 말리기까지…. 그렇더라도 어느 해인가 열두 마리의 새끼를 낳아 젖을 물리고 누워 있는 모습은 무척 아름다웠다. 또한 돼지가 없었다면 돼지가 먹어 준 것이 흙이나 물에 버려져 악취를 풍기며 썩어 갔을 것은 분명하다. 겉모습이 그리 중요한 것은 아니었다.

강아지. 외가에는 개는 없고 강아지만 있었다. 강아지도 내내 있지는 않았다. 있다가 없다가 했다. 외할머니께서 개를 무서워했기 때문이다. 강아지를 키우다가도 6개월 정도가 지나 성체의 크기가 되면 다른 집으로 보내졌다. 개를 무서워하시는 것은 어머니께도 전해진다. 어머니는 할머니보다 조금 더 심하셨다. 강아지도 무서워하셨다. 그래서 나중에 내가 강아지를 직접 키우기 전까지는 개와의 추억이 많지 않다.

고양이. 고양이는 강아지보다 함께 지낸 시간이 더 짧다. 사랑방 아궁이는 소죽을 쑤는 전용공간이었으며, 옆에는 문도 없는 헛간이 붙어 있었다. 사랑방 아궁이와 헛간은 안마당과 바로 연결되는 열린 공간인 셈이다. 헛간 한쪽에는 불을 지피기 위한 땔감이 쌓여 있었고 소죽에 넣을 여물, 쌀겨, 콩깍지는 따로 가마니에 채워져 있었다. 고양이는 헛간에서 살았다. 겨울이면 날마다 소죽을 쑤니 부뚜막은 무척 따뜻한 곳이어서 고양이는 주로 부뚜막에 앉아 있었다. 고양이는 곁을 주지 않았다. 부뚜막 가까이 가면 몸을 일으켜 헛간으로 가 버리기 일쑤였다. 내가 조금 더 시간을 두고 다가섰다면 더 친해질 기회가 있었겠으나 쉽게 친해질 수 있는 다른 친구들이 많아 결국 고양이와 친구까지 되지는 못했다. 어느 해 여름방학 때 처음 만났고 그해 겨울방학 때도 있었으나, 다음 해 여름방학에는 고양이가 없었다. 어느 날 집을 나가 돌아오지 않았다고 들었다.

집 밖 물의 세상

집 밖의 세상은 어떤가. 논 한가운데 있는 집이니 집 밖은 논이다. 마당에서 논둑을 지나 조금 떨어진 곳에 엄청 큰 저수지가 있었다. 규모에 비해 수심이 그리 깊지 않은 편이어서 습지식물이 가득했다. 이름은 나중에 안 것이지만 가장자리에는 물수세미와 가는가래가 꽉 차 있었다. 수면은 마름과 연꽃이 빼곡히 자리를 잡아 오히려 물만 있는 곳이 드물 정도였다. 물만 있는 곳은 마름과 연꽃이 뿌리를 내리기 힘든 깊은 곳이다. 물 깊이가 키를 넘어 자맥질을 해야 바닥에 닿는 곳에서는 마름과 연꽃도 자라지 못했다. 그 안에 많이 있었기에 안다.

현재, 우리나라 최고의 습지로 우포를 꼽는다. 우포는 분명 본래의 모습 그대로 보존된 몇 남지 않은 아름다운 습지다. 하지만 불과 50년 전에는 우포 수준의 습지가 전국 곳곳에 있었다. 여름방학이면 하루의 거의 반을 나는 그 습지에서 살았다. 지금으로 말하면 습지생태공원을 날마다 간 셈이다.

저수지 둑길로 들어서면 가장 먼저 나를 반기는 것은 메뚜기였다. 정확히는 둑을 따라 서 있던 콩잎을 스치며 지나니 메뚜기들이 놀라 도망하는 것이었다. 당시 콩메뚜기라 부르던 친구가 가장 많았다. 콩잎에 앉아 있는 경우가 흔해 그리 부른 모양이나 정확한 이름은 섬서구메뚜기다. 큰 하나가 작은 하나를 등에 업고 있는 모습이 많았다. 그때는 엄마가 아기를 업고 다니는 것으로 알았으나 몸집이 작은 수컷이 암컷의 등에 올라타 오랜 시간 짝짓기를 하는 모습이었다. 섬서구메뚜기는 멀리 날지는 못하고 톡톡 튀어 자리를 옮긴다.

섬서구메뚜기만큼은 아니어도 논에 사는 벼메뚜기 또한 쉽게 만

섬서구메뚜기
키 작은 풀밭에서 산다. 몸집이 작은 수컷이 암컷의 등에 올라타 오랜 시간 짝짓기를 하는데, 마치 새끼를 등에 업고 다니는 것처럼 보인다.

벼메뚜기
논 또는 주변의 풀밭에서 서식하며 볏잎을 갉아 먹는다. 몸길이는 약 3.5㎝며, 머리와 가슴은 황갈색이고 나머지는 황록색이다.

청개구리
일반적으로 등은 녹색이고 배는 흰색이지만 주변 환경에 따라 다양한 색을 띠기도 한다. 발가락 끝에 둥글고 끈적끈적한 빨판이 있어서 벽이나 나무에 잘 오른다.

날 수 있었다. 둑이 논에 붙어 있으니 논이 둑이고 둑이 논이다. 논과 길은 넘을 수 없는 벽으로 단절된 공간이 아니라 소통하는 곳이었다. 벼메뚜기와 비슷하게 생겼으나 훨씬 크고 뭔가 기품까지 느껴졌던 풀무치는 곁을 주지 않았다. 아무리 가만가만 다가가도 손을 뻗어 닿을 거리가 되면 푸르르륵 소리를 내며 멀리 날아가 버렸다. 열 걸음에 한 번 정도는 손가락보다 큰 크기의 멋진 방아깨비를 만날 수 있었다. 기다란 뒷다리 두 개를 함께 잡으면 몸을 위아래로 까딱까딱 움직여 진짜 방아를 찧는 모습으로 보인다.

잠자리는 하늘을 가득 메우기도 했고, 풀잎에도 많이 앉아 있었다. 어딘가에 앉은 경우 꼬리 쪽에서 접근하거나 정면에서 잡았는데, 정면

방아깨비
볏과 식물이 많은 초지에서 산다. 뒷다리를 잡고 있으면 마치 방아를 찧는 것처럼 위아래로 움직여 방아깨비라는

나비잠자리
수생식물이 많은 습지에서 산다. 날개에 짙은 청색 무늬가 있고, 뒷날개의 폭이 넓어 마치 나비처럼 보인다.

에서 손가락을 뱅뱅 돌리면 잠자리가 어지러워 가만히 있으니 잡기 쉽다는 벗의 이야기를 듣고 시도해 본 적이 있다. 효과는 없었다. 몇 종류의 잠자리가 있었는데 빨간색의 고추잠자리 말고는 아무도 이름을 알지 못했다. 아, 가장 큰 잠자리는 왕잠자리라 불렀는데 실제는 장수잠자리였다. 고추잠자리에 비하면 실처럼 가느다란 모습의 깜찍한 실잠자리 또한 여러 종류가 있었는데 역시 이름을 알 수 없어 답답했다. 나중에 안 것이지만 검은 빛깔로 나비처럼 나풀나풀 날아다니던 잠자리는 검은물잠자리, 머리 모습은 영락없이 잠자리인데 꼬리는 나비를 닮은 친구는 나비잠자리였다. 그 시절에 도감 한 권이라도 있었으면 얼마나 좋았을까 싶다.

검은물잠자리
물의 흐름이 약하고 수생식물이 많은 곳에서 산다. 검고 긴 날개를 펄럭이면서 천천히 날아다닌다.

콩잎에 메뚜기만 있는 것은 아니었다. 귀엽기 짝이 없는 청개구리도 많았다. 청개구리는 가까이 가도 별 움직임이 없어 모습을 자세히 볼 수 있어 좋았다. 물 가장자리에는 참개구리가 줄줄이 앉아 있었다. 물 가장자리로 내려가면 또 다른 세상이 펼쳐졌다. 아주 작은 크기에서 엄지손가락 크기에 이르기까지 다양한 크기의 물방개가 휙휙 지나다녔다. 물방개는 크기가 클수록 움직임은 굼떴다. 물풀 더미를 조금 끌어 올리면 게아재비, 장구애비, 물자라, 송장헤엄치게는 물론 지금은 멸종위기 야생동물로 지정된 물장군까지 어렵지 않게 만날 수 있었다. 우렁이는 발에 밟힐 정도였고 더러 한두 번은 외할머니와 함께 우렁이를 잡아(정확히는 주워) 찌개를 끓여 먹기도 했는데, 큰 소쿠리를 가득 채우기까지 그리 오랜 시간이 걸리지 않았다.

습지에는 물고기도 무지하게 많았다. 그 시절, 저수지에서 물고기를 잡는 사람은 드물었다. 할아버지 한 분이 가끔 낚시를 할 정도였다. 농사일이 분주한 탓이리라. 외지에서 오는 사람도 없었다. 교통이 불편했으며 주변에 습지가 어디라도 있을 때였으니 굳이 먼 길을 찾아 나설 필요조차 없었을 터이다. 고맙게도 외사촌 형 중 한 명이 물고기를 무척 잘 잡는 재주가 있었다. 긴 줄에 일정한 간격으로 바늘을 매달고 미끼를 끼워 팔뚝만 한 가물치와 메기를 꽤나 잡아냈고, 통발을 놓아 자잘한 크기의 다양한 물고기를 잡기도 했고, 투망 솜씨도 뛰어났다. 물고기를 가까이서 보고 직접 만져 보는 것은 색다른 경험이었다. 저수지에 서식하는 물고기의 대부분은 그때 만났다.

아침 먹고 나가 벗들과 함께 놀다 보면 날아가듯 시간이 흘러 점심때가 된다. 집은 코앞이고 할머니께서 늘 부르셨지만 집에 가지 않을 때가 있었다. 간식거리가 있기 때문이다. 연꽃의 열매인 연밥이 지천이다. 공을 반으로 자른 모양의 연밥에는 콩알 같은 열매가 듬성듬성 박혀 있는데 푸른 빛깔의 겉껍질을 까고 얇은 속껍질까지 벗겨 내면 제법 먹을 만했다. 멀리서 먹구름이 빠르게 다가오고 오래 지나지 않아 둑, 두둑, 두둑두둑 굵은 빗방울이 떨어지기 시작하다 앞이 제대로 보이지 않을 만큼 소나기가 쏟아져도 문제 될 것은 없었다. 비를 온몸으로 받는 것 자체가 즐거웠다. 소나기를 피하지 않고 고스란히 맞는 기분은 특별하다. 일종의 통쾌함이 있다. 큰 웃음이 절로 터져 나오기도 한다. 체온을 빼앗겨 입술이 파래지고 우들우들 떨리기 시작하면 우산을 꺾어 든다. 물도 스미지 않는 넓은 연잎은 자연의 우산이다. 온통 콘크리트로 둘러싸인 서울에서는 만날 길이 없는 친구들이어서 저들과의 만남으로 하루하루가 즐겁기만 했다. 나는 또한 그렇게 자연과 자연에 깃든 생명의 세상으로 들어서고 있었다.

저수지에서의 생활로도 저수지는 물만 고여 있는 곳이 아니라 뭇 생명이 복잡하게 얽혀 살아가는 공간이라는 사실을 알아채기에 충분했다. 그런데 복이 넘친다. 저수지만큼이나 고마운 공간이 또 있었다. 5분이 채 걸리지 않는 거리에 서해바다에서 이어지는 물길이 있었다. 서해바다의 축소판이라 할 수 있는 해양습지다. 저수지에서 가까운 곳이었지만 해양습지는 완전히 다른 모습과 느낌의 세상이었다. 갯벌인 것이 그렇고 돋아난 풀도 완전히 달랐다. 지금 쓰는 표현을 빌리자면 담수생태계와 해양생태계의 차이다. 둑 주변은 갈대가 무리로 들어서 있었고, 갯벌은 온통 칠면초 밭이었다. V자 골짜기 형태여서 그런지 시골에서는 갯고랑이라 불렀다.

갯고랑을 따라 하루에 두 번 밀물과 썰물이 오갔다. 큰비가 온 것이 아니라면 언제나 수위가 일정했던 저수지와 달리, 같은 곳인데 시간을 따라 물 흐름의 방향이 바뀌고 물의 깊이도 오르락내리락하는 과정을 반복했다. 완전히 물이 빠지면 무릎 정도의 깊이였으나 밀물이 다 밀고 왔다가 다시 물 흐름의 방향이 바뀌는 사이, 물이 잠시 멈추는 시간이면 깊이는 10m도 넘었다. 폭은 50m쯤. 사리와 조금이라는 말도 그때 알았다. 사리 때는 물이 둑 바로 아래까지 가득 차오른 뒤 한참을 멈춰 있다 천천히 빠져나갔고, 조금 때는 고랑 허리께까지만 물이 들어오다 말고 바로 빠져나갔다. 밀물은 멀리 있는 바다에서 내가 있는 쪽으로 물이 올라오고, 썰물은 바다 쪽으로 흘러 내려가는데 썰물이 끝날 즈음이면 내려가는 물과 올라오는 물이 부딪친다. 내려가는 힘에 맞서 밀어내며 물이 쑥쑥 올라오는 모습은 장관이었다. 부딪침의 경계면을 따라 둑길을 뛰어다닌 적도 많다. 언제나 한쪽으로 흐르는 하천만 보다 물의 흐름이 스스로 바뀌는 모습을 만나는 것은 새로웠다. 달이 하는 일이라는 말이 가슴에 와닿지는 않았으나 무척 경이로운 모습이었다.

헤엄을 잘 치지 못했기에 만조 때는 물만 바라보다 발길을 돌렸고, 썰물이어서 계속 수위가 낮아져 가장 깊어도 가슴 정도쯤이면 그때부터는 내 세상이었다. 갯벌은 경사가 급해 썰매를 타기에 더 이상 좋을 수 없었다. 도구도 필요 없다. 그저 몸이 썰매가 되어 미끄러운 갯벌을 따라 내려가면 되었다. 조심할 것은 있었다. 그 시절의 그릇은 사기그릇이다. 쓰다 보면 깨지기도 하는 것이 그릇인데 단면이 무척 날카롭다. 깨진 그릇은 한곳에 모아 두었다가 갯벌에 버렸다. 논이나 밭에 버릴 수는 없고 갯벌은 사람이 잘 들어가지 않는 곳인 까닭이다. 따라서 미끄럼을 타기 전에 미끄러져 내려갈 길을 손으로 더듬어 찬찬히 확인해야 한다. 외할머니께서 귀에 딱지가 앉을 정도로 말씀하셨던 것이라 그것만큼은 꼭 지켰다.

썰물로 갯벌이 드러나면 갯고랑은 온통 게 세상이 된다. 한 뼘이 멀다 할 정도로 수많은 구멍이 나 있었고 주변에는 구멍으로 쏙 들어갈 준비를 하는 농게가 바글바글했다. 농게 수컷은 집게발가락이 엄청 큰 것이 특징인데 주황색이어서 시골에서는 황발이라고 불렀다. 접근하면 농게는 모두 구멍으로 몸을 피했지만 나는 멈추지 않았다. 게가 사라진 구멍으로 손을 넣는다. 분명 이 구멍으로 들어갔고 그 안으로 손을 넣어 보지만 결과는 언제나 빈손이었다. 게의 집이 얼마나 깊은지 그때 알았다. 어리기에 팔 길이가 짧은 탓도 있었겠지만 어깨까지 다 들어가도 끝이 닿지 않을 때가 많았다. 외사촌 형이 요령을 알려 주었다. 한 구멍에 손을 넣으면 주변의 구멍 중 물이 올라오는 곳이 있다. 서로 연결되었다는 뜻이다. 그러니 양쪽으로 손을 넣어야 잡을 수 있다. 그랬다. 그렇게 잡는 것이었다. 하지만 자기 집으로 낯선 손이 밀고 들어오는데 게가 순순히 잡혀 주지는 않는다. 손가락을 덥석 문다. 엄청 아프다. 더군다나 황발이 수컷에게 물리면 손가락이 잘리는 듯하다. 결국 놔줄 것을 왜 그토록 잡으려 애썼는지 모르겠다.

갯벌의 색을 완벽하게 닮아 잘 보이지 않아서 그렇지 연체동물인 민챙이는 느릿느릿 움직여서 아주 쉽게 잡을 수 있다. 민챙이는 출발선과 도착선을 그어 놓고 누구의 민챙이가 가장 먼저 도착하는지 시합을 하는 데 쓰였다. 그 많은 시합을 했어도 도착선을 똑바로 지나는 민챙이는 하나도 없었지만…. 수영복도 없던 시절이다. 모두 알몸이었다. 온몸이 갯벌 흙투성이이니 둑에 벗어 놓은 옷을 입으려면 씻어야 하는데 씻으려면 다시 갯벌 아래 물로 내려가야 한다. 씻으러 갔으면서 물에 이르면 마음이 바뀐다. 다시 물놀이. 물놀이를 하다 보면 다리를 툭툭 치며 지나는 것이 있다. 물고기다. 갯벌을 흐르는 물이라 탁해서 물속은 보이지 않는다. 손으로 더듬어 잡는다. 생각보다 잘 잡힌다. 민물에서는 살지 않는 망둥어 종류가 많았다. 그렇다. 저수지와 갯고랑은 같으면서도 다른 세상이었다. 세상은 이런 곳도 저런 곳도 있다는 사실을 그때 그렇게 어렴풋이나마 알아 간 듯하다.

눈으로 소리로 만난 친구들, 새

외가 주변에는 새도 많았다. 농촌이니 온갖 종류의 곡식이 있고, 논에는 새가 먹이로 삼는 다양한 곤충과 함께 수생생물도 가득하다. 가장 많이 만나는 새는 물론 참새다. 많이 보이니 잡고 싶어진다. 외사촌 형과 함께 도전해 보았다. 삼태기를 이용하는 방법이다. 삼태기는 새끼줄을 엮어 만든 도구로, 도시에서 사용하는 쓰레받기 모양이며 쓰임새도 비슷하다. 나무를 반원 모양으로 구부려 테를 삼고 엮은 것이라 손잡이는 없다. 아궁이의 재를 담아 나르는 쓰임이 가장 컸으나 곡식, 감자, 고구마를 담아 옮기기도 하고 밭에 씨앗이나 비료를 뿌릴 때에는 옆구리에 차기도 했다. 삼태기로 참새를 잡는 방법은 간단하다. 삼태기 안쪽이 바닥으로 향하게 한 다음 테 가운데를 부지깽이로 받쳐 세우고 부지깽이에 줄을 길게 매어 둔다. 줄을 당기면 부지깽이가 쓰러지면서 삼태기가 땅을 덮는 방식이다. 물론 바닥에는 참새를 유인할 쌀을 소복하게 쌓아 둔다. 설치 완성.

이제 볏짚 더미 뒤로 몸을 숨기고 기다리면 된다. 참새가 먹이를 찾는 능력은 대단하다. 얼마 지나지 않아 참새들이 포르릉 날아든다. 어쩌면 처음부터 다 보고 있었는지도 모른다. 이제 결정적 순간. 모이를 쪼아 먹느라 정신이 팔려 있을 때 줄을 당기기만 하면 된다. 이론은 그랬다. 하지만 참새가 잡힌 적은 없었다. 수십 번 도전 후 포기했다.

까치. 외가의 사랑방 곁에는 키가 큰 미루나무 세 그루가 있었다. 까치는 주로 그곳에 앉아 있었다. 대청마루에 앉아 이런저런 이야기를 나누고, 여름날이면 찐 감자나 옥수수를 먹고 있을 때 까치가 우는 소리가 들리면 외할머니께서는 "까치가 우니 손님이 오시려나 보다." 하셨고 신통하게도 실제로 손님이 오는 경우가 많았다. 그 시절 집은 초가집이다. 게다가 주변은 온통 들녘이니 미루나무 꼭대기는 가장 높은 곳이다. 까치는 가장 멀리 볼 수 있는 친구였다는 뜻이다. 까치는 자기 영역에 대한 욕심이 무척 크다. 누가 온다는 것은 곧 자기 영역을 누가 침범하는 것이니 울었던 것이다.

여름방학에 까치 소리만큼이나 많이 들었던 새 소리는 뜸부기 울음소리다. 노랫말에는 뜸부기의 울음소리가 '뜸북뜸북' 운다고 되어 있지만 실제는 "뜸뜸뜸…" 소리로 운다. 뜸부기 소리가 가장 많이 들리는 때는 저녁 무렵이다. 여름날 저녁은 주로 마당에서 먹는다. 저녁 먹을 준비는 모깃불을 피우는 것으로 시작한다. 주변이 온통 논이어서 모기가 제법 많다. 모깃불은 젖은 볏짚에 불을 붙여 매운 연기가 퍼지도록 하는 것이다. 무슨 효과가 있으랴 싶지만 모기가 덜 달라붙는 것은 사실이다. 연기가 모락모락 잘 번지면 멍석을 깔고 부엌에서 밥상을 옮긴다. 밥상이 네 개나 되었고, 부엌 계단을 올라온 다음 안마당을 건너고 앞대문 높은 문턱을 또 넘어야 하니 그도 쉬운 일은 아니다. 저녁은 내내 뜸부기 소리를 들으며 먹는다. 뜸부기는 소리만 많이 들었을 뿐 모습을 제대로 본 적은 없다. 새를 가까이서 만나는 것이 쉽지 않은 탓이다. 멀리서 얼핏 본 적은 많았고, 그래서 뜸부기 수컷이 검은색인 것은 안다. 그때 쌍안경이라도 있었으면 얼마나 좋았을까 싶지만 당시는 꿈도 꿀 수 없는 장비다.

논에서 자라는 잡초를 시골에서는 '피'라고 불렀다. 벼가 아니면 다 '피'다. 피를 뽑으려면 논으로 들어가야 하는데, 그 일을 가장 많이 하셨던 큰외삼촌께서 더러 뜸부기 알을 가져오셨다. 논에 들어가면 쉽게 만날 수 있을 만큼 뜸부기 둥지가 흔했다는 뜻이다. 달걀은 먹었지만 뜸부기 알은 먹지 않았다. 달걀은 닭을 보살펴 준 것에 대한 대가 정도로 넘어갈 수 있었지만 아무것도 해 준 것이 없는, 그것도 집 밖에서 스스로 살아가는 뜸부기의 알을 취하는 것은 뭔가 불편했다. 그 많던 뜸부기가 우리나라의 천연기념물로 지정될 만큼 귀한 새가 되리라는 것을 당시는 상상도 못 했다. 현재 우리나라에서 뜸부기를 만날 수 있는 곳은 천수만 일대나 비무장지대 주변 정도가 전부다.

논에는 온몸이 하얀 새들이 많이 있었다. 그때 시골에서는 황새라고 불렀으나 황새는 아니었다. 우리나라의 텃새였던 황새는 내가 열 살 때인 1971년 4월 4일 마지막 한 쌍 중 수컷이 포수의 총에 맞아 죽고 만다. 혼자 남아 과부 황새라 불리던 암컷은 해마다 무정란을 낳아 품으며 둥지를 지켜 안타까움을 사다가 1983년 결국 쓰러진다. 원인은 농약중독이었다. 서울대공원으로 옮겨져 외로운 나날을 보내던 과부 황새는 1994년 9월 23일 끝내 숨을 거두었고, 그것으로 우리나라 황새의 역사는 멈춘다. 황새라 불렀던 새가 쇠백로, 중백로, 중대백로를 비롯한 백로 종류였다는 사실은 나중에 알게 되었다.

초등학교 때부터 내내 사랑방 처마 밑에서는 제비가 집을 짓고 새끼를 키웠다. 나중에 산자락 마을 쪽으로 집을 옮길 때까지 한 해도 거른 적이 없었던 것으로 안다. 의자를 놓고 올라서면 둥지 안은 언제든 볼 수 있는 형편이었지만 그런 적은 없었다. 새끼를 키우는 모습이 궁금해서 둥지 바로 옆에 있으면 부모 새들이 먹이를 가지고 둥지로 오지 못하고 주변만 맴돈다는 사실을 어린 마음에도 분명히 느꼈기 때문이다. 어느 거리까지는 괜찮고, 어느 거리를 넘어서면 안 된다는 사실을 그때 알게 되었다. 최소경계 거리라고 한다. 저수지와 갯고랑에도 새는 많았다. 하지만 그 시절에 새와 친구까지 되지는 못한다. 거리를 주지 않을뿐더러 날아다니는 새에게 가까이 다가설 길이 없던 탓이리라.

설렘과 두려움, 헤어짐과 기다림이 엮여

방학 내내 시골에서 지냈다. 정확히는 놀았다. 공부는 언제 했나 모르겠다. 그래도 자연과 더불어 논 것과 나름 꼼꼼히 기록하는 습관이 있었던 것은 다행이다. 하루는 저수지에서 놀고, 다음 날은 갯고랑에서 놀고, 그다음 날은 산에서 놀거나 하루에 세 곳을 다 도는 일정의 반복이었다. 집에서 보이는 거리에 산이 있었다. 산이라 부르기에 많이 약하기는 했다. 눈이 닿을 수 있는 거리 안으로는 높은 산이 뵈지 않는 들녘이었고 작은 언덕 수준이었지만, 나무가 많은 곳이기에 산이라 불렀다. 작은 걸음으로도 10분이면 충분한 거리였다.

산에서는 주로 매미와 풍뎅이를 잡으며 놀았다. 매미와 풍뎅이가 작은 키로 닿을 곳에 있지는 않다. 잠자리채가 있어야 하는데 시골에서는 잠자리채도 사치 품목이다. 만든다. 간단하다. 기다란 대나무 끝에 철사로 동그란 고리를 만들어 끼우면 된다. 철사에 두를 망이 마땅치 않다. 이 또한 문제없다. 처마마다 거미줄이 넘친다. 동그란 고리에 거미줄을 넉넉히 묻히면 된다. 거미줄의 힘은 놀랍다. 매미나 풍뎅이에 가만히 다가가 거미줄을 대면 철썩 붙는다. 저들의 생김새는 그때 정확히 알았다.

방학을 하고 곧바로 시골에 가면 한동안 참매미가 운다. "맴, 맴,

맴, 맴….” 그런데 시간이 흘러 개학을 앞두면 참매미 소리는 끊어지고 쓰름매미가 운다. “쓰르람, 쓰르람…” 소리로 울어 쓰름매미라 부르지만 내 귀에는 “띠이롱, 띠이롱…” 소리로 들렸다. 나는 쓰름매미 소리가 달갑지 않았다. 언제나 그랬다.

그렇다고 저수지, 갯고랑, 산에서의 시간에 아름다운 모습만 있던 것은 아니다. 어디를 지나더라도 다양한 생명과의 만남을 향한 설렘만큼이나 두려움도 있었다. 가장 큰 두려움의 대상은 언제 마주칠지 모르는 뱀이었다. 화창한 날, 뱀이 둑이나 산길 가운데에 떡하니 똬리를 튼 채 혀를 날름거리고 있으면 와락 겁이 났다. 저수지와 산에는 특히 독사가 많았다. 물리면 죽는다. 더군다나 논과 저수지의 둑길은 넓지 않다. 둘이서 나란히 걸을 수도 없고 혼자만 간신히 지날 수 있는 폭이다. 두려움에 놀란 가슴 안고 뒷걸음을 칠 뿐인데 금방 온 뒷길이라 하여 안전한 것은 아니다. 뱀이 참개구리나 들쥐를 통째로 삼키는 것도 여러 번 만났다. 저수지에 들어가 놀다 나오면 아무런 느낌도 없었는데 발목에는 언제나 거머리 한두 마리가 붙어 피를 빨고 있었다. 참거머리는 그래도 낫지만 엄청 큰 말거머리가 붙어 있을 때면 무척 징그러웠다. 거머리를 떼어 내도 피는 한참 흐른다. 뱀이나 거머리나 모두 소름이 돋게 했지만 먹이사슬의 한 단면을 체험한 것이기도 하거니와, 그럼에도 날마다 밖으로 나가 놀았던 것은 두려움이나 징그러움보다 아름다움과 즐거움이 더 컸던 탓이었다.

물풀에 얌전히 붙어 있는 하루살이를 사마귀가 날카로운 앞다리를 휘둘러 잡는다. 하루살이를 다 뜯어 먹기 전 두꺼비가 사마귀를 덮친다. 사마귀의 긴 앞다리는 아직 두꺼비의 입 밖에 있는데 어느 결에

사마귀
머리가 삼각형이고 앞가슴은 가늘고 길다. 낫처럼 구부러진 큰 앞다리에 날카로운 가시가 돋아 있어 다른 벌레를 잘 잡는다.

동양하루살이
물의 흐름이 약하고 바닥이 모래와 잔자갈로 이루어진 하천을 좋아한다. 수많은 개체가 대발생하는 경우가 있다.

미끄러지듯 나타난 뱀이 이번에는 두꺼비를 꾸역꾸역 삼킨다. 끝이 아니다. 쏜살같이 나타난 호반새가 둘을 한꺼번에 낚아채 날아간다. 바로 옆에서도 비슷한 일이 벌어진다. 섬서구메뚜기는 콩잎을 갉아 먹고, 벼메뚜기는 벼를 갉아 먹는다. 섬서구메뚜기와 벼메뚜기를 참개구리가 긴 혀를 뻗어 잡아 꿀꺽 삼킨다. 물로 뛰어들어 뒷다리까지 늘어뜨린 편안한 자세로 소화 좀 시키려는 참개구리를 가물치가 덥석 물어 냉큼 삼킨다. 내내 기다리던 왜가리가 드디어 구부렸던 긴 목을 쭉 편다. 칼날 같은 큰 부리는 가물치의 몸통을 관통한다. 그 큰 가물치를 머리부터 삼킨다. 가느다란 목이 부풀어 오른다. 기다란 왜가리의 목을 따라 가물치가 꿈틀거리며 내려간다. 먹이사슬이다. 하나의 생명이 다른 생명의 일부가 된다는 것은 살짝 충격이기도 했다.

시골집에서 키우던 가축, 저수지와 갯고랑에서 만나는 생명들이 내게는 분명 친구였다. 그런데 가끔은 그들이 먹을거리가 되기도 했다. 암탉이 품기만 하여 병아리가 되는 그 알을 삶아 먹고, 온종일 함께 놀았던 닭이 저녁에는 밥상에 오르는 일도 있다. 소고기와 돼지고기 또한 먹는다. 하지만 그때마다 우리 집 소와 우리 집 돼지의 운명을 떠올려 본 적은 없었다. 방아깨비는 구워 먹기도 했다. 맛이 별로여서 그랬지 혹 맛이 좋았다면 꽤나 먹었을 것이다. 그 예쁜 물고기로 가끔은 매운탕을 끓여 먹기도 했고, 볏짚 잔불에 끓여 낸 우렁이 된장찌개는 불향기와 더불어 별미였다. 보기만 하면 좋았을 텐데 먹기도 했다. 양립할 수 없는 친구와 먹을거리 사이를 오가며, 조금 혼란스러운 시간 또한 흘러갔다.

겨울방학은 모기에 물리지 않아 좋았지만 조금 쓸쓸했다. 초록 빛깔이 사라진 세상이어서 그랬다. 마루에 앉아서도 논이 보이고, 방문 만 열면 바로 논이었다. 여름은 푸름과 초록에 둘러싸여 사는 시간 인데 겨울은 모두 갈색이었다. 게다가 모든 것이 얼어붙는다. 저수지는 겨우 내내 얼어붙어 있었다. 저수지에 기대어 사는 뭇 생명과의 만남도 그처럼 얼어붙는다. 갯고랑은 짠 바닷물이 계속 움직이기에 얼어붙지는 않았다. 하지만 그 안으로 들어가 누구를 만날 수는 없었다. 산 또한 나무만 홀로 산을 지키고 있었다. 겨울은 기다림의 시간이었다. 겨울이 지나야 봄이 온다. 봄이 또 그렇게 지나야 여름이 온다. 그때 기다림이라는 것을 배우지 않았나 싶다. 생명, 그들 삶의 터전 안에 함께 있지는 못하더라도 멀리서 바라보기만 해야 하는 시간이 있다는 것도 배우며 여전히 시간은 흘렀다.

고등학교에 들어서면서는 공부라는 것을 해야 해서 방학이라 하여 내내 시골에서 보낼 수 없었다. 2학년까지는 인사를 드릴 겸 사나흘 정도 머물 뿐이었고 3학년 때는 아예 가지 못했다. 아, 3학년 때도 정말 슬픈 일로 한 번은 갔다. 외할머니께서 세상을 떠나신 날이었다. 사랑하는 분이 곁을 떠나는 처음 일이었고, 태어나 그렇게 오래 울었던 것도 처음이었다.

시골에서 큰 변화가 세 번 일어났다. 첫 번째는 초가집이 슬레이트집으로 바뀌는 것이었고, 두 번째는 그 큰 저수지를 모두 흙으로 메워 논으로 바꾼 것이었고, 마지막은 갯고랑이 본래의 생명을 모두 잃은 것이다. 1979년. 대학 입시를 다시 준비하던 재수 시절이었다. 그해 가을, 갯고랑에 변화가 일어난다. 갯고랑은 더 이상 갯고랑이 아니었다. 하루에 두 번씩 바닷물이 오가지 않고 고여 있는 물로 변한다. 서해바다에 물막이 공사가 끝난 것이다. 수심이 얕은 서해바다를 막아 농사지을 땅을 넓히고 담수호로 바꿔 농업·공업·생활용수로 활용한다는 취지로 이루어진 삽교천 방조제 공사다. 한 톨의 쌀이 귀했던 시절이기는 했다. 서울에서 당진으로 가려면 바다를 돌아서 가야 했지만 방조제를 통해 바다를 지나게 되었으니 거리가 40㎞나 단축되는 간접 효과도 있었다. 갯고랑이 변화하는 것이 아니라 죽어 가는 모습을 보는 것은 괴로웠다. 올해(2020년)로 삽교천 방조제 완공 40년이 지난다. 서울에서 당진을 오가는 시간이 조금 줄었다는 것 말고는 좋은 것이 하나도 없는 듯하다.

지금도 외가에 자주 간다. 열 살의 나와 예순 살의 내가 같은 곳에 동시에 서 있을 때가 많은 셈이다. 50년. 무엇이 변하기에 충분한 시간이다. 홀로 뚝 떨어져 있던 외가는 산자락 마을 쪽으로 옮겼다. 외할아버지께서 지키셨던 자리를 이제 큰외삼촌께서 지키고 계신다. 그러나 소, 닭, 돼지의 터전은 없으며, 저수지가 있던 자리를 고스란히 그려 내기 쉽지 않고, 구불구불했던 논둑은 하나같이 반듯반듯해졌으며, 갯고랑에는 움직이는 바닷물이 아니라 민물이 고여 있다. 변한다. 변하지 않는 것은 없으니까. 그렇더라도 감당하기 어려운 변화 하나가 있다. 그 안에 깃들어 살던 내 숱한 친구들은 모두 어디로 가 버린 것일까?

2

새의 세계에 들어서며

마흔셋이 되던 해의 첫날이었다. 새의 세계에 들어서기로 마음을 정했다. 이제 예순에 이르렀으니 온 마음으로 또한 온몸으로 새를 만난 지 어느덧 17년의 시간이 흐른 셈이다. 그리 긴 시간이라 할 수는 없다. 하지만 삶의 일부로 시작했던 만남이 지금은 내 삶의 전부가 되었다. 새가 나의 모든 것을 통째로 바꿔 놓을 줄은 정말, 정말 몰랐다.

숨죽이는 기다림

시간이 있으면, 없으면 어떻게든 만들어서라도 자연에 깃든 생명체들을 만나던 나에게 들꽃도 버섯도 곤충도 자취를 감추는 겨울은 참으로 긴 시간이었다. 겨울에도 여전히, 아니 오히려 더 많이 만날 수 있는 생명체가 새라는 것을 알고는 있었다. 하지만 그 세계에까지 기웃거리면 그나마 조신하게 보냈던 겨울마저 어찌 지내게 될지 불을 보듯 하여 차마 들어서지 못했다. 하지만, 결국 들어서고 말았다. 기나긴 겨울을 더 이상 봄만 기다리며 보낼 수 없었기 때문이다.

겨울에 만날 수 있는 생명이 새만 있는 것은 아니다. 그런데 왜 새인가? 새를 너무 몰라서였다. 아는 새가, 정확히는 직접 본 새가 다섯 손가락을 접었다 펴는 것으로 충분할 정도였다. 참새, 까치, 까마귀, 제비, 비둘기…. 우리나라의 새가 얼마 되지 않은 것으로 알았다. 그런데 알아보니 500종이 넘었다. 충분히 가슴 설레는 도전이겠다 싶었다. 조류도감을 구입하여 도감에 수록된 새의 이름을 모습과 함께 모두 외우는 것이 시작이었다. 다행히 도감에 기재된 조류가 대개 400종 남짓이었기 때문에 이름을 가리고 모두 맞출 때까지 생각보다 오래 걸리지는 않았다. 그다음은 새를 찾아 나서면 되었는데, 새의 모습을 사진으로 담는 것은 그때까지 들꽃, 곤충, 버섯, 양서·파충류 등을 만나며 사용했던 짧은 렌즈로는 불가능했다. 망원렌즈가 필요했다. 문제는 망원렌즈가 고가라는 것이고 당시는 망원렌즈를 구입할 형편이 되지 못했다. 망원렌즈가 없으면 못 하는가? 아니다. 내가 망원렌즈가 되는 길이 있었다.

새를 만나는 첫 장소로는 섬진강 줄기를 택했다. 겨울에 우리나라를 찾아오는 철새 중에서 물새 종류가 몸도 큰 편이라 관찰하기 쉽겠거니와 섬진강 물줄기는 집에서 지척이기 때문이었다. 새들은 도무지 접근을 허락하지 않는다. 해를 끼칠 마음이 조금도 없음을 알아주지 않는다. 차로 강둑을 따라 이동하다 속도를 약간 늦추면 바로 알아차리고 날아가 버릴 때가 많다. 그것을 참아 주었다 해도 멈춰 서면 거의 다 날아가며, 그마저 참아 주었다 해도 창문을 내리거나 차 문을 여는 순간 새는 이미 시야에서 사라져 버리고 만다.

며칠 동안 새의 뒷모습만 쫓아다니다 방법을 바꿔야겠다는 생각이 들었다. 새가 나에게 오지 않으니 내가 새에게 다가서기로 한 것이다. 위장 천을 뒤집어쓰고 기어서 새에게 접근해 보았다. 효과가 없지는 않았으나 분명 효율은 떨어졌다. 또다시 방법을 찾았다. 내 몸을 감추고 기다리는 길을 택했다. 자연의 모습을 닮은 움막 하나를 짓는 것이었다. 텐트를 치고 갈대로 적당히 위장을 해도 상관은 없겠으나 강 주변에 있는 자연 그대로의 재료를 이용해 아담한 움막을 짓는 것도 좋을 듯싶었다. 주변에 널브러진 나뭇가지를 모아 골격을 세운 뒤 갈대와 환삼덩굴 줄기를 덮어 움막을 완성했다. 훌륭하다.

새들이 움막 바로 앞까지 온다. 문제가 있다. 작은 의자를 놓고 앉았더니 편하기는 한데 물 위에 떠 있는 새와 눈높이가 맞지 않는다. 내가 높다. 낮아지면 되는데 의자를 더 낮출 수는 없다. 밖을 내다보는 작은 창을 다시 아래로 낮춘 뒤 바닥에 배를 대고 엎드렸다. 그래도 살짝 높다. 마지막 길로 간다. 움막 안의 바닥을 판다. 이제 완벽하다. 부스러기가 많이 떨어지는 것은 흠이지만 마른 갈대와 환삼덩굴의 냄새도 좋고 난방장치가 전혀 없어도 제법 훈훈했다. 강의 수면 높이에 맞춰 바닥을 파내고 보니 얼음장 같은 물이 스며들어 옷은 금방 젖어 들고 우들우들 떨렸지만 견디는 것 말고는 달리 길이 없었다.

아주 가까운 거리에서 그것도 눈높이를 맞춰 야생의 새가 자연스럽게 행동하는 모습을 엿보는 것은 상상을 초월할 정도로 가슴 떨리는 일이었다. 어찌 시간이 가는지 모를 정도였다. 그렇게 다가서려고 해도 멀어지기만 했던 새들이 바로 코앞에서 날갯짓을 하고, 물을 박차며 창공으로 날아오르고, 어느 결에 다시 나타나 미끄러지듯 수면 위로 내려앉고, 서로 애무를 하고, 잠수 능력이 있는 새들은 물속으로 자맥질을 한 다음 물고기를 한 마리씩 물고 나오고, 누가 물고기를 잡으면 서로 빼앗으려 다툼이 벌어지고, 잠수를 할 수 없는 새들은 얕은 곳에서 꽁무니만 물 위로 내민 채로 물구나무를 서서 강바닥을 뒤져 조개 하나를 집어 올리며 자연스럽게 행동하는 모습을 가까이서 자세히 지켜보는 것은 정말 경이로운 경험이었다. 나는 새의 세계로 조금 더 깊이 들어갈 수 있었다.

처음에는 겨울에만 새를 만나려 했다. 그런데 결국 1년 내내 새를 만나는 것으로 바뀌고 말았다. 새의 세계에 들어선 정도가 아니라 완전히 빠져 버리고 말았다. 그렇게 새를 하나씩 만나 알아 갔다. 정확히는 구분해 갔다는 표현이 옳겠다. 3년 남짓의 시간이 흘러 우리나라의 새를 어느 정도 만난 뒤, 이제는 새를 구분하는 것을 넘어 알고 싶다는 생각이 꿈틀거렸다. 하나의 새라도 제대로 알고 싶다는 마음이 간절해진 것이다. 만남의 깊이 문제였고, 결국 그 하나를 누구로 삼으면 좋을지의 문제이기도 했다.

큰오색딱따구리, 50일을 그들과 함께

2007년 봄날, 지리산 자락을 더듬다 내 삶의 모습을 완전히 바꿔 놓은 친구와 인연이 닿게 된다. 큰오색딱따구리. 큰오색딱따구리 한 쌍이 새끼를 키워 낼 둥지를 막 짓기 시작하던 터였다. 물론 전에 만난 적이 있는 새다. 하지만 나무에 앉아 있거나 날아다니는 모습과 달리 둥지를 짓는 모습이 주는 느낌은 특별했다. 당시 내 아버지의 직업은 목수였다. 열다섯 살부터 시작한 일이었으니 이미 60년 가까이 목수로 살아가고 계신 셈이었다. 나의 아버지는 세상의 딱따구리, 딱따구리는 숲의 목수. 각별했다. 큰오색딱따구리가 둥지를 짓고, 알을 낳아 품고, 먹이를 날라 새끼를 키워 내는 과정 전체에 동행하기로 마음을 정했다. 우리나라의 경우 큰오색딱따구리는 물론 새의 번식 일정 전체를 빠짐없이 지켜본 사례가 거의 없기도 했다. 아무도 가지 않은 길이 내 앞에 있다. 언젠가 누군가는 분명 그 길을 갈 것이다. 그 누가 이마저 또 남이어야 하는 까닭도 없었다. 이것저것 기웃거리며 조각난 정보를 얻는 것에 조금 지쳐 있었기에 하나를 보더라도 '처음부터 끝까지 모두 다'로 방향을 바꾸고 싶던 때이기도 했다.

큰오색딱따구리의 둥지 짓기
둥지를 짓고 있는 큰오색딱따구리 암컷. 나무를 쪼아 부스러기가 쌓이면 밖으로 흩뿌린다.

둥지에서 뚝 떨어진 절벽, 높은 곳에 자리 잡은 둥지와 눈높이를 맞출 수 있는 곳에 움막 하나를 지었다. 새벽 4시에 일어나 늦어도 5시면 움막에 들어섰다. 봄날 새벽 5시, 아무것도 보이지 않는다. 남의 사생활을 엿보는 일이니 예의는 갖춰야 한다. 나도 어둠이 되어 조용히 저들의 하루를 기다린 것이다. 게다가 하루가 빛으로만 열리는 것은 아니다. 빛이 깨어나기 전에 소리가 먼저 깨어 일어난다. 보이지 않지만 들리는 것이 있다. 기록한다. 소리가 깨어나기 전, 무엇이라도 움직인다. 바람. 바람결이 날마다 같지 않다. 느낄 수 있으니 이 또한 기

큰오색딱따구리 암컷
먹이를 물고 온 암컷. 수컷은 머리 윗부분이 붉고, 암컷은 검다.

록한다. 여명이 트고 보이기 시작하면, 보이는 것과 들리는 것과 느낄 수 있는 모든 것을 함께 기록한다. 하루가 밝아 오는 모습도 날마다 다르다. 맑은 날이라 하여 같지 않고, 흐린 날이라 하여 같지 않다. 더군다나 날이 밝으면 이제는 둥지에서 눈을 떼지 않는 시간만 흐른다. 하루를 그렇게 보내다 어둠이 내린다 해도 바로 철수하지 않았다. 어둠이 깊어질 때 다시 나도 어둠이 되어 움막을 조용히 빠져나왔다.

그러나 아무도 가지 않은 길이니 한번 가 보자는 이유 하나로 산속에 홀로 틀어박혀 제대로 자지도 먹지도 못하며 종일 둥지 하나만 바라

큰오색딱따구리 수컷
먹이를 물고 온 수컷.

암수 서로 교대하는 큰오색딱따구리
딱따구리는 번식 일정 전체를 암수가 교대하며 치른다. 둥지를 비우면 빼앗기기 때문이다. 암컷이 먹이를 가져오자 둥지를 지키던 수컷이 먹이를 구하러 날아간다.

보는 험난한 여정을 버텨 내지는 못했을 것이다. 큰오색딱따구리와 함께하는 시간이 조금씩 쌓이며 욕심은 자연스럽게 애정으로 바뀌었고, 저들이 보여 줄 모습에 대한 설렘과 기다림 속에 하루하루가 흐르다 보니 마침내 50일까지 이르게 되었다. 50일 동안 하루도 빠짐없이 그들과 함께하면서 내 삶은 완전히 다른 모습으로 변했다. 그리고 내 삶의 방향도 예전에는 상상조차 못했던 '새와 동행하는 삶'으로 바뀌고 만다. 마흔의 중반도 넘어선 나이에 완전히 새로운 세계로 인생의 방향을 송두리째 바꾸기가 쉬운 일은 아니었다. 그러나 주저할 이유

큰오색딱따구리의 어린 새
아빠 새가 먹이를 가져오자 어린 새가 둥지 밖으로 고개를 내민다.

는 없었다. 그들이 분명하게 남기고 떠난 것이 있었기에 그렇다.

생명은 그 무엇이라도 이미 그 자체로 더 이상 아름다울 수 없는 것이라 여기며 살았다. 하지만 그 하나의 생명으로부터 다시 그를 닮은 새 생명이 온전히 완성되기까지 있어야 하는 간절함에 대해서는 제대로 알지 못했다. 그것은 지금까지 막연하게 생각했던 경이로움과는 또 다른 것이었다. 큰오색딱따구리 한 쌍이 새끼를 키워 내는 과정을 지켜보면서 한 아버지의 아들인 동시에 한 아들의 아버지인 나는 많이 부끄러웠다. 큰오색딱따구리 부모 새는 자신이 가진 모든 것을 어린 새들에게 다 주고 있었다. 아무것도 되돌아오는 것이 없었음에도 때로는 자신의 생명을 버려야 하는 위협 앞에서조차 전혀 머뭇거리지 않는 단호함도 보았다. 이 모든 것이 이미 유전자에 짜여 있는 본능이라고 한다면 더 할 말이 없다. 하지만 나는 그리 믿지 않기로 했다. 적어도 사랑이라는 것이 어떤 모습이어야 하는지에 대해서만큼은 그들이 분명히 알게 해 주었기 때문이다.

큰오색딱따구리 어린 새 둘째마저 둥지를 떠나 마침내 둥지가 비던 날 많이 울었다. 부모의 사랑을 제대로 알지 못하고 살았던 것에 대한 죄송함과 아비로서 해야 할 일을 온전히 하지 못하고 있는 것에 대한 미안함의 눈물이었다. 그래서 그들은 떠나 다시 오지 않았어도 나는 그 빈 둥지를 완전히 떠날 수 없었다. 그렇게 서성이며 한 달이 지났을 때 큰오색딱따구리의 둥지가 말벌의 둥지로 바뀌는 것을 보았다. 이제 둥지는 큰오색딱따구리 어린 새 둘을 키워 내는 공간을 넘어 단체로 생명을 키워 내는 공간이 되고 있었다. 충격이었다. 우리의 모습과 다르게 자연에서는 그 어느 것도 허투루 버려지지 않고 온전히 다시 쓰이는 것을 직접 눈으로 확인한 것이다.

딱따구리 하나만 보며 살자는 다짐을 한다. 그 하나만 보며 살기에도 분명 내 삶은 짧을 것이라 여겼다. 큰오색딱따구리를 만난 50일의 이야기가 나의 처음 책이 되어 세상과 만나고, 많은 분이 사랑해 주시는 것은 내 삶의 큰 축복이다. 자연에 깃든 생명을 만나며 쉼 없이 글과 사진을 남겼지만 처음 책이 나오기까지는 18년이 걸렸다.

동고비, 숭고한 돌봄의 삶

다음 해, 학교를 휴직했다. 큰오색딱따구리는 선생 노릇을 하며 만났다. 수업이 없는 금, 토, 일요일은 내내 둥지를 지켰지만 다른 날은 새벽에 일어나 둥지에 가고, 수업이 있으면 들어오고, 끝나면 다시 나가는 일정이었다. 늘 잠이 부족한 상태여서 정신이 맑지 않았다. 선생이 학생 앞에 서려면 몸도 마음도 맑아야 함은 물론 충분히 준비해야 함이 마땅한데 그렇지 못한 시간들도 있었다. 수업 때문에 관찰이 끊어질 때가 있었는데 만나지 못한 그 시간도 궁금했다. 둘 다 가질 수는 없다. 둘 중 하나를 선택해야 했다. 둘 중 하나를 고른다는 것은 하나를 버리는 것이다. 교수직을 1년 내려놓기로 했다.

끝없이 선택하며 살아야 하니 선택의 기준으로 두 가지를 두고 살았다. 첫째, 무엇이 옳은가. 이 기준으로 대부분 결정된다. 둘째, 지금이 아니면 나중에는 할 수 없는 것과 지금이 아니더라도 나중에 할 수 있는 일은 무엇인가. 둘째 기준은 둘 또는 둘 이상이 옳은 경우를 선택하기 위한 기준이다. 선생 노릇과 관찰, 둘 다 옳으며 둘 다 내가 살아 있음의 중요한 축이다. 하지만 선생 노릇은 쉬었다 할 수 있고, 엄청난 체력을 요구하는 관찰은 더 나이 들면 할 수 없다. 그러니 나의 선택은 관찰일 수밖에 없었다. 선생 노릇을 놓는 대가는 혹독하다. 무엇보다 가족에게 미안하고 아프지만 함께 감당하기로 했다.

학교를 쉬며 만날 대상은 이미 정해 놓고 있었다. 동고비. 동고비는 딱따구리의 둥지를 이용하여 번식하는 새다. 딱따구리의 둥지를 바로 이용하지는 못한다. 딱따구리의 둥지 입구가 동고비의 몸집에 비해 너무 넓다는 것이 문제다. 그래서 진흙을 날라 딱따구리의 둥

진흙으로 입구를 좁히는 동고비 암컷
딱따구리 둥지를 이용해 번식을 치르는 동고비.
너무 크고 넓은 둥지 입구를 진흙으로 좁힌다.

지 입구를 좁힌 뒤 새끼를 키워 낸다. 기존의 모든 자료가 딱 그렇게만 나와 있다. 나는 궁금했다. 그 과정 하나하나가 어떻게 이루어지는지 말이다. 또한 동고비에 대한 일종의 존경심도 있었다. 그렇다. 넓으면 좁히면 된다. 하지만 아무도 그 길을 밟지 않을 때 그 길을 직접 밟아 간 새가 바로 동고비이기 때문이다.

동고비를 만나려면 먼저 딱따구리의 둥지를 찾아야 하는데 학교가 지리산 자락에 자리 잡고 있으니 멀리 갈 이유는 없었다. 우선 학교에서 이어지는 산책로를 둘러보았다. 새로운 길이 생기며 잊힌 길이라 오가는 사람도 없고 지나는 차도 드문 아주 한적한 곳이다. 약 2㎞의 길을 따라 이동하며 살펴보니 동고비가 탐낼 만한 딱따구리 둥지가 모두 12개 있었다. 2월 중순이었으니 동고비가 벌써 번식 일정을 시작할 가능성은 거의 없었지만 그래도 나는 나의 길을 갔다. 더러 무지하게 부지런한 동고비가 있을 수도 있겠고, 번식 과정을 처음부터 빠짐없이 알고 싶었기 때문이었다. 딱따구리의 옛 둥지 하나마다 30분씩 머물며 지켜보다 다른 둥지로 이동하는 방법을 택했고, 가고 또 돌아오면 꼭 하루가 걸렸다. 12개의 나무 중 적어도 어느 한 곳에 동고비가 나타나 주기를 바라는 마음뿐이었다.

드디어 관심을 보이는 친구가 나타났다. 어디서 오는 줄도 모르게 휙 날아온 동고비 한 쌍이 산책로 중간쯤에 있는 7번째 둥지인 은단풍나무에 나타난 것이다. 만남을 기다린 지 2주가 지난 3월의 첫날 점심 무렵이었다. 12곳의 관찰 여건이 다 같을 수는 없는 노릇이다. 마음속으로 꼽은 좋은 곳 3개와 나쁜 곳 3개가 있었는데, 동고비가 관심을 보인 둥지는 나쁜 쪽 2위에 해당하는 곳이다. 동고비는 크기가 작고 무척 빠르며 암수가 외형으로는 구분조차 되지 않는다. 게다가 관찰과 촬영 여건도 좋지 않으니 번식 생태를 알아 간다는 것이 험난한 일정이 되겠지만 어쩔 수 없었다. 12곳 중 한 곳이라도 모습을 보여 준 것에 감사하며 함께 가기로 했다.

저들이 맨 처음 한 일은 청소였다. 딱따구리 둥지 바닥에 쌓인 쓰레기를 깔끔히 버리는 것으로 시작하여 입구를 좁히고, 알을 낳아 품고, 부화한 어린 새에게 먹이를 물어 나르며 키웠다. 초롱초롱한 모습의 어린 새 여덟 마리가 성공적으로 둥지를 떠나기까지는 꼭 80일이 걸렸다. 새끼를 키워 내기 위한 엄마 새와 아빠 새의 몸짓은 80일의 첫날

부터 마지막 날까지 간절함으로 가득했다. 간절함이라는 표현이 턱없이 부족한데 다른 표현이 떠오르지 않는다.

동고비의 번식 일정에 온전히 함께했지만 바로 책을 내지 못했다. 확인해야 할 것이 하나 있었다. 동고비의 경우 암수를 겉모습으로 확인하기 어렵다는 것에서 비롯한 문제였다. 진흙을 물어 와 딱따구리의 둥지 입구를 좁힐 때 한쪽만 그 일을 담당하는데, 그것이 엄마 새인지 아빠 새인지 확실하지 않았다. 여러 가지 정황으로 암컷인 것이 분명해 보였으나 보이는 것만으로는 부족하다. 다음 해, 복직을 하고 또다시 저들의 번식 일정에 동행했다. 물론 수업을 하며 함께한 것

서로 다른 역할을 맡는 동고비 암컷과 수컷
둥지는 암컷이 지으며, 수컷은 주변 경계의 역할을 맡는다. 진흙이 묻을 일이 없는 수컷은 언제나 깨끗하다.

동고비 암컷의 진흙 나르기
암컷 동고비가 진흙을 물고 둥지로 날아 들어온다.

이라 처음부터 끝까지 온전히 동행한 것은 아니었다. 그럼에도 둥지를 짓는 것이 누구인지는 분명히 알 수 있었다. 한쪽만 둥지를 짓기 때문에 둥지를 짓는 쪽은 언제나 몸에 진흙이 묻어 있기 마련이다. 그러니 짝짓기 때 위치를 보면 누가 둥지를 짓는지 정확히 알 수 있는데, 첫해는 둥지 주변에서 짝짓기 모습을 단 한 번도 보여 주지 않았다. 다행히 두 번째 만남에서는 짝짓기 모습을 여러 차례 보여 주었고, 짝짓기를 할 때 진흙이 묻어 있는 친구는 항상 아래쪽에 있는 것을 확인할 수 있었다. 그렇게 해서 동고비 이야기도 세상과 만나게 되었다.

어린 동고비
고개를 내밀고 먹이를 보채는 어린 새. 어린 새는 부리 안팎이 노란색이다.

10년의 달력을 채우고 또다시

또 선택을 해야 했다. 우리나라의 딱따구리를 모두 만나고 싶고, 다 만나느라 만났는데 하나가 남은 것이다. 우리나라에서 몸집이 가장 큰 딱따구리로 천연기념물이며 멸종위기종인 까막딱따구리다. 그 친구를 만나려면 먼 길을 가야 한다. 집에서 적어도 여섯 시간 거리인 강원도에서 살기 때문이다. 갔다 오는 것만으로 하루가 저문다. 아예 그곳으로 가는 방법뿐이었고 결국 그 길을 선택했다.

2년에 걸쳐 강원도의 숲에서 움막 하나를 짓고 살았다. 한 해는 여름방학 내내 까막딱따구리 숲에서 생활했고, 다음 해는 다시 휴직을 하고 같은 숲에서 까막딱따구리 번식 일정의 처음과 끝을 함께했다. 까막

딱따구리 숲은 내게 정말 고마운 숲이다. 딱따구리 둥지에서 어떤 일이 벌어지는지를 종합적으로 알게 해 주었으며, 새 하나만 보지 않고 숲 전체를 보는 눈을 열어 주었다. 그렇게 해서 까막딱따구리 숲 이야기도 세상과 만나게 되었다.

책이 나왔다 하여 끝은 아니다. 까막딱따구리 숲은 그 이후로도 번식기인 봄에서 여름까지는 매주 절반 넘게 머물렀다. 그렇게 10년이 흘렀다. 지난해(2019년)는 긴 시간 머물지 않았다. 더 이상 까막딱따구리의 숲이 아니기 때문이다. 수컷이 1년 내내 지키던 숲이었고 번식기가 되면 암컷을 숲으로 모셔와 번식을 치렀는데, 수컷이 뵈지 않는다. 수컷이 없으니 암컷도 없다. 수컷의 수명이 다한 것인지는 알 수 없다.

까막딱따구리의 암컷과 수컷
까막딱따구리는 45㎝의 크기로 우리나라의 딱따구리 중 가장 크다. 천연기념물이며 멸종위기종이다. 수컷은 머리 윗부분 전체가 붉다. 암컷은 머리 뒷부분만 붉다.

교대하는 까막딱따구리 암컷과 수컷
까막딱따구리 암수는 번식 일정 내내 교대로 둥지를 지킨다.

먹이를 찾는 까막딱따구리 수컷
수컷이 나무를 쪼아 나무속에 숨어 있는 애벌레를 찾고 있다.

까막딱따구리의 어린 새 암컷과 수컷
어린 새는 부모의 모습을 닮는다. 수컷은 머리 윗부분 전체가 붉고, 암컷은 뒷부분만 붉다.

은사시나무 숲이었는데 이제 나무도 늙어 쓰러지고 있다.

딱따구리를 만나는 것은 봄에서 초여름까지다. 저들이 나무 하나를 정해 둥지를 짓고, 알을 낳고, 품고, 어린 새를 키우는 시기, 곧 번식 시기다. 번식이 끝나면 둥지에서는 잠만 잔다. 밤에 와 잠을 자고 다음 날 이른 시간 둥지를 떠난다. 그래서 딱따구리의 번식 일정이 끝나면 다른 새들을 만난다. 여름에는 소쩍새, 꾀꼬리, 물총새, 긴꼬리딱새를 비롯한 여름철새의 번식 일정을 살피고, 가을에는 나그네새인 물수리를 찾아 전국을 다니며, 겨울에는 겨울철새인 두루미 종류를 주로 만난다. 내 1년의 달력은 그렇게 흘러간다.

이제 예전처럼 움막 하나를 짓고 몇 달을 지켜보는 일은 하지 못한다. 체력이 따르지 않는다. 그러니 그때, 할 수 있었을 때, 학교까지 쉬며 새를 만난 것은 잘한 일이다 싶다. 앞으로도 나의 달력은 변함없이 그렇게 흘러갈 것이다. 행복하다. 사랑하는 무엇이 항상 가슴에 있는 것, 분명 행복한 일이다.

소쩍새
봄에 우리나라에 와서 여름을 지나며 번식을 하고 가을에 떠나는 여름철새로, 천연기념물이다. 나무 틈이나 딱따구리 둥지에서 번식한다. 엄마 소쩍새와 아기 소쩍새가 함께 얼굴을 내밀고 있다.

꾀꼬리
여름철새로 온몸이 노란색이어서 황조라고도 부른다. 유리왕이 지은 가요 〈황조가〉에 등장한다.

물총새
여름철새로 물고기 전문 사냥꾼이다. 영명도 common kingfisher다.

긴꼬리딱새
여름철새로 세계 3대 아름다운 새 중 하나다. 이름이 말해 주듯 꼬리가 무척 길며, 멸종위기종이다.

재두루미
10월 초 강원도 철원 들녘이 단풍으로 물들기 시작할 무렵 우리나라에 찾아오는 겨울철새다. 천연기념물이며 멸종위기종이다.

잠자리로 모여드는 재두루미
해 질 무렵이면 재두루미들이 잠자리로 모여든다. 재두루미는 무리를 지어 발목이 잠길 정도 깊이의 습지에서 잠을 잔다.

잠에서 깨어나는 재두루미
날이 밝아 오자 잠에서 깨어나 몸을 뒤척이기 시작한다.

두루미
겨울철새로 천연기념물이며 멸종위기종이다. 가족 단위로 행동한다. 가족은 엄마 새, 아빠 새, 어린 새 둘 모두 넷이었으나 근래 어린 새가 하나로 줄고 있는 추세다.

3

야생조류와 유리창 충돌

새의 비행술은 상상을 초월한다. 나뭇가지와 넝쿨이 얽히고설킨 숲에서 어디에 깃털 한 번 스치지 않고 요리조리 잘도 날아다닌다. 게다가 엄청 빠른 속도로. 말 그대로 곡예비행이다. 숲에서 새들이 날아다니는 모습을 지켜본 지 꽤 오래지만 아직 나무에 부딪혀 목숨을 잃는 새를 만나지 못했다. 새는 눈이 무척 좋다. 먹이를 찾는 능력이 뛰어난 것도 시력이 바탕이다. 게다가 시력이 뛰어나지 못하면 비행 중 어딘가에 부딪기 쉽다. 그런 일 없다. 하지만 새가 시력이 아무리 좋아도 보이지 않는 것까지 볼 수는 없다.

보이지 않아도 보이는 세상 속으로 새는 날아간다

수많은 새가 어딘가에 부딪혀 목숨을 잃는 일이 벌어지고 있다. 그 숫자는 상상을 초월한다. 미국의 경우 10억 마리, 캐나다에서는 2500만 마리가 매년 희생된다고 한다. 우리나라는 800만 마리 정도가 매년 충돌하는 것으로 추정한다. 매일 2만 마리가 넘는 새가 어딘가에 부딪혀 죽는 셈이다. 유리창 충돌이다. 새는 그 좋은 눈으로도 볼 수 없는 단단한 나무, 유리창을 인간이 만들어 낼 것까지 예측하지 못한 것이다. 날마다 어마어마한 숫자의 새가 유리창에 부딪혀 죽고 있지만 세상은 이들에게 눈을 돌리지 않는다. 야생조류의 유리창 충돌이 인간에게 직접적인 손해를 끼치지 않기 때문이다. 새가 유리창에 부딪힐 때마다 유리창이 깨지기라도 한다면 지금처럼 무관심하지는 않을 것이다. 이러한 이유로 연구가 미비하며 제도적 장치 또한 마련되지 않고 있다. 새가 항공기와 충돌하여 많은 문제를 일으키는 버드 스트라이크bird strike에 대해서는 연구가 많이 되고 있다.

새의 일상적인 비행 속도는 시속 36~72*km*다. 인간의 걸음 속도는 10리, 4*km* 정도다. 충돌 시 충격량 자체가 다르다. 새가 항공기에 부딪혀 동체가 찌그러지거나 엔진 속에 빨려 들어가 부품이 파손되는 버드 스트라이크의 경우 항공기의 안전 운항에 큰 차질이 생기며, 심할 경우에는 유리창이 깨지거나 폭발이 일어나 대형 사고로 이어질 수도 있다. 새 하나가 그 어마어마한 비행기와 부딪혀 봐야 아무 일 없을 것 같으나 그렇지 않다. 실제로 1.8*kg*의 새가 시속 960*km*로 비행하는 항공기와 부딪치면 64t 무게의 충격을 주는 것과 같다고 한다. 속도 때문이다. 공항에서 흔히 쓰는 새 떼 퇴치법으로는 호루라기, 꽹과리, 엽총, 폭음탄, 경음기를 비롯한 소음발생 장치가 있다. 또 반사 색종이를 이용해 새 떼의 접근을 막거나, 조류가 서식하는 공항 주변의 습지·늪지를 메우는 방법도 사용한다. 그 밖에 새들의 먹이가 되는 곤충을 없애기 위한 살충 작업, 자기파를 이용한 조류 퇴치 장치, 바람개비나 그물 등도 조류 충돌을 예방하는 대표적인 수단들이다. 대형 공항에서는 조류 퇴치를 위한 전담반을 운영하여 버드 스트라이크를 예방하는 다양한 조치를 취하고 있다.

대학원 시절 유리창 충돌 사고가 있었다. 출입문 옆의 막힌 유리창을 출입문으로 착각하여 밀고 들어간 것이다. 졸업논문 준비로 나름 열심히 실험을 하느라 잠이 부족한 탓이었다. 충격은 상당했다. 하늘이 노랗게 변함은 물론 바로 눈두덩이 찢어져 응급실 신세를 져야 했다. 나의 경우는 정신이 맑지 않은 탓이지만 새는 정신을 바짝 차리고 있어도 유리창에 부딪힌다. 유리의 투명성과 반사성 때문이다. 보이지 않거나 보여도 창밖 세상이 반사된다. 있지만 보이지 않는 것을 새로서도 어쩔 수 없다. 우리가 늘 다니는 길에 어느 날 갑자기 눈에 보이지 않는 투명창이 서 있다 치자. 어찌 충돌을 피할 수 있는가. 그나마 우리 뇌 골격은 상당히 단단한 편이다. 게다가 걷다가 부딪친다. 새는 엄청난 속도로 비행하다 충돌한다. 또한 새는 비행을 위해 뼛속까지 비워 공기로 채운 탓에 골격이 무척 약한 생명체다. 충돌은 곧 죽음이다.

현대 건축 형태의 변화와 더불어 강화유리가 발명되면서 유리창을 사용하는 건축물이 늘어나는 추세다. 강화유리가 아니더라도 유리창 없는 건물은 없으니 모든 건물에서 충돌은 발생할 수 있다. 전국의 건물 숫자는 약 710만 채다. 1년에 한 마리가 충돌한다고 가정해도 710만 마리가 목숨을 잃는 셈이다. 더군다나 숲 주변의 건물에서는 1년에 한 마리가 아니라 날마다 많은 새가 충돌한다. 우리나라에서 매년 800만 마리의 새가 유리창 충돌로 죽는다는 것이 아무 근거 없이 나온 숫자가 아니다. 건물 유리창 다음으로 심각한 것이 투명방음벽에 의한 피해다. 게다가 고속도로의 방음벽은 서식지를 가로지르는 경우가 많아 건물 유리창보다 직접적인 위협이 된다. 날마다 새로운 건물이 생기고 없던 길도 새롭게 뚫린다. 그만큼 어제는 없던 유리창과 투명방음벽이 늘어난다. 새에게는 날마다 보이지 않는 나무가 늘어나는 꼴이다.

충돌을 막지 못하는 허술한 조치

인간은 투명 유리를 볼 수 있는가? 유리를 확실히 보지 못한다. 다만 학습을 통해 유리가 있다는 것을 인지하기 때문에 부딪히지 않는 것

흰꼬리수리

이다. 새는 유리에 대한 학습이 없다. 학습의 기회조차 없이 죽는다. 어찌할 것인가?

한동안 맹금류 스티커를 유리창에 붙였다. 버드 세이버bird saver로 알려졌지만 말과 달리 새를 구하지 못한다. 심지어 아무런 소용이 없다. 새들이 스티커 맹금류를 실제 맹금류로 인식해 근처에 얼씬도 하지 않으리라는 발상은 새를 너무 모르거나 무시하는 처사다. 새들은 더불어 살아가는 이웃 생명, 특히 다른 새에 대해 정확한 정보를 가지고 있다. 내 경험에 따르면 소리는 말할 것 없고 암수도 구분하며 저들의 섬세한 습성까지 안다. 게다가 자신의 생명을 앗아 갈 수 있는 맹금류를 비롯한 천적에 대해서는 훤히 꿰고 있다.

흰꼬리수리와 독수리
독수리는 흰꼬리수리와 달리 사냥 능력이 없다. 생김새가 비슷하지만 흰꼬리수리의 먹잇감이 되는 새들은 둘을 정확히 구분하여 독수리에는 반응하지 않는다..

독수리

독수리와 흰꼬리수리는 모습이 비슷하다. 더군다나 흰꼬리수리의 경우 성체가 되기 전에는 꼬리가 완전히 흰색이 아니라 갈색이기 때문에 독수리와 흰꼬리수리는 헷갈리기 쉽다. 새를 오래도록 본 사람도 마찬가지다. 그런데 독수리와 흰꼬리수리 사이에는 큰 차이점 하나가 있다. 생태적 차이다. 독수리는 사냥 능력이 없다. 동물의 사체에 기대어 산다. 흰꼬리수리는 사냥 능력이 있으며 뛰어나다. 어린 흰꼬리수리도 마찬가지다. 이제 독수리가 나타났다 치자. 새들은 꿈쩍도 하지 않는다. 조금도 신경 쓰지 않는다. 사냥 능력이 없다는 것을 아는 것이다. 이번에는 멀리서 흰꼬리수리가 다가온다 치자. 어린 개체여서 독수리와 구분하기 어려운 형편임에도 새들은 모두 도망친다.

새에 빠져 산 지 오래다. 조류 연구로 학위를 한 것이 아니니 전공자는 아니다. 새를 무척 사랑하는 사람일 뿐이다. 철 따라 전국을 다니며 새를 만나다 보니 이동이 잦다. 촬영장비에다 위장을 위한 장비까지 보태져 짐이 많다. 게다가 대중교통이 닿지 않는 험지를 다닐 때가 대부분이다. 직접 운전을 하고 다닐 수밖에 없다. 유리창 충돌 사고가 이슈가 된 최근 몇 년은 자동차 전용도로나 고속도로를 주행할 때 방음벽을 주시하며 다녔다.

방음벽의 성능 및 설치기준에 관한 [환경부고시 제2009-221호]는 제1장 총칙 제5조에서 '방음벽 설치대상지역의 선정'에 대하여 다음과 같이 명시하고 있다. "방음벽은 주택·학교·병원·도서관·휴양시설의 주변지역 등 조용한 환경을 요하는 지역 중 소음의 영향을 크게 받는 지역으로서 상주인구 밀도, 학생수, 병상수 등이 많고 소음이 환경기준을 초과하여 소음문제가 발생하거나 발생할 우려가 큰 지역부터 우선하여 설치한다."

제1장 제5조, 잘되어 있다. 고속도로와 인접하여 작은 마을이라도 나오면 방음벽은 틀림없이 설치되어 있었다. 소음은 공해다. 차도에서 발생하는 소음에는 경적음, 타이어와 노면의 마찰로 생기는 마찰음, 배기음 등이 있다. 고속도로나 자동차전용도로 인접 거주민의 경우 거의 종일 자동차 소음을 겪을 수밖에 없다. 방음벽 설치는 마땅하며 소음을 줄이기 위한 대책은 아무리 지나쳐도 지나침이 아니라는 생각에 동의한다. 또한 제3장 방음벽의 설계 및 설치기준 제10조 '방음벽의 설계시 기본적인 고려사항 2'에 따르면 "방음벽은 전체적으로 주변경관과 잘 조화를 이루고 미적으로 우수하여야 하며 환경친화적이어야 한다. 이를 위하여 도시경관관련 심의기구 또는 관계전문가의 자문을 받아 방음벽의 유형 및 색상, 수림대 조성, 넝쿨식물 식재, 투명방음판과 불투명반음판의 조합, 방음벽의 단부 및 연결부에 화분설치, 다양한 문양의 방음판 사용 등 다각적인 방안을 강구한다."로 되어 있다. 직접 살펴본 결과 이 정도면 주변경관과 조화를 이루고 미적으로도 우수하다 싶다. 하지만 환경친화적이며 전문가의 자문을 제대로 받았는가 하는 부분에서는 높은 점수를 줄 수 없다. 더군다나 방음벽의 성능 및 설치기준에 관한 [환경부고시 제2009-221호]는 2009년 9월 17일에 일부 개정 및 시행된다. 이미 10년이 지났으며, 2009년은 조류의 유리창 충돌 사고의 심각성이 세상에 알려지기 전이다. 당시, 조류 전문가에게는 자문을 구하지 못했던 모양이다.

조류의 충돌 사고는 투명방음벽이 문제다. 이 부분은 제3장 방음벽의 설계 및 설치기준 제13조 '방음벽의 선정기준'의 ②에 다음과 같이 명시되어 있다. "조망, 일조, 채광 등이 요구될 경우에는 투명방음벽 또는 투명방음판과 다른 방음판을 조합한 방음벽으로 한다." 투명방음벽이 사용된 배경은 조망, 일조, 채광을 확보하기 위함이다. 그런데 투명방음벽이 설치된 곳 중 일조와 채광이 문제가 되는 곳은 찾기 힘들었다. 방음벽이 대부분 높지 않으며, 더러 높다 하더라도 주택이나 건물이 도로에 딱 붙어 있는 것이 아니어서 일조와 채광을 막지는 않는다.

조망의 문제가 남는다. 조망 또한 도로에 인접한 주택 쪽에서 방음벽 때문에 밖이 잘 보이지 않는 경우는 거의 없었고, 차 안에서 방음벽에 가려 밖이 잘 보이지 않는 곳은 많이 있었다. 시야 확보의 문제와 맞닿아 있다. 어딘지 알 수 없으니 답답하며 혼란이 올 수 있다. 톨게이트나 분기점 직전이라면 더욱 그렇다. 하지만 이 문제는 안내 표지판으로 해결할 수 있다. 그리고 시야를 확보해야 할 필요가 없는 곳에조차 투명방음벽이 설치된 곳이 많았다. 그렇다면 고속도로에 투명방음벽이 있을 이유는 없다. 개인적인 조사며 생각이니 전수조사 후 필요하지 않는 곳은 모두 환경친화적이고 심미성을 고려한 불투명방음벽으로 바꾸기를 바라는 마음이다. 그래도 꼭 투명방음벽을 설치해야 할 곳이 있다면 방법이 있다.

현실성 있는 충돌 방지법

2019년 3월, 환경부는 '야생조류 유리창 충돌 저감 캠페인'을 시작하며 상당히 효과적인 방법을 제시한다. 지역과 시간을 가리지 않고 광범위하게 발생하는 새의 유리창 충돌 사고, 이제 국민의 참여로 줄일 수 있다. 새를 살리는 5×10 규칙이다.

■ 비행할 수 없는 틈, 5×10 규칙

5×10은 새들이 비행을 시도하지 않는 높이 5㎝, 폭 10㎝의 틈 또는 공간을 말한다. 아무리 작은 새여도 날개를 완전히 폈을 때의 길이는 10㎝가 넘으며, 위아래로 날갯짓을 하는 폭도 5㎝가 넘기 때문에 높이 5㎝, 폭 10㎝가 넘는 공간이어야 비행을 시도한다. 이러한 조류의 특성을 이해하여 건물 유리창에 물감 또는 스티커로 점을 찍거나 선을 표시하면 새들은 자신이 지나가지 못할 것이라고 인지하여 유리창을 피해 비행한다.

■ 5×10 점 찍기

유리창에 5×10 규칙으로 8㎜ 크기 이상의 점을 아크릴 물감으로 그리는 방법이다. 주의할 점은 반드시 건물 외부에 적용해야 한다. 실내에 점을 찍을 경우 외부 풍경의 반사는 막을 수 없다. 외부에 적용하기 힘든 고층 아파트라면 효과가 조금 떨어지지만 내측에 적용한다.

■ 5×10 스티커 붙이기

점 대신 5×10 규칙을 적용한 스티커를 붙이는 것도 효과적이다. 스티커 모양은 어떤 것이나 상관없지만 외부에 붙여야 하므로 자외선이나 열에 견디는 내후성 좋은 제품이어야 한다. 유리창용 펜이나 수정액을 사용한 글씨 또는 그림도 좋은 방법이 될 수 있다.

■ 5×10 줄 걸기

6㎜ 이상 굵기의 줄을 10㎝ 간격으로 늘어뜨린다. 공동주택의 방

음벽이나 주차장 외벽 등에 적용하기 좋다. 바람 등의 영향으로 줄 간격이 벌어지거나 들릴 수 있어 지속적인 확인이 필요하다.

■ 5×10 그물망

채광이나 경관 확보가 필요치 않은 장소에 적합하며, 시공이 간편하다. 그물망 줄이 가늘면 새가 엉켜 다칠 수 있다. 줄은 굵게 하되 망목이 너무 좁지 않아야 한다. 또한 그물망을 유리창과 너무 가깝게 설치하면 새가 유리창에 부딪히는 것과 같은 충격을 받을 수 있으므로 최소 5㎝ 이상 떨어뜨려 설치한다.

불을 끄면 언제라도 곧바로 암흑이 되어 버리는 집에서 15년을 살았다. 유리창을 통해 들어오는 한 줄기 빛이 얼마나 소중한지 잘 안다. 탁 트인 유리창을 통해 세상의 모습을 바라보는 시간, 똑같이 소중하다. 소음, 정말 얼마나 괴로운 일인가. 소음을 차단하기 위해 방음벽을 세우는 것은 꼭 필요한 일이다. 하지만 유리창과 방음벽에 부딪혀 수많은 새가 죽고 있다. 유리창과 방음벽의 기능은 유치한 채 저들의 죽음을 줄일 길이 있다면 그 길을 가는 것이 옳지 않을까. 5×10 규칙으로 유리창에 점을 찍으면 세상이 조금 덜 보일 뿐이고, 투명방음벽이 불투명 벽으로 바뀌면 그 길을 지나는 몇 초 동안 살짝 불편함이 있을 뿐이다.

또한 이런 생각도 든다. 인간에게 피해를 끼치지 않는 죽음이라도 그 죽음이 인간으로 비롯하였다면 그 책임은 우리에게 있지 않은가. 그리고 새의 죽음이 분명 새만의 죽음으로 끝나지는 않을 것이다.

4

반려동물

외할아버지와 소

외가댁에서 가장 인상적인 동물은 소였다. 우선 엄청난 덩치. 그리고 크고 맑은 눈. 아름답기까지 했다. 소가 어찌 아름다울 수 있느냐 할 수 있지만 실제 그랬고, 그런 바탕에는 외할아버지의 손길이 있었다. 소의 집인 외양간도 집 안에 있었다. 외할아버지의 소에 대한 사랑은 특별함을 넘어 각별했다. 무엇보다 소가 먹을 것에 온 정성을 다하셨다. 여름이면 아침마다 풀을 산더미처럼 지게에 이고 와 쏟아 주었다. 외할아버지의 바지는 항상 이슬에 흠뻑 젖어 있었다. 내가 일어나기 전에 외할아버지는 벌써 풀을 베러 들로 나섰던 것이다. 풀을 내려놓으시면 바로 세수를 하셨다. 소금을 두 번째 손가락과 세 번째 손가락에 묻혀 이를 몇 번 쓱쓱 닦으셨다. 이어서 당신의 얼굴은 비누칠도 없이 두세 번 양손으로 물을 퍼 씻는 것이 전부였다. 1분이나 걸렸을까. 그런데 소는 날마다 적어도 한 시간씩 빗질을 해 주었다.

오후에는 소를 직접 데리고 나가 스스로 풀을 뜯게 했다. 그 길에는 나도 동행할 때가 많았다. 정성스러운 빗질로 소의 털에서는 언제나 윤기가 흘렀다. 윤기뿐인가. 진드기가 달라붙어 피를 빨 겨를도 없었다. 소는 꼬리로 자신의 몸을 때리는 행동을 많이 한다. 뭔가를 쫓기 위함이다. 파리 정도가 달라붙었다 하여 그런 행동을 하지는 않는다. 우선 모기. 그 작은 모기가 엄청 큰 소를 제법 귀찮게 한다. 때로 귀찮은 정도를 넘어 시달리기도 한다. 이미 물린 뒤겠지만 모기는 꼬리로 어렵지 않게 쫓아낼 수 있다. 그런데 아무리 꼬리로 쳐도 떨어지지 않고 피를 빠는 녀석이 있다. 아예 꼬리가 닿지 않는 곳에 자리를 잡을 때가 많다. 꼭 벌처럼 생긴 등에다. 등에 암컷이 소 옆구리 쪽에 찰싹 달라붙어 침 모양의 긴 관을 꽂고 피를 빠는 것이다. 할아버지의 손에 들린 파리채가 약이다. 할아버지는 항상 파리채를 지니고 다니셨다.

여름이든 겨울이든 외양간은 언제나 청결했다. 겨울이면 날마다 소죽을 쑤셨다. 시골의 겨울밤은 길다. 더군다나 전기가 들어오지 않을 때였다. 저녁은 해지기 전에 먹었고, 밥상을 물리고 나면 기껏해야 저녁 6시. 이미 어둡다. 희미하기 짝이 없는 등잔불 곁에 옹기종기 모여 앉아 두런두런 이야기를 하고, 외할머니께서 들려주시는 옛날이야기를 듣고, 윷놀이까지 하더라도 8시를 넘기기 힘들었다. 다음에는 할 것이 없다. 잔다. 외할아버지는 안방 벽에 걸린 큰 괘종시계가 "땡, 땡, 땡, 땡, 땡" 다섯 번 울리면 일어나셨다. 새벽 5시. 서울보다 훨씬 일찍 잠든 나도 외할아버지의 기척에 눈을 뜬다. 잠귀도 밝은 편이었다. 다시 밝아진 등잔불 아래에서 외할아버지는 의복을 갖춰 입으셨다. 의복은 언제나 한복. 바지를 입으시고 너풀대는 발목 부분을 발목에 딱 맞게 두 번 틈을 주지 않고 접으신 뒤 대님으로 깡똥하게 꽉 매실 때는 뭔가 큰일을 하러 나가시는 듯 결연함마저 느껴졌다.

그랬다. 외할아버지께서 소죽을 쑤시는 과정은 분명 보통 정성은 넘어서는 일이었다. 내가 아는 한 외할아버지는 아무리 추운 날이어도, 마을이 고립될 정도로 폭설이 내린 날도 소죽 쑤는 일을 거른 적이 없었다. 소죽의 가장 중요한 재료는 볏짚을 잘게 썬 여물이다. 볏짚은 마른 풀과 다르지 않으니 아무리 푹 삶는다 하여 맛이 날 리 없다. 쌀겨와 콩깍지도 넣으셨다. 가마솥에 여물 먼저 넣고 푹 끓인 뒤 콩깍지를 넣어 다시 끓이다 마지막에 쌀겨를 넣고 조금 더 끓였던 것으로 기억한다. 불을 피우는 땔감은 언제나 왕겨였다. 왕겨는 쌀의 껍질로 불이 잘 붙지 않으며 화력도 약하다. 은근히 끓여 내기 위함이었을 것이라 생각한다.

불이 너무 괄지 않아야 좋다고 늘 말씀하셨다. 불이 잘 붙지 않으니 계속해서 공기를 불어 넣어야 한다. 입으로 내내 불고 있을 수는 없다. 풀무질이 필요하다. <u>드르르르르륵, 드르르르르륵</u>…. 왼손으로는 왕겨를 아궁이에 던져 넣었고, 오른손으로는 풀무의 손잡이를 돌리셨다. 왼손으로 뿌리는 왕겨는 언제나 골고루 퍼져 떨어졌고 손잡이를 돌리는 속도는 또 그렇게 변함없이 일정했다. 풀무질 소리가 멈추면 소죽이 완성되었다는 뜻이다. 6시 반. 아직 어둡다. 솥뚜껑이 열리면 무척 구수한 냄새가 퍼졌다. 몇 번은 먹어 보고 싶은 적도 있었다. 소죽을 먹는 소의 모습은 엄청 행복해 보였다.

어느 겨울, 소가 송아지를 낳았다. 소는 보물과 다르지 않았으니 더

없는 경사다. 무척 추운 날이었는데 할아버지는 이틀 동안 방에 들어오지 않으셨고, 그렇게 엄마를 닮아 건강하고 예쁜 암송아지를 받으셨다. 송아지는 태어난 날부터 걸어 다녔다. 오전에는 조금 불안해 보였지만 오후에는 제법 잘 걸었다. 며칠 지나니 뜀박질 선수로 변했다. 젖을 빠는 모습이 가장 또렷이 떠오른다. 기다란 젖꼭지를 위로 쭉쭉 치면서 빨아 댔는데 그때마다 엄마 소는 움찔움찔했다. 송아지는 묶어 두지 않았다. 저녁이면 외양간으로 넣느라 온 식구가 여기저기 뛰어다녀야 했다. 다시 여름방학이 왔을 때, 시골에 가서 가장 먼저 물은 것은 송아지의 안부였다. 태어난 지 석 달 뒤, 송아지는 인품 좋으신 어느 분께 팔려 갔으며 할아버지는 가끔씩 그 먼 길을 걸어 송아지를 만나러 가신다고 들었다.

쟁기를 소의 몸에 두르고 땅을 갈 때 외할아버지와 소는 마치 한 몸처럼 움직였다. 소를 다그치지 않으셨고 소의 흐름을 따라 주셨다. 언제 쉬게 해 주어야 하는지, 언제 "이랴~" 소리로 힘을 북돋아 주어야 하는지 정확히 아시는 듯했다. 일이 다 끝나면 애썼다며 찬찬히 몸을 쓰다듬어 주는 것을 잊지 않으셨다. 중학교 1학년 때, 경운기가 소의 일을 대신하며 소는 더 필요치 않은 존재가 되었다. 천덕꾸러기가 된 소를 외할아버지는 2년 더 예전과 조금도 다름없이 보살피셨다. 어느 날, 트럭이 와서 소를 싣고 갔다. 소의 울부짖음, 그 큰 눈에 맺힌 눈물을 나는 또렷이 기억한다. 외할아버지는 그 자리에 계시지 않았다. 나는 안다. 외할아버지는 종일 마을 뒷산 소나무에 기대 털썩 앉아 계셨다는 것을. 다음 날도, 또 다음 날도….

반려동물이라는 말 자체가 없던 시절이다. 하지만 '반려'라는 관계가 어떤 것인지에 대해서 외할아버지는 일찍이 내게 보여 주셨다.

반려동물 1000만 시대

반려동물 1000만 시대를 산다.* 2019년 7월 통계 기준, 우리나라의 인구수는 5184만 5612명이며, 가구 수는 약 2200만 호다. 총 가구 수를 2000만 호로 잡자. 한 가구에서 한 마리의 반려동물을 키운다면 두 집에 한 집꼴로 반려동물과 함께 산다는 뜻이다. 자료에 눈여겨봐야 할 대목도 있다. 가구 중 1인 가구가 전체 가구 수의 30%에 육박한다는 것이며, 앞으로도 1인 가구는 계속 늘어날 전망이라는 점이다. 혼자 살고, 혼자 밥 먹고, 혼자 여행한다. 함께하며 마음 나눌 누군가가 절실하다.

사회가 경제발전을 거듭하면서 물질이 풍요로워지는 반면, 핵가족이 많아지고 혼자 사는 사람도 늘고 있다. 마음은 메말라 간다. 결국 외롭다. 애정은 받는 것만큼이나 주는 것도 중요한데, 받을 누구도 줄 누구도 없다. 심지어 가족 안에 있으면서도 서로 고립되어 외롭기는 마찬가지다. 마음 줄 곳이 마땅치 않다. 복잡한 인간관계 속에서 상처도 많이 받는다. 상처받지 않을 가족에 대한 동경이 싹튼다. 동물의 세계는 이러한 면에서 안정적이다. 변함없다. 주는 만큼은 받으며, 적어도 상처를 받지는 않는다. 인간은 이런 동물과 접함으로써 상

* 반려동물 1000만 시대를 살며, 반려동물 관련 신조어로 펫코노미(petconomy), 펫팸족(petfam족), 펫티켓(pettiquette), 펫로스증후군(pet loss syndrome), 딩펫족(Double Income, No Kids; DINK pet족), 뷰니멀족(viewnimal족), TYDTWD(Take Your Dog To Work Day), 펫스티벌(petstival), 펫파라치(petparazzi)라는 말도 생겼다.

실되어 가는 인간성을 되찾으려 한다. 이것이 동물을 애완하는 일이며, 그 대상이 되는 동물을 애완동물이라고 한다. 애愛는 '좋아하다, 사랑하다'의 뜻이고, 완玩은 '가지고 놀다'의 뜻이니, 애완동물은 '좋아하여 가지고 노는 동물'을 말한다. 아이들이 가지고 노는 장난감을 완구完具라고 한다. 애완동물과 완구의 '완'은 같은 뜻이다. 결국 애완동물은 장난감처럼 가지고 노는 동물을 뜻한다. '가지고 논다'는 표현이 조금 불편하기는 하다.

1983년 10월, 오스트리아 빈에서 인간과 애완동물의 관계를 주제로 국제 심포지엄이 열렸다. 동물의 행동양식을 발표하여 노벨상을 수상한 로렌츠Konrad Zacharias Lorenz의 80세 생일을 맞아 오스트리아 과학아카데미가 주최한 자리였다. 이 자리에서 로렌츠는 개, 고양이, 새를 비롯한 애완동물의 가치를 재인식하여 반려동물companion animal로 부르자는 제안을 한다. 승마용 말도 포함하자고 했다. 반려의 '반'과 '려'는 모두 '짝'을 뜻한다. "그 친구는 내 단짝이야." 할 때의 짝이고, 신발 한 짝의 짝이다.

반려동물은 개와 고양이뿐만 아니라 그 종류를 헤아리기 어려울 정도로 다양해지고 있다. 반려동물로 키우지 않는 것이 거의 없을 정도로 척추동물과 무척추동물을 망라한다. 그렇더라도 예나 지금이나 반려동물의 가장 큰 비중을 차지하는 것은 강아지다. 사람과 개의 인연은 길다. 그만큼 둘에 얽힌 이야기도 많다. 그중에서도 의로운 개나 충성스러운 개에 대한 이야기는 '오수의 개'처럼 지금도 자주 오르내리고, 기록과 민담도 줄을 잇는다. 개를 뜻하는 '오', 나무를 뜻하는 '수'가 합쳐진 오수獒樹는, 내가 사는 곳에서 멀지 않은 지역이다. 주인을 위해 목숨을 바친 개를 기려 주인이 쓰던 지팡이를 개를 묻은 곳에 꽂았더니 큰 나무가 자랐다는 이야기가 오수의 배경이 된 것을 초등학생이면 다 안다. 결국 개가 자신의 목숨을 던져 주인이나 주인 가족의 생명을 구한다는 이야기다. 하지만 아직까지 개를 구하기 위해 주인이 목숨을 던졌다는 이야기는 없다.

반려동물 1000만, 두 집에 한 집꼴로 반려동물과 함께 사는 시대에 우리 집도 얼마 전까지 그 두 집 중 한 집이었다.

우리 집 셋째 똘망이

2004년 첫날. 아들이 보채기 시작한다. 새해를 맞아 강아지를 키우게 해 준다면 강아지를 키우는 일을 자신이 도맡아 함은 물론, 심지어 엄마와 아빠 말까지 잘 듣겠다는 것이었다. 나는 반대했다. 둘 다 지키지 못할 것을 잘 알아서다. 또한 강아지를 어찌 혼자 키우겠는가. 내 몫은 해야 하는데 자신이 없었다. 자연관찰로 일찍 집을 나서 늦은 시간에나 집에 왔고, 주말과 휴일도 없이 지내던 시절이다. 하지만 가족 넷 중 셋이 찬성하고 나만 반대하니 민주주의의 절차를 따를 수밖에 없었다. 푸들로 결정. 소형이고 똑똑한 데다 애교까지 넘친다니 강아지를 처음 키우는 상황에서는 가장 무난한 종이라는 것이 선택의 이유였다.

광고를 샅샅이 살펴보다 "집에서 정성을 다해 키운 강아지"라는 문구에 신뢰감이 들어 아들과 함께 찾아갔다. 분명 푸들이 있다 했는데 방문해 보니 푸들은 없고 다른 종이 있었다. 태어난 지 보름 정도 되었다는 닥스훈트 다섯 마리. 광고를 바꿔야 했는데 그러지 못했단다.

얼른 키우고 싶은 마음에다 닥스훈트의 특별한 생김새와 귀여움에 홀딱 빠졌고, 그중 눈망울이 아주 밝고 똘똘해 보이는 녀석이 있어 집으로 데려왔다. 가장 놀란 것은 아내였다. 흰색 강아지가 아니라 정반대로 검은색 강아지를 데려왔으니 그럴 만했다.

첫 느낌대로 이름은 똘망이로 정했다. 다음 날, 집 안에 있는 전선은 모두 끊어져 있었다. 똘망이 작품이다. 거실 가운데에다 떡하니 실례도 하시고. 게다가 온통 털. 털이 짧아 털이 잘 빠지지 않을 것으로 잘못 알았다. 키우고 싶은 마음만 있었지 아무 준비도 없었던 것이다. 어쩌랴. 배변 훈련도 시키고 털은 날마다 청소를 하며 그렇게 시간은 흘러갔다. 아들이 모든 것을 하겠다는 약속을 지킨 것은 딱 3일이었다. 본가와 처가 모두 서울이어서 이동이 잦다. 남원에 있을 때에도 가족끼리 자연을 찾아다니는 일이 흔하다. 아뿔싸, 강아지는 모두 차를 잘 타는 것으로 알았다. 똘망이는 10초를 견디지 못하고 내려 달라고 난리다. 차 타기를 싫어하는 것은 조금 심각한 문제다. 하지만 돌이킬 길은 없었다.

함께하는 첫 번째 설 명절 전날이었다. 본가는 서울이어서 먼 길을 오가야 하는데 똘망이는 차를 타지 못하여 할 수 없이 동물병원에 위탁했다. 3일 만에 돌아오니 이런 강아지는 처음이라며 3일 내내 낑낑거려서 너무 힘들었다고 한다. 콕 짚어서 말은 하지 않았어도 다음부터는 맡아 주기 어렵다는 표정이 역력했다. 결국 모든 것은 아내의 몫이 되고 말았다. 이후로 우리 가족은 이틀 이상 집을 비우지 못했다. 명절처럼 며칠 집을 비워야 할 경우에도 똘망이 혼자 온전히 있는 시간이 하루를 넘기지 않으려 애썼다. 그래야 할 경우 누군가 먼저 내려와 똘망이와 함께했다. 어쩔 수 없이 이틀을 꼬박 혼자 보내야 하는 상황이 몇 번 있었다. 그때는 똘망이를 알고 사랑으로 보살펴 줄 친척 중 누구라도 집에 있게 했다.

가족이 다섯이 되어 함께 맞는 첫 봄. 엄청나다. 평상시도 그렇지만 털갈이를 할 때는 정말 대책이 없다. 털갈이는 가을에도 한다. 6개월이 지나니 생리를 시작했다. 강아지는 5개월에서 6개월 간격으로 1년에 두 번 생리를 한다. 생리를 시작하면 3주 가까이 생리혈을 집 안 여기저기에 흘리거나 묻히고 다닌다. 따라다니며 닦아야 해서 앉아 있을 틈이 없다. 강아지는 폐경이 없다. 일생 동안 이 과정을 반복한다는 뜻이다. 강아지도 생리전증후군이 있다. 우선 생식기가 눈에 띄게 부풀어 오르고 자주 핥는다. 평소보다 예민해지며 불안해한다. 혼자 있고 싶어 하는 아이들도 있고, 끊임없이 보호자를 따라다니며 보채는 녀석도 있고 사나워지기도 한다는데, 똘망이는 보채는 쪽이었다. 더 세심한 관심이 필요한 시기였다. 몸을 가능한 한 따뜻하게 해 주고, 좋아하는 간식이나 특식으로 불안해하는 똘망이를 달랬다. 기분전환을 위해서 가벼운 산책을 통해 스트레스 완화에 도움을 주었고 감염의 위험이 높은 시기여서 생식기 주변의 청결 유지에도 마음 썼다.

그렇게 시간이 흐르다 아들, 이어서 딸까지 대학 입학으로 타지로 떠나며 아내와 나 둘이 집에 있는 상황이 되었다. 나는 여전히 이른 시간 집을 나서 늦은 밤 집에 와 잠깐 인사하고 놀아 줄 뿐이었다. 게다가 새의 번식 과정을 살펴보기 시작하면서는 나 역시 집을 떠나 지내다 1~2주에 한 번꼴로 집에 오는 일도 잦았다. 나의 그런 생활이 그나마 가능했던 배경에는 똘망이가 있다. 똘망이는 우리 가족의 셋째인 셈이다. 아내에게 똘망이는 진정한 반려자였다.

반려. 모두 '짝'을 뜻하는 반과 려. 아내보다 내가 먼저 집에 들어가는 일이 아주 가끔 있다. 물론 늦은 시간이다. 문을 열고 들어가면 바로 똘망이가 맞는다. 문 바로 뒤에서 기다리고 있었던 것이다. 잠깐 반긴 뒤 곧바로 문밖으로 나가려 한다. 진정 기다리던 이는 내가 아니라는 뜻이다. 내가 거실에 있으면 바로 옆에 앉아 있기는 하지만 신경은 온통 문밖에 있다. 그러다 아내가 오는 기척이 나면 쏜살같이 문으로 달려간다. TV 소리로 나는 듣지 못할 때가 많은데 똘망이는 그 소음 속에서도 아내가 오는 소리를 정확히 구분한다.

무엇을 먹일까에 대해서는 데리고 왔을 때 회의를 거쳐 결정했다. 사료를 주면 편하고 질병으로부터 조금 자유로울 수 있지만 우리가 먹는 음식을 함께 나누기로 했다. 사료만 먹고 사는 것은 너무하지 않느냐는 안쓰러움이 컸고, 질병과 수명에 관한 문제는 비용이 들더라도 의학적 도움을 받기로 했다. 특별히 문제가 없었으나 열 살이 되면서 똘망이의 건강에 빨간불이 켜졌다. 가장 먼저 생긴 것은 피부병이었다. 음식이 가장 큰 이유라 하여 할 수 없이 이후로는 사료를 주고 있다.

똘망이가 조금 크며 또 하나 결정할 것이 있었다. 첫 생리 기간을 맞았을 때다. 암컷인데 무척 당황스러운 행동을 했다. 이불을 둘둘 말아 일정 형태를 만든 뒤 마치 수컷처럼 이불을 대상으로 짝짓기 행동을 하는 것이었다. 마운팅mounting이라고 부르는 행동이었으며, 중성화수술은 어찌할 것이냐를 정해야 할 시기였다. 수컷의 경우 정소에서, 암컷의 경우 난소에서 성호르몬을 생성 및 분비한다. 중성화수술은 생식기관을 제거하여 성호르몬의 생성 자체를 차단하는 시술을 말한다. 암컷의 경우 자궁과 난소를 제거하며, 수컷의 경우 정소를 제거하는 과정이다. 중성화수술에 대해서는 두 가지 생각이 충돌했다. 동물의 생식 본능을 함부로 빼앗을 수 없다는 것과 동물복지라는 목표를 실현하기 위한 어쩔 수 없는 자유의 제한이라는 생각이었다. 판단을 위해서는 정보가 필요했다. 중성화수술의 장점과 단점을 알아보았다.

우선 장점. 첫째, 각종 생식기관 관련 질병을 예방한다. 고환암은 수컷 강아지의 전체 암 발병 건수의 약 4~7%를 차지한다. 또한 전립선 관련 질병을 예방할 수 있다. 그 외에도, 중성화 시 항문절양다발증 발병률을 낮춰 준다. 중성화는 유선종양도 예방한다. 암컷의 경우, 암 질환 중 유선종양이 가장 높은 비율을 차지하며, 약 50%가 악성이다. 그 외에도 중성화 시 수컷과 마찬가지로 항문절양다발증 발병률이 낮아진다. 둘째, 마운팅 교정 및 스트레스 예방. 마운팅의 다양한 원인 중 하나는 성호르몬의 영향이다. 중성화는 특히 발정기 암컷의 마운팅 교정에 효과적이다. 반면, 수컷 강아지는 습관적으로 마운팅을 하는 경우가 많으므로 중성화를 한다고 모두 교정되는 것은 아니다. 더불어, 발정기 강아지는 호르몬의 영향으로 성욕을 느끼는데 이러한 상황에서 본능을 따르지 못하니 스트레스를 받을 수 있다. 중성화는 이와 관련된 스트레스를 예방한다. 셋째, 공격성 완화. 공격성 완화는 중성화수술의 장점으로 항상 언급된다. 하지만 중성화수술과 공격성 완화의 직접적인 인과관계에 대해서는 아직 논란의 여지가 크며, 똘망이의 경우 공격성이 크지는 않다.

이제 단점. 첫째, 뼈와 근육 성장에 영향을 미쳐 정형외과 질병의 위험이 높아진다. 중성화수술로 억제되는 성호르몬은 생식에 관여할 뿐만 아니라 뼈와 근육의 발육에도 영향을 미친다. 따라서 중성화 후 근육을 강화·유지하는 성호르몬 분비가 중단되면서 강아지는 십자인대 파열과 같은 정형외과적 질병에 더 노출될 수 있다. 둘째, 중성화 후 살이 찔 수 있다. 성호르몬은 근육의 정상적인 발육 및 유지에도 영향을 미치기에 중성화 후 근육이 줄어들면서 지방이 늘어나 살이 찔 수 있다. 셋째, 중성화로 오히려 발병률이 높아지는 질병이 있다. 우선 심장혈관육종. 중성화 시 수컷은 1.6배, 암컷은 5배 높아진다고 알려져 있다. 다음으로는 갑상선저하증. 성별에 관계없이 중성화 후 갑상선저하증 발병률이 3배 높아지고, 암컷의 경우 4~20%의 비율로 중성화수술 후 요실금을 앓는 것으로 알려져 있다.

중성화수술은 하지 않는 것으로 결정하였다. 종족 번식의 욕구는 개체 보존의 욕구와 더불어 모든 생물에게서 가장 두드러지게 나타나는 본능이다. 특히 본능이 강하게 지배하는 동물에게 있어서 성은 삶 그 자체의 목적이라 해도 과언이 아니며, 개체 보존보다 종족 번식이 우선하는 경우도 흔히 볼 수 있다. 그러니 본능을 차단하는 것은 옳지 않다는 아내의 강력한 주장을 받아들이기로 한 것이다. 또 하나가 있다. 산 넘으니 또 산이다. 그렇다면 똘망이가 새끼를 갖게 할 것인가? 거기까지는 자신이 없다는 것으로 결론. 생식능력은 그대로 두지만 생식은 못하게 한다. 새끼를 낳을 수는 있게는 하지만 낳지는 못하게 한다. 참 쉽지 않은 현실이다. 어찌 되었든 결정했으니 따랐다.

발정기에 이르면 절절매며 힘들어한다. 자꾸 밖으로 나가려 하고 암컷임에도 이불을 둘둘 말아 짝짓기 행동을 한다. 힘들어 죽으려 하면서도 마운팅을 1년에 두세 번, 한번 시작하면 약 2주 정도 지속한다. 난소에서 정상적으로 생성되는 호르몬이 시키는 일이다. 거스를 수 없다. 낯설고 민망하지만 강제로 못 하게 말릴 수 없는 까닭이다. 예상한 것이지만 중성화수술을 하지 않았기에 열 살이 넘으니 자궁에 염증이 생기기 시작했다. 할 수 없이 자궁을 제거하는 수술을 했다.

똘망이는 햇볕을 좋아한다. 여름날 그 따가운 햇살을 받으면서도 밖이 잘 보이는 의자에 앉아 오래도록 시간을 보낸다. 똘망이도 지리산 자락, 섬진강으로 흘러드는 맑은 물줄기를 보는 것이 좋은 모양이다. 열세 살이 되면서부터 이상한 점이 생겼다. 밖을 내다보고 있을 때 아무리 불러도 반응이 없는 것이다. 뒤에서 가까이 다가가며 불러도 여전히 반응이 없다. 그러다 몸을 만지면 화들짝 놀란다. 그렇게 밝던 귀가 이제 어두워진 것이다. 똘망이도 나이 들어 간다. 열여섯 살에는 무릎 관절 위에 있는 슬개골에 탈구가 일어났다. 점프력이 뛰어났었는데 점프는 고사하고 제대로 걷지를 못했다. 바로 병원을 찾았으나 나이가 너무 많아 수술은 불가능하단다. 뜀박질은 물론 점프력이 뛰어났던 똘망이였다. 레이저포인터를 바닥에 비추고 빙빙 돌리면 스무 바퀴쯤은 너끈히 돌았던 똘망이가 쩔뚝거리며 간신히 걷는 모습이 안쓰럽고 안타까우나 달리 길이 없다.

움직임이 불편하니 용변을 아무 데서나 보기 시작했다. 슬쩍 치매 기운도 있어 보였다. 어쩌랴… 움직일 수 없어서 그런 것을. 그러나 움직이지 않은 것이 약이 된 모양이다. 다행히 3주 정도가 지나자 걸음걸이가 좋아지더니 한 달이 지나면서는 거의 예전의 모습으로 돌아왔고, 용변도 예전 자리를 지켜 봐 주었다. 그런데 이제는 백내장이 생겼다. 정기검진 때 알게 된 사실이다. 열여섯 살이 되었지만 똘망이는 여전히 차 타기를 싫어한다. 집에서 병원까지는 차로 10분 남짓의 거리. 멀다 할 수 없지만 똘망이에게는 무척 괴로운 이동이다. 그토록 나대는 똘망이를 데리고 아내는 수도 없이 병원을 다녀야 했다.

안녕

다리를 끌고 다닌 지 5개월, 걷지는 못했지만 그래도 잘 지냈다. 음식을 많이 먹거나 급하게 먹었을 때 가끔씩 토하는 일이 있었다. 또 그렇게 시간이 흘렀다. 이번에는 토하는 모습이 예전과 달랐다. 이미 병원 문은 닫은 시간. 내일은 아버님 기일로 아침 일찍 먼 길을 가야 한다. 아무리 서둘러 와도 병원 문은 닫힌 시간. 다음 날은 일요일. 월요일, 병원 문을 열자마자 똘망이를 데리고 갔다.

우선 청진. 괜찮다고 한다. 하지만 계속 토한다니 혈액검사를 해 보자 한다. 잠시 뒤, 원장님의 표정이 어둡다. 심각한 지경이란다. 아밀라아제amylase 수치가 높고 사흘이나 제대로 먹지 못했는데도 혈당이 185. 췌장에 문제가 있다는 뜻이다. 신장의 기능을 가늠할 수 있는 크레아틴creatine의 수치도 상당히 높다. 위험한 지경이라고 한다. 어찌 이렇게 갑자기 나빠질 수가 있느냐 물었더니 나이 든 강아지에 흔히 있는 일이라고 한다. 큰 도시로 옮겨 투석을 비롯한 연명치료를 하는 길은 있다고 한다. 동물병원을 운영하는 친구에게도 상황 설명을 했더니 남은 시간이 얼마 되지 않을 것이라 한다. 구토를 진정시키는 약을 처방받았고 영양제는 피하에 주사하여 천천히 흡수되게 했다.

오후가 되니 안절부절 몹시 불편해한다. 볕이 따사로운 날이었다. 산책을 나갔다. 유모차에 태워 평소에 뛰어다니던 길, 좋아하던 길 중심으로 천천히 돌고 또 돌았다. 편안해 보였다. 봄볕 따라 산수유꽃이 노랗게 피었다. 매화도 꽃망울을 열기 시작했다. 밖에 나가면 가장 좋아하는 곳이 있다. 볕이 잘 내려 봄날이면 큰개불알꽃이 작디작은 보랏빛 꽃을 다닥다닥 내미는 곳이다. 유모차에서 잠시 내려 주었다. 이런, 몸을 일으켜 제법 걷다 주저앉는다. 며칠 사이에 체중이 많이 줄었다. 그렇게 오후가 지났다.

서울에서 아들과 딸이 퇴근하자마자 바로 내려왔다. 둘이 약속이라도 한 듯 내일은 월차를 냈단다. 며칠 잠을 못 잔 아내를 대신해 아들과 딸이 똘망이 곁을 떠나지 않았다. 밤이 깊어지며 호흡이 조금씩 거칠어진다. 그래도 며칠은 견뎌 줄 것으로 보여 깜빡 잠이 들었다. 딸의 울음소리에 깜짝 놀라 나가 보니 상태가 좋지 않다. 숨을 몰아쉰다. 그러기를 몇 번. 아주 힘겹고 크게 마지막 숨을 내쉰 똘망이는 더 이상 움직이지 않았다.

아내, 나, 아들, 딸의 눈물 속에 똘망이는 그렇게 떠났다. 엄마, 아빠, 오빠, 언니의 입맞춤과 쓰다듬을 받으며 막내는 잠들었다. 아들과 딸이 밤새도록 곁을 지키며 똘망이가 흘리는 침을 닦아 주어 평소에 곤히 잠을 자듯 깨끗한 모습이었다.

이제 똘망이를 떠나보내는 일정이 남는다. 석 달 전, 똘망이의 죽음을 준비한 적이 있다. 똘망이의 죽음이 느닷없이 올지 천천히 올지는 알 수 없는 일이지만 닥쳐서 허둥대지 않고 차분히 맞고 싶었기 때문이었다. 아내는 그런 준비를 하는 것이 싫을 터이니 내가 하는 것이 낫겠다고 생각했다. 나도 똘망이를 위해 부언가는 하고 싶은 마음도 있었다. 우선은 알아보는 것. 반려견이 죽음을 맞았을 때 수습의 길은 무엇인지를 알아보았다. 반려동물의 사체는 유기폐기물로 분류되며 지정된 장소에서만 매립하거나 소각할 수 있다. 반려동물의 사체를 합법적으로 수습하는 데에는 다섯 가지의 길이 있다. 종량제 쓰레기봉투에 담아 버리는 방법, 동물병원에서 의료용 폐기물로 분류하여 따로 소각하는 방법, 동물 화장시설에서 화장하는 방법, 동물 묘지에 매장하는 방법이 있다. 또한 도서산간벽지에 거주하는 경우 한정적으로 사유지 매장이 가능하다. 도서산간벽지에 거주하는 것이 아니므로 선택은 네 가지 중 하나다. 똘망이 몸에 맞을 작은 나무상자 하나를 마련했고 안에는 부드러운 종이를 잘게 잘라 넣어 두었다. 오랜 시간 내 자리를 대신 지켜 준 똘망이에 대한 아주 작은 예의였다. 가족에게 있는 그대로 모두 말했다.

16년 2개월 동안 우리 가족은 다섯이었다. 지금부터 한동안 우리 가족은 다시 넷일 것이다. 똘망이를 어떻게 떠나보낼 것이냐의 문제는 온전히 아내의 뜻을 따랐다. 아들과 딸이 있을 때는 의연했던 아내가 둘이 떠나자 통곡하기 시작했다. 며칠을 그렇게 울었다. 나는 슬퍼할 틈도 없이 일주일이 지났다. 일주일이 지나 똘망이가 있는 곳에 혼자 갔다. 그제야 고마움과 미안함을 마음껏 표현할 수 있었다.

끝까지 함께

농림축산식품부 자료에 따르면 2017년에 발생한 유실·유기동물은 10만 2600여 마리며, 해를 거듭할수록 증가하는 추세다. 지방자치단체(지자체) 보호소에 들어온 유기동물의 대부분이 보호소에서 안락사로 생을 마감하고 있으며, 훈련이나 치료 등은 기대할 수 없는 것이 현실이다. 동물자유연대 조사에 의하면 우리나라의 경우 반려동물을 입양하여 죽을 때까지 키우는 비율은 12% 정도며, 88%가 도중에 재분양 또는 유기된다고 한다. 어림잡아 열에 아홉은 끝까지 함께하지 못하고 버려지는 셈이다. 반려라는 표현을 쓰기 민망한 형편이다. 삶의 질은 차치하고라도 끝까지 함께 산 것이 12%에 불과한데, 그러한 관계에 '반려'라는 표현을 쓸 수 있나 싶다. 대다수의 반려동물은 싫증이 나거나, 나이 들고 병들어 돌보기 힘들어지거나, 이사나 휴가 등 환경여건이 바뀔 때 주로 버려진다. 놀랍게도 여름 휴가철에 가장 많이 버려진다고 한다.

국립국어원에서는 반려동물을 다음과 같이 풀이한다. "사람이 정서적으로 의지하고자 가까이 두고 기르는 동물." 반려는 어떤 일을 짝을 이뤄 하는 사람이므로 반려동물은 의미적 호응이 부자연스럽다. 하지만 현실적으로 반려동물이라는 말이 많이 쓰인다는 점을 고려할 때 반려의 넓은 의미로 판단할 수 있다. 그렇다. 사람을 뜻하는 반려, 그리고 사람과 다른 동물이 하나로 묶여 있으니 반려동물이라는 낱말 자체가 자연스럽지 못한 것이 사실이다. 또한 그 관계 맺음이 인간에 의한 일방적인 구도다. 하지만 동물을 진정 짝으로 삼겠다는데 굳이 뭐랄 것은 없다. 애완동물의 애완도 그렇다. '좋아하여 가지고 논다'는 뜻이 아니라 '사랑하고 놀아 주는 관계'라는 뜻이면 되지 않겠는가. 현행법에도 '애완동물'이라는 표현과 '반려동물'이라는 표현이 혼용되고 있다.

그렇다. 단어 자체가 뭐 그리 중요하겠는가. 하지만 한번 생각해 볼 것은 있다. 똘망이는 검은색이다. 아내는 검은색 비닐봉투가 바람에 뒹굴어도 멈칫한다. 잘 보이지 않으나 잘 보면 무지하게 빠져 있는 짧은 검은색 털은 날마다 여러 차례 쓸어 담아야 했고, 아무리 바쁘고 힘들어도 이틀에 한 번은 똘망이가 좋아하는 산책에 나서 스스로 들어가자고 보챌 때까지 동행했고, 돌아와서는 정성껏 목욕을 시키고 몸을 말려 주었다. 그 난리 치는 아이를 차에 태워 수없이 병원을 다녔고, 혼자 있게 할 수 없어 여행 한번 다녀오지 못했다. 나 그리고 아들과 딸 또한 똘망이를 좋아했다. 그러나 아내와는 다르다. 좋아하고 싶을 때만 좋아했다. 보고 싶을 때만 보았다. 자신을 희생한 적은 없다. 똘망이를 위해 자신의 소중한 무엇을 미루거나 버린 적은 없다. 그러니 셋은 똘망이에게 '진정한 짝' 곧 반려자의 자격은 없는 셈이다. 아내가 똘망이의 온전한 반려자가 되어 주지 않았거나 못했다면, 똘망이의 운명은 어찌 되었을까? 쉽게 짐작할 수 있다. 그러니 가족 중 한 명이라도 진정한 짝이 될 마음과 그 마음을 끝까지 지킬 각오와 다짐과 자신이 없다면 반려동물은 들이지 않는 것이 옳다고 생각한다.

〈동물보호법〉 제3조는 '동물보호의 기본원칙'에 대하여 다음과 같이 명시하고 있다. "동물이 본래의 습성과 신체의 원형을 유지하면서 정상적으로 살 수 있도록 할 것, 갈증 및 굶주림을 겪거나 영양이 결핍되지 아니하도록 할 것, 정상적인 행동을 표현할 수 있고 불편함을 겪지 아니하도록 할 것, 고통·상해 및 질병으로부터 자유롭도록 할 것, 공포와 스트레스를 받지 아니하도록 할 것."

5

생물다양성과
멸종위기 생물

2017년 11월, 환경부는 이색적인 입찰공고를 낸다. 소똥구리 50마리를 5000만 원에 구매한다는 내용이었다. 어린 시절, 시골 신작로를 걸을 때 소똥구리가 밟혀 죽을 것을 걱정하며 조심스럽게 걸음을 옮겨야 했다. 50년 전만 해도 그처럼 흔했던 소똥구리 한 마리 값이 100만 원이다. 이제 우리 땅에서는 만나기 힘들어졌다는 뜻이다. 실제로 2012년 5월 31일부터 소똥구리는 우리나라의 멸종위기 야생동물로 지정되기에 이른다. 값도 중요하지만 이제 만나기 어려워졌다는 것이 더 중요하다. 공고가 나온 다음 해, 몽골로 탐조를 갔다. 이런…, 가는 곳마다 소똥구리 천지였다. 새에 눈이 팔려 이동하다 무지하게 밟았다. 그러다 잠시 스친 생각. "몽골 초원에서 소똥구리 100마리 채집하는 데 10분이면 충분. 10분 노동의 소득이 1억! 1시간이면 6억! 10시간이면 60억!" 가도 가도 끝없이 펼쳐지는 몽골 초원에 지천으로 있는 소똥구리만 해도 모두 얼마지? 그렇다. 이제는 석탄, 석유 뭐 이런 것만 자원이 아니다. 생물 자체가 자원인 세상에 산다.

지구에 사는 생물의 종류와 수

지구상의 생물은 몇 종이나 될까? 그중 나는 몇 종이나 만났을까? 18세기에 스웨덴의 칼 폰 린네Carl von Linné가 저서《자연의 체계Systema Naturae》(1735)에서 생물종의 학술적인 이름인 학명을 속명과 종소명 두 개의 이름으로 표시하는 이명법을 주창한 이래로 최근까지 알려진 생물종은 약 150만 종이다. 실제로는 약 190만 종의 기록이 있지만 같은 종임에도 다른 종으로 기재된 동종이명synonym이 약 20%가 되므로 150만 종으로 평가한다. 예를 들어, 갑각류로 보고된 종의 93%가 같은 종임에도 다른 이름이 붙어 있다는 것이 밝혀졌고, 곤충 역시 32%가 동종이명으로 드러났다. 그러나 학자들이 어찌 지구의 생명을 모두 만났겠는가. 지금도 학계에는 신종이 꾸준히 보고되고 있으며, 아직 발견하지 못한 종까지 포함하면 지구의 생물은 1000만 종 남짓일 것으로 추정된다. 물론 학자마다 추정치가 다르다. 만약 이 추정이 맞다면 지금까지 지구 생물종의 15%만이 알려졌을 뿐이다.

우리나라의 현황과 형편은 어떤가. 환경부는 〈생물다양성 보전 및 이용에 관한 법률〉에 기초하여 정기적으로 국가생물종 목록을 발표한다. 1994년 기준, 우리나라에 서식하는 생물종의 수는 2만 6215종이다. 2011년 기준 3만 9150종, 2016년 기준 4만 7003종, 2018년 기준 5만 2628종의 생물이 서식하는 것으로 나타났다. 2018년의 경우 동물은 포유류 125종, 조류 537종, 파충류 32종, 양서류 21종, 어류 1294종,

미삭동물류(해양 척삭동물류) 128종, 무척추동물류 9990종, 곤충류가 1만 8638종으로 동물은 모두 3만 765종이다. 동물은 우리나라 생물종의 58% 정도를 차지한다.

시간을 따라 서식종이 점점 늘어나는 까닭은 조사가 더 치밀해진 탓이다. 특히 무척추동물과 곤충의 증가세가 두드러진다. 이처럼 앞으로도 조사기법이 개선되고 조사범위가 확장되면 서식종은 훨씬 더 늘어날 것이다. 서식종을 모두 만나는 것은 불가능에 가까운 일이다. 그렇더라도 궁금하다. 과연 우리나라에는 얼마나 많은 생물종이 서식하고 있을까?

아쉽게도 아직 실험 기반 데이터나 체계적인 모델링에 기초한 결과는 없다. 오차가 클 수밖에 없지만, 면적과 기후가 비슷하며 조사가 잘되어 있는 나라와 비교하여 추정하는 길은 있다. 그럴 때 약 10만 종의 생물이 서식할 것으로 추정한다. 추정치가 현실이라면 우리가 직접 만난 생물은 서식종의 절반 남짓이다. 특히 강, 산, 들, 바다에 사는 미생물을 포함하여 토양에 서식하는 미소절지동물, 선충류, 심해어류, 균류, 조류藻類 등이 특히 미개척 분야이기 때문에 미기록종이나 신종을 만날 확률이 높다. 탐사 장비의 개발도 중요하다. 미국 동부 심해저에서 채집된 800종의 생물 중 60% 정도가 신종이었으며, 호주 심해에서 채집된 표본에서는 90%가 신종이었다. 탐사 장비의 개발에 따른 신종의 발견이다. 이 같은 사실로 미루어 볼 때 어쩌면 우리가 만난 생물보다 아직 만나지 못한 생명이 더 많을 것이라는 추정이 설득력을 얻는다.

왜 다양해야 할까

나라마다 이런저런 모습으로 생물다양성을 위해 애쓰고 있다. 생물다양성? 생물다양성biological diversity, biodiversity이라는 용어가 사용되기 시작한 것은 1992년 브라질 리우 회의에서 생물다양성협약이 채택되면서부터다. 생물다양성협약은 당시 함께 채택된 기후변화협약UNFCCC, 1994년 프랑스 파리에서 채택된 사막화방지협약UNFCCD과 더불어 세계 3대 환경협약 중 하나다.

생물다양성은 생태계 다양성, 생물종 다양성, 유전자 다양성을 포함하는 개념이다. 생태계 다양성은 사막, 산림 지대, 습지대, 산, 호수, 강 및 농경지 등의 다양성을 말하고, 한 생태계에 속하는 모든 생물과 무생물의 상호작용에 관한 다양성을 의미한다. 지구 어디라도 생명이 살았으면 좋겠다는 취지다. 물론 그 어디가 망가지지 않는 것도 포함한다. 생물종 다양성은 식물, 동물, 미생물을 비롯한 생물의 분류학적 다양성을 말한다. 같은 생태계라도 다양한 생물종이 살면 좋겠다는 소망을 담는다. 유전자 다양성은 같은 종 내의 여러 집단을 의미하거나 한 집단 내 개체들 사이의 유전적 변이를 의미한다. 종만 다양한 것이 아니라 같은 종이라도 유전적으로 다양하기를 바라는 마음이다.

생물다양성의 가치나 기능은 무엇인가? 질문을 생물다양성이 무너지면 어떤 일이 벌어지느냐로 바꿔 답한다면, 한마디로 인류의 생존 위협이다. 인류는 의식주, 특히 음식물과 의약품 및 산업용품을 다양한 생물로부터 얻고 있다. 한때는 거의 모든 의약품을 식물과 동물로부터 직접 얻기도 했다. 현재도 처방하는 약의 4분의 1 정도는 식물로부터 추출한 것이며, 3000여 종류의 항생제를 미생물에서 얻고 있다.

인류의 삶에 필수적이다. 생물종의 다양성은 생태계의 평형 및 균형 유지에 필수적이다. 생물종 다양성이 높을수록 먹이사슬이 복잡하게 형성되어 생태계가 안정적으로 유지된다.

두 유형의 생태계를 생각해 보자. 생태계 A는 풀, 메뚜기, 개구리, 뱀 4종이 단순한 먹이사슬을 이루고 있다. 생태계 B는 4종 말고도 토끼, 노루, 들쥐, 올빼미, 매, 호랑이의 6종이 더 있다. 생태계 A에서 개구리가 멸종하면 이어서 뱀도 멸종한다. 달리 길이 없다. 하지만 생태계 B에서는 개구리가 사라지더라도 뱀은 들쥐로부터 에너지를 얻어 생존이 가능하다. 뿐만 아니라 개구리만 없을 뿐 생태계 B는 작동한다. 물론 건강한 작동은 아닐 것이다. 우리가 다 알지 못하고 또 알아도 눈앞의 일이 아니라고 그냥 지나쳐서 그렇지 생태계를 이루는 생명체들은 모두 피하거나 끊을 수 없는 끈으로 연결되어 있기에 한 종의 멸종은 필연적으로 다른 종의 멸종으로 이어진다. 그리고 그 순서의 끝이 아닌 어디쯤에 결국 인간도 줄을 서 있을 것이다.

생물다양성의 가치는 특히 농업에서 분명하게 드러난다. 오래전부터 생산량을 늘리기 위해 유전적으로 유용한 품종을 교배하거나 환경변화에 잘 적응하는 종의 선별을 통해 유전적 다양성을 높여 왔다. 한 종이 절멸하기 직전 공통으로 나타나는 현상은 유전적 다양성의 감소다. 개체군의 규모가 작아지니 근친교배가 일어나고 그로 인한 열성 유전자의 발현으로 종은 절멸로 들어선다.

물론 생물다양성 확대의 부정적인 측면도 있다. 생물다양성이 높아지면 어떤 생물종은 오히려 해를 입기도 한다. 포식자나 기생자가 늘어나는 경우다. 병원체의 유전적 변이도 마찬가지다. 자칫 전 세계적 대유행 질병이 발생할 수 있다. 그럼에도 생물다양성의 유지·확대에 의미를 두는 까닭은 지구 생명체의 또 다른 대멸종이 올 수 있기 때문이다.

다양성 파괴의 현실

생물다양성의 현실은 어떤가. 국제자연보전연맹IUCN에 따르면 지구상 생물종의 분포를 한대 1~2%, 온대 13~24%, 열대 74~84%로 추정한다. 열대지역 중에서도 열대우림은 지구 표면의 7% 남짓이지만 지구 생물종의 절반 정도가 서식하는 것으로 보고 있다. 주로 개발도상국에 속해 있는 열대우림 지역은 해마다 각국의 경제개발에 의하여 그 파괴 속도가 급증하고 있으며, 이러한 추세로 생물다양성의 파괴가 지속된다면 인류의 생존에 큰 위협이 될 수도 있다고 경고한다. 생물다양성이 생태적 과정에 미치는 영향은 일차원적 비례관계에 있지 않다. 생물다양성 손실이 커질수록 변화의 속도는 걷잡을 수 없이 빨라진다.

우리의 현실은 어떤가. 생물다양성을 확보하기 위해 가장 중요한 것은 생물종 자체에 대한 연구다. 특히 생물종의 분류, 발생, 생태, 유전, 진화 등에 대한 연구는 종 보호와 종 멸종 시 대응 방안 수립의 기초다. 안타깝게도 우리나라에서 생물의 분류, 발생, 생태, 진화 분야 연구는 침체된 지 오래다. 유전 분야도 주로 분자생물학적 접근에 치우친 형편이다. 어류, 양서류, 파충류, 조류, 포유류… 각 분류군의 전문가를 꼽아 보니 분류군별로 다섯 손가락도 남는다. 걱정이 크다.

여건이 녹록지 않음에도 나라마다 생물다양성을 위한 노력이 나름 이어지고 있음은 다행이다. 그 결과 근래에 들어 미기록종이나 신종의 발견이 두드러지고 있다. 반가운 일이다. 그러나 안타까운 점은 어제까지 우리 곁에 있던 생물이 오늘부터는 만날 수 없는 종이 되기

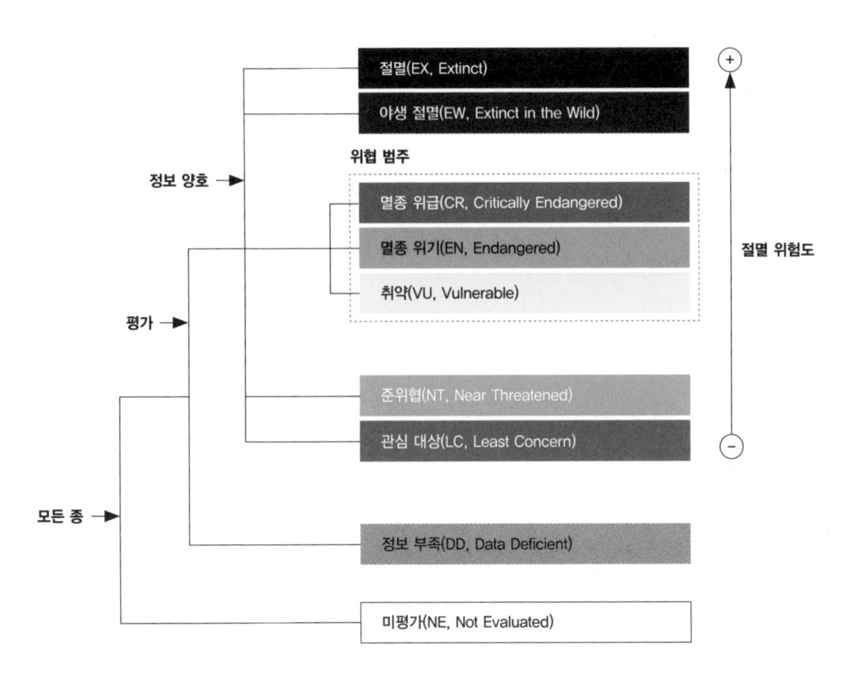

국제자연보전연맹의 적색목록 범주

- 절멸(EX, Extinct) - 개체가 하나도 남아 있지 않음
- 야생 절멸(EW, Extinct in the Wild) - 야생에서는 멸종하고 보호시설에서만 생존
- 멸종 위급(CR, Critically Endangered) - 야생에서 멸종할 가능성이 대단히 높음
- 멸종 위기(EN, Endangered) - 야생에서 멸종할 가능성이 높음
- 취약(VU, Vulnerable) - 야생에서 멸종위기에 처할 가능성이 높음
- 준위협(NT, Near Threatened) - 가까운 장래에 야생에서 멸종위기에 처할 가능성이 높음
- 관심 대상(LC, Least Concern) - 위험이 낮고 위험 범주에 도달하지 않음
- 정보 부족(DD, Data Deficient) - 멸종 위험에 관한 평가 자료 부족
- 미평가(NE, Not Evaluated) - 아직 평가 작업을 거치지 않음

도 한다는 것이다. 게다가 그런 종이 점점 늘고 있다. 국제자연보전연맹의 적색목록Red List*에 의하면 2020년 현재 지구상 양서류의 41%, 침엽수의 34%, 산호초의 33%, 연골어류의 30%, 포유류의 25%, 조류의 14%가 절멸 위기에 놓여 있다. 우리나라의 형편은 어떠한가. 2017년 12월 말 현재 〈야생생물 보호 및 관리에 관한 법률〉의 시행령과 시행규칙에 따라 지정 보호되는 멸종위기 야생동식물은 Ⅰ급 60종, Ⅱ

---

*국제자연보전연맹은 자연과 천연자원을 보전하고자 1948년에 설립된 국제기구로, 국제자연보전연맹의 적색목록은 멸종위기의 생물종을 분류하는 가장 잘 알려진 평가 시스템이다. 적색목록은 1964년부터 작성하기 시작했으며 1994년부터는 멸종위기의 속도, 개체군의 크기, 지질학적 분포 지역 등을 기초로 아홉 가지 범주로 생물종을 분류한다.

산양(환경부 지정 멸종위기 야생동물 I급)
경사가 급하고 바위가 많은 험한 산림 지대에서 서식한다. 개체수 급감으로 복원사업이 진행 중이다. 강원도 화천 북한강 최상류 오작교 부근 비무장지대.

급 207종으로 총 267종이다. 분류군별로는 포유류 20종, 조류 63종, 양서·파충류 8종, 어류 27종, 곤충류 26종, 무척추동물 32종, 육상식물 888종, 해조류 2종, 고등균류 1종이 포함되어 있다.

앞으로 50년 안에 지구상 생물종의 4분의 1이 사라질 것이라는 전망이 오래전부터 있었다. 결국 5억 년 전 고생대부터 본격적으로 출현한 생물들이 근래에 이르러 벌목과 농경지 확보로 인한 삼림 감소, 밀렵, 온실가스 증가로 인한 지구온난화, 인구 증가에 따른 도시화 등 여러 요소에 의해 한순간에 급속히 절멸하고 있다. 우리나라의 형편도 다를 리 없고 다르지 않다. 한국환경정책평가연구원이 발표한 국내 생물다양성 현황에 따르면 국내 생물종을 약 10만 종으로 평가했으며,

삵(환경부 지정 멸종위기 야생동물 II급)
우리나라에 남아 있는 유일한 고양잇과 동물이다. 야행성이지만 낮에 먹이를 찾아다니기도 한다. 섬진강 상류 하천.

점박이물범(환경부 지정 멸종위기 야생동물 II급)
소형의 물범으로 예전에는 우리나라 해역 전체에서 살았으나 현재는 서해 최북단 섬 백령도가 유일한 서식지다. 500여 개체만 남아 있다. 백령도 북방한계선NLL 인접 물범바위.

하늘다람쥐(환경부 지정 멸종위기 야생동물 II급)
눈망울이 크고 귀여운 다람쥣과 동물로 야행성이다. 앞다리와 뒷다리 사이에 비막이 있어 나무에서 나무로 활강할 수 있다. 나뭇가지를 타원형으로 엮어 만든 둥지나 딱따구리 둥지에서 산다. 지리산.

수달(환경부 지정 멸종위기 야생동물 I급)
족제빗과의 동물로 물에서 생활한다. 수변의 돌무더기 사이에 보금자리를 만든다. 먹이는 어류며, 비늘이 없거나 적은 것을 좋아한다. 강원도 양구 수입천.

이 가운데 매년 500종 이상이 멸종되고 있어 매달 42종, 매일 1.4종의 생물이 사라지는 것으로 추정하였다. 이와는 별도로 국내의 재래 작물 품종은 이미 75%가량이 절멸한 것으로 파악되었다. 동물도 다르지 않다. 이제 우리나라에는 고유종 닭도 없고 돼지도 없다. 겉모습만 토종으로 보일 뿐 유전자는 외래종이다. 중요한 점은 한번 사라진 종은 다시 오지 않는다는 것이다.

국제자연보전연맹은 2020년 3월 현재 11만 2432종에 대한 평가를 마쳤으며, 올해의 목표는 16만 종이다. 적색목록이 나오기 전에는 멸종위기종을 해당 분야의 전문가 몇 명이 모여 개인적인 현장조사 경험을 바탕으로 선정했다. 국제자연보전연맹도 처음에는 같은 방식을 사용했지만 몇 번의 개정을 거쳐 미생물을 제외한 전 세계 모든 생물종의 멸종 가능성을 정량적으로 평가할 수 있는 기준을 개발하였고, 그 조건에 따라 과학적인 평가가 이루어진 종만을 목록에 포함하고 있다. 멸종위기종의 선정과 등재가 까다로운 만큼 신뢰도가 높다. 또한 국가 단위에서의 평가가 아니라 해당 종의 세계적 분포를 고려하여 멸종 위협을 평가하는 것을 원칙으로 하고 있다. 우리나라의 서식종 중에서는 조류 95종, 양서·파충류 17종, 어류 76종이 적색목록에 수록되어 있다. 적색목록은 지구의 생명다양성이 얼마나 위협받는지를 보여 주는 자료다. 곧 지구의 얼굴이다. 현재 3만 종 이상이 절멸의 위협을 받고 있다는 것이 지구의 현실이다.

생물다양성 감소와 종 멸종은 서로 맞물려 있다. 원인이 결과가 되고 결과가 다시 원인이 되는 구조다. 생물다양성은 국가 단위의 측면이 있다. 자국의 생명은 자국의 이익과 직결된다. 생물종의 멸종은 사

고라니
암수 모두 뿔이 없으며, 수컷의 경우 송곳니가 입 밖으로 나온다. 한반도와 중국에만 서식하는, 국제자연보전연맹 적색목록의 취약종이다. 중국에서는 보호종으로 관리하나 우리나라에서는 농작물에 피해를 주며 로드킬의 주요 원인이어서 유해종으로 분류하고 있다. 강원도 철원 들녘.

정이 조금 다르다. 한 나라의 문제가 아니라 세계적인 문제가 되기도 한다. 동물의 경우 이동한다. 때로 대륙을 넘나들기도 한다. 세계 공동의 문제다. 어찌 되었든 생물다양성 감소와 종 멸종의 근본 원인은 환경변화다. 정확히는 환경훼손이다. 생태계는 자정능력이 있다. 망가지거나 더럽혀져도 어느 정도까지는 시간이 흐르면 원래의 모습으로 돌아간다. 하지만 자정능력에도 한계가 있다. 일정 선을 넘으면 돌이킬 수 없다. 자정능력의 한계라는 것이 꽤 탄력성까지 갖춘 것이었는데 인간은 그 여유마저 넘어선 것이 아닌가 싶다. 어쩌겠는가. 이제 알

멧토끼
몸은 회색이며 귀가 무척 크다. 고도 500*m* 이하의 산지에서 서식한다. 멸종위기 야생동물로 지정되지는 않았지만 최근 개체수 급감으로 만나기 어려워진 종이다. 전북 고창 운곡습지.

왔고, 우리가 저지른 일이니 우리가 주워 담을 수밖에.

어떠한 노력이 있었나

지구 환경이 이 지경에 이르도록 그동안 아무런 관심조차 없이 손 놓고 있었던 것은 아니다. 앞을 내다보며 누군가는 끝없이 외쳤고 그러한 외침이 쌓여 1946년에 국제협약 차원에서 환경문제를 최초로 논의하였다. 워싱턴에서 국제포경규제협약이 맺어지면서 "환경은 지금만이 아니라 다음 세대를 위해서도 보전해야 한다."는 세대 간 형평의 원칙이 처음으로 국제조약에 명문화되었다. 그러나 인류에게 유용한 천연자원을 다음 세대도 누릴 수 있도록 아끼자는 자연보전론적 환경론에 머물렀고, 유용성 여부를 떠나 자연 자체를 보호해야 한다는 환경론은 1970년대에 들어 본격화되었다.

1972년 스톡홀름에서 열린 유엔인간환경회의에서는 "오직 하나뿐인 지구"라는 슬로건을 내놓았으며, 이에 따라 제27차 유엔총회에서 환경문제에 대한 국제협력 추진기구로서 유엔환경계획UNEP이 설립되었다. 1980년대에는 지구온난화를 중심으로 기후변화 문제가 가장 중요한 화두로 떠올랐다. 1985년 유엔환경계획 주최로 최초의 오존층 관련 국제회의인 빌라크 회의가 열렸고, 이는 곧바로 오존층 보호를 위한 빈 협약으로 이어진다. 1987년 세계환경개발위원회WCED가 '우리 공동의 미래'라는 제목의 보고서 하나를 발간하였다. 브룬트란트 보고서라고 불린다. 이 보고서에 처음으로 "지속가능한 개발sustainable development" 이라는 표현이 등장했다. 이는 기존의 '성장의 한계'와 '하나뿐인 지구'라는 개념을 계승하는 한편 환경과 개발 문제를 포괄하는 개념을 제시한 것으로, 지속가능한 개발을 장기적이고 범지구적인 의제로 공식화하는 데 결정적인 역할을 한다. 2020년 현재도 환경문제에 대한 기본 모토는 '지속가능한 개발'이다.

1988년 유엔환경계획과 세계기상기구WMO는 기후변화의 메커니즘을 연구하고 대응책 마련을 위한 '기후변화에 관한 정부 간 협의체IPCC'를 설립하였다. 1990년에는 IPCC의 제1차 보고서가 나왔다. 주요 내용은 2025년까지 지구의 평균온도가 1℃ 상승하고, 고위도 및 내륙 지역의 온도 상승이 더욱 크며, 2030년까지 해수면의 평균 상승이 20㎝에 이르러 일부 섬나라와 저지대 국가들은 위기에 처한다는 예측이다. 이러한 상황에 이르자 더 늦기 전에 전 세계적이고 실효성 있는 대응체제를 마련해야 한다는 목소리가 높아짐에 따라 같은 해에 유엔총회는 "현재와 미래 세대를 위한 지구 환경 보호" 결의안을 채택하였다. 그 내용은 1992년까지 전 세계적 규모의 기후변화협약을 맺기로 계획하고 이를 추진할 '기후변화협약을 위한 정부 간 협상위원회INC'의 구성이었다.

INC는 1991년 2월부터 1992년 5월까지 다섯 번의 회의를 거치면서 기후변화협약 초안 합의에 이르렀다. 이 초안을 기초로 1992년 6월 3일부터 14일까지 브라질의 리우데자네이루에서 183개국(대통령·수상 등 국가정상급 인사 참석 115개국)이 참여하는 사상 최대 규모의 국제회의가 열린다. 회의의 정식 명칭은 '환경 및 개발에 관한 유엔 회의United Nations Conference on Environment and Development; UNCED'다. 간단히 리우 회의라고도 한다. 회의를 통해 몇 가지 선언을 채택하고 협약을 맺었다. 환경과 개발에 관한 리우 선언, 리우 선언의 세부행동지침의 성격을 띤 21세기 환경보전실천강령인 아젠다 21, 지구온난화 방지를 위한 기후변화협약, 종의 보전을 위한 생물학적 다양성 보전조약, 삼림보전을 위한 원칙, 환경보전을 위한 자금 공급방책 및 기술이전 등이다. 나라마다 이해관계가 달라 불협화음도 있었으나 지구 전체의 환경보전에 관한 밑그림이 그려진 것은 사실이다. 그리고 그 방향은 지금도 여전히 '지속가능한 발전'이다.

발전도 지구 지속도 가능하다는 모순

그런데, 지속가능한 발전이 가능한가? 발전은 계속하겠다는 것 아닌가? 발전을 지속하며 지구를 지킬 수 있나? 발전을 포기해야 하는 것 아닌가? 이제 돌이킬 수 없을 선을 넘은 것도 있다는데 인간의 편익을 다 포기해야 하는 것 아닌가? 아, 복잡하다. 인정한다. 인류가 생존하기 위해 자연을 소비하는 일을 피할 수는 없다. 하지만 아끼자. 적어도 생태계가 무너지지는 않도록.

어린 시절, 논은 나의 놀이터 중 하나였다. 논이 벼를 키우는 공간인 것은 틀림없다. 그렇다고 우리의 논에서 벼만 자랐던 것은 아니다. 다양한 생물이 어우러져 함께 숨 쉬는 습지였다. 하지만 그 많던 논

재두루미(환경부 지정 멸종위기 야생동물 II급)
해 질 무렵 재두루미 가족이 평화롭게 먹이활동을 하고 있다. 전 세계에 2만여 개체가 생존하며, 그중 절반 정도가 우리나라에서 겨울을 난다. 강원도 철원 비무장지대.

의 생명체들은 살충제와 제초제를 비롯한 농약의 독성을 더 이상 견디지 못하고 논을 떠났다. 언뜻 떠오르는 것만 해도 등애풀, 올챙이자리, 물고사리, 매화마름, 붕어마름, 물뚝새풀, 세모고랭이, 생이가래, 곡정초, 넓은잎개수염, 통발, 논우렁이, 다슬기, 거머리, 벼메뚜기, 섬서구메뚜기, 긴꼬리투구새우, 물자라, 장구애비, 게아제비, 미꾸라지, 미꾸리, 드렁허리, 참개구리, 청개구리, 유혈목이, 능구렁이, 황새, 뜸부기, 제비 등이 있다. 이 중에는 이미 멸종했거나 멸종위기에 처한 종들이 많다. 불과 50년 사이에 이들을 논이나 우리 땅에서 몰아낸 대가로 우리는 진정 무엇을 얻었는가? 그러나 얻은 것이 무엇인지 말하기 전에 현실은 이렇다. "논에 가 본 적이 없는데…. 갔어도 뭘 관심 있게 본 적

이 없는데…. 논에 그런 게 있었나요? 있었는지도 모르는데 없어진 것을 어찌 아나요? 그리고 뭐 좀 없어진들 그게 문제가 되나요? 특별히 느낄 수 있는 것도 없고…. 괜찮지 않나요?"

이해한다. 날마다 먹는 쌀이지만 그 쌀이 영그는 논에 한번 가 보지 못했다 하여, 갔어도 제대로 둘러볼 틈이 없었던 것을 두고 누구를 탓하랴. 도시에만 살다 보니 그리된 것을, 농촌에 살았어도 관심이 없어 그리된 것을 어찌하겠는가. 그럼에도 내 마음은 이렇다. 저들을 멸종의 길로 내몬 것이 바로 우리라면. 내가 직접 한 것은 아니더라도 나를 대신하여 우리 중 누가 한 것이라면. 그러니 결국 내가 한 것과 다르지 않다면. 자연에 깃든 생명, 저들이 있어야 우리도 산다니 할 수 없이 살리는 것을 넘어 나로 인해 저들이 지구에서 완전히 사라졌고 사라지고 있다니. 그래서 다시 오지 못한다니. 미안해하며 어떻게 하면 함께 살 수 있을까를 고민하면 좋겠다. 완전히 원시시대로 돌아가자는 것은 아니다. 나도 그럴 수 없다. 조금 덜 쓰고, 그래서 조금 덜 버리고, 조금씩 덜 먹고, 조금 불편하게 사는 것으로 누군가를 살릴 수 있다면 그 길을 가는 것이 옳지 않은가 하는 마음이다.

1982년 10월 28일, 유엔은 〈세계자연헌장World Charter for Nature〉을 채택한다. 〈세계자연헌장〉은 인간이 자연에 영향을 미치는 행위를 할 때 지켜야 할 5대 원칙을 천명한다. 헌장의 바탕이 된 기본 정신을 밝힌 대목에 이런 표현이 나온다. "자연의 모든 생명체는 고유하며, 인간에 대한 가치와 관계없이 윤리적 차원에서 생명 그 자체로 존엄성이 인정되어야 한다."

6

야생동물의 비운

봄은 분명 가슴 설레는 계절이다. 그럼에도 한편으로 두렵다. 봄비가 넉넉히 온 뒤의 밤이라면 더 그렇다. 개구리의 대이동. 차를 세우고 기다려 보지만 행렬은 끝없이 이어진다. 아주 천천히 움직이면 스스로 비켜 지나 줄까 싶지만 어림없고 어리석은 바람일 뿐이다. 이미 들어선 길이라 후진해 돌아간다 해도 사정은 다르지 않다. 생각이 복잡하다. 결국 바닥에서 눈을 떼 시선을 높여 멀리 두고 라디오 소리를 최대로 올려 귀를 막은 채 이동한다.

찻길 동물사고

동물이 자동차에 치여 죽는 사고를 로드킬road kill이라 한다. 로드킬은 동물과 사람 서로에게 아픈 일이다. 로드킬로 동물만 목숨을 잃는 것이 아니다. 운전자도 크게 다치거나 목숨을 잃기도 한다. 도로에 느닷없이 나타난 동물을 피하려 핸들을 급조작하다 전복사고가 일어나거나, 맞은편 차선에서 이동하던 차량과 충돌하기도 하고, 옹벽이나 가로수를 들이받기도 하며, 비탈이나 절벽으로 추락하기도 한다. 호주에서 사람을 가장 많이 죽게 하는 동물은 캥거루다. 밤에 갑자기 도로로 튀어나온 캥거루 때문에 사망사고가 발생한다. 미국과 캐나다에서는 순록이나 무스(말코손바닥사슴)처럼 몸집이 큰 동물과 충돌하여 사망하는 운전자도 많다. 로드킬, 용어 자체도 불편하다. 2007년 국립국어원은 로드킬의 우리말을 공모했다. 접수된 낱말 가운데 거리 죽음, 길거리 죽음, 길 죽음, 찻길 동물사, 찻길 동물사고 다섯 가지를 두고 투표를 했는데, '찻길 동물사고'가 가장 많은 지지를 받아 로드킬의 우리말로 삼았다.

한국로드킬예방협회는 우리나라에서 1년에 약 30만 마리의 동물이 찻길 동물사고로 죽음을 맞는다고 말한다. 구체적인 내용과 근거는 없다. 그렇다면 실제로 우리나라에서 한 해에 일어나는 찻길 동물사고는 얼마나 되는 걸까. 알 수 없다. 전수조사 자료가 없다. 어느 하루나 일정 기간을 정해 시행한 동시조사도 없다. 국립공원을 비롯한 특정 지역을 대상으로 이루어진 산발적인 조사가 대부분이다. 그나마 한 지역을 대상으로 지속적인 조사가 이루어진 가장 최근의 환경부 자료는 2012~2016년에 걸쳐 강원도와 충청북도 지역의 백두대간 인접 20개 도로를 대상으로 매월 1회 조사한 결과다. 5년 동안 사고를 당한 동물은 모두 1175마리였다. 이 중 들고양이가 247마리로 가장 많았고, 고라니 194마리, 청설모 164마리 순이었다. 연도별로는 2012년 189마리, 2013년 225마리, 2014년 236마리, 2015년 242

마리, 2016년 283마리로 해를 거듭하며 조금씩 증가하는 양상을 보였다. 계절별로 살펴보면 포유류는 동면 장소로 이동하는 시기인 10월부터 11월에 피해가 가장 컸다. 양서류는 이동기인 5월에 가장 많이 발생했으며, 조류는 여름철새가 도래하는 4월과 번식기인 8월이 가장 많았다. 파충류는 대사활동에 필요한 열을 얻기 위해 도로에 머무는 시간이 많은 7월부터 9월에 피해가 집중됐다. 또한 찻길 동물사고가 빈발하는 도로의 특징은 차량 통행이 잦고 과속 차량이 많으며 산림지대와 인접한 지역이었다.

찻길 동물사고는 지역을 가리지 않고 발생한다. 동물의 종류 또한 가리지 않는다. 사고를 당하는 동물은 너구리, 오소리, 족제비, 삵, 수달, 다람쥐, 하늘다람쥐, 청설모, 고라니, 멧돼지를 비롯한 포유동물과 양서류, 파충류, 조류에 이르기까지 다양하다. 지역 특성에 의해 어떤 종의 사고가 특정 지역에서 빈발하는 사례가 있다. 그런데 근래는 지역을 가리지 않고 들고양이의 찻길 동물사고가 가장 많이 발생하고 있다. 들고양이가 전국의 도심은 물론이고 산지까지 퍼진 탓이다. 직접 느낄 수 있는 동물들만 그렇다. 느끼지 못하는 사이에도 찻길 동물사고는 빈번히 발생한다. 2011년 여름, 미국의 친환경 블로그인 트리허거Treehugger에 네덜란드의 생물학자 블리엣Arnold van Vliet의 글 하나가 올랐다. 미국에서 매년 33조 마리의 곤충이 차에 치여 죽는다는 내용이다. 250명의 운전자를 대상으로 6주간 반복 실험을 한 결과 약 10㎞를 주행할 때마다 두 마리의 곤충이 죽는다는 사실에 기초한 추정이었다. 2019년 말 기준 우리나라의 자동차 등록 대수는 2368만 대다. 자동차 한 대가 연평균 1만 5000㎞를 주행한다고 가정할 때 블리엣의 계산식에 따르면 지난해 약 710억 마리의 곤충이 자동차에 부딪혀 죽는다는 계산이 나온다. 비명 소리가 나는 것은 아니어도 아픈 일이다.

살길을 터 주는 생태통로

찻길 동물사고의 원인은 무엇인가. 야생동물이 숲이나 산에서나 살지 도로에는 왜 뛰어들어 자신도 그렇고 사람에게까지 해를 끼치느냐고 생각할 수 있다. 그러게 말이다. 그랬으면 좋겠지만 사정은 이렇다. 차가 다니는 길이 되기 전 그 길은 동물이 다니던 길이었기 때문이다. 야생의 동물이라 하여 아무 길로 다니지 않는다. 험하거나 거칠지 않고 늘 다니던 편하고 익숙한 길로 다닌다. 일정 지역, 생활권을 크게 벗어나지 않는다. 우리처럼. 차이가 있다면 낮보다는 깜깜한 밤에 주로 다닌다는 정도다. 저들은 저들의 삶을 이어 갈 뿐이다. 그러다 늘 다니던 길을 떠나 옮길 때가 있다. 번식기다. 짝을 찾거나 번식 환경이 좋은 곳으로 이동한다. 산에서 내려와 들판을 지나 웅덩이로 가야 한다고 치자. 그런데 산이나 들판에 자동차가 다니는 길이 생기고 말았다. 번식 본능을 꺾을 것은 아무것도 없다. 저들은 길을 건넌다.

차량 사고로 인한 동물의 죽음으로 아픔은 끝나지 않는다. 도로는 결국 생태계의 단절을 초래하고, 생태계의 단절은 서식지의 격리를 조장하며, 서식지의 격리는 유전적 격리로, 유전적 격리는 근친교배로 이어져 끝내 종 소멸의 길로 몰아간다. 그렇다고 우리가 도로 없이 살 수 없다면 선택은 하나, 저들에게도 살길을 열어 주는 것이다. 그 중 하나가 동물 이동통로, 생태통로다.

생태통로는 도로·댐·수중보·하구언 등으로 인하여 야생동물의 서식지가 단절되거나 훼손 또는 파괴되는 것을 방지하고 야생동물의 이동을 돕기 위하여 설치되는 인공구조물 및 식생 등의 생태적 공간을 말한다. 우리나라에서는 1995년 '전국 그린네트워크화 사업'의 일환으로 생태통로를 구상한다. 1996년에 지리산 시암재와 오대산 구룡령 두 곳에서 시범사업의 첫 삽을 떴으며, 지리산 시암재는 1998년 10월에, 오대산 구룡령은 2000년 12월에 준공된다. 사람이 편하게 건너다니던 길에 어느 날 도로가 생겼다고 하자. 차들이 쌩쌩 달린다. 쌩쌩 다니는 차가 우선이어서 신호등도 없고 횡단보도 또한 없다. 사람이 길을 건널 방법은 둘 중 하나다. 육교나 지하도. 실제로 그렇게 도로를 계획한다. 동물도 마찬가지다. 길 위나 길 아래로 건너게 한다. 생태통로는 육교형과 터널형이 있다.

한 지역에 생태통로를 만든다고 하자. 생태통로의 조성과 관리는 어떤 단계를 거치면 좋을까? 세 단계로 나누는 것이 효율적이지 않을까 싶다. 어디에 만들 것이며, 어떻게 만들 것이며, 잘 만든 것인지 지켜보는 과정이다.

우선 어디에 만들 것인가. 위치 선정의 문제다. 조사만이 답이다. 조사는 예비조사와 정밀조사 정도로 나누어 하면 효율적이겠다. 예비조사에서는 생태조사 관련 보고서, 로드킬 조사 결과, 관련 전문가 및 지역 주민 등을 대상으로 한 청문조사 등을 토대로 해당 도로 구간에서의 야생동물 현황을 파악해야 한다. 또한 생태자연도, 전국자연환경조사, 광역생태축 등의 지리정보시스템 자료, 위성사진 및 항공사진, 도로지도, 토지이용도, 주변 지역의 개발계획 등의 자료 활용을 통하여 주요 서식지의 분포와 크기, 식생 등 자연경관의 분포와 생태축의 현황을 파악하는 것이 필수적이다.

이제 정밀조사. 정밀조사는 두 갈래로 수행하는 것이 바람직하다. 육교형 또는 터널형 둘 중 어느 형태로 할지를 정하는 구조물 설계 조사, 생태통로의 주변은 어떻게 자연스럽게 꾸밀지를 정하는 식재 설계 조사다. 구조물 설계 조사는 사전조사에서 결정된 목표종 동물 관련 전문가와 생태통로 구조·설계 전문가에 의한 정밀조사가 이루어져야 하며, 필요에 따라 기타 환경요소(기상, 지형, 지질, 토양 등)에 대한 정밀조사도 함께 실시한다. 동물 정밀조사의 경우 해당 도로 반경 500*m* 이내에 서식하는 야생동물의 로드킬 현황을 조사함은 기본이다. 또한 야생동물의 이동로, 섭식지, 번식지, 은신처 등 주요 서식지 요소를 파악하여 지도에 표시하고 이들 요소를 연결하는 주요 지점에 생태통로의 위치를 정한 후, 이동 특성과 지형을 고려하여 생태통로의 유형을 결정한다. 다음은 식재 설계 조사다. 생태통로는 인위적인 시설물이다. 야생동물이 경계한다. 낯설지 않게 다닐 수 있도록 자연의 모습으로 꾸미는 것이 필요하다.

이제 두 번째 단계, 어떻게 만들 것이냐다. 예비조사와 정밀조사를 통해 생태통로의 구체적인 위치와 유형이 결정되면 그에 따라 설계하고 시공하는 과정이다. 육교형 생태통로를 만들기로 정했다 가정하자. 당연히 보행자와 차량의 접근은 최대한 배제해야 한다. 야생동물이 들어서는 곳인 진입부는 인접한 자연지형과 자연스럽게 연결되고 경사가 급하지 않아야 한다. 진입부와 내부의 식생은 주변과 유사하게 식재하되 과밀하지 않아 물리적 또는 시각적으로 이동의 장애가 되어서는 안 된다. 또한 차량의 불빛과 소음의 영향을 줄이는 차단벽을 생태통로 양편에 설치하며, 생태통로와 이어지는 도로 구간에 유도울타리를 설치하여 생태통로 쪽으로 이동을 안내함으로써 로드킬 예방을 도모한다. 통로 내부로 물이 흐르는 것을 예방하기 위해 입구부에 배수로를 설치하는 경우 배수로에 동물이 빠졌을 때 빠져나올 수 있는 탈출시설을 설치함은 물론이다.

이제 마지막 단계로 생태통로를 동물들이 잘 이용하는지, 보완해야 할 사항은 없는지를 살피는 생태통로 관리 및 모니터링 과정이다. 이를 통하여 생태통로를 제대로 이용하지 못하는 동물을 위한 개선안을 제시하고, 생태통로와 유도울타리 인근지역에서 로드킬이 발생하는 동물에 대한 대책을 세울 수가 있다. 생태통로의 모니터링은 인접지역에 서식하는 동물종의 확인, 생태통로를 이용하는 동물종의 확인, 해당 도로에서의 로드킬 현황 파악을 포함한다. 모니터링 방법은 족적판을 이용한 발자국 조사, 무인센서카메라, 원격무선추적, 포획하여 표시하고 방사한 후 재포획율 조사, 눈 위의 발자국 조사, 로드킬 조사 등이 있다.

생태통로를 이러한 과정을 지켜 만들면 어떨까? 실제로 이렇게 만든다. 고속도로를 대상으로 생태통로를 조성하는 과정에 몇 번 참여한 적이 있다. 나 역시 그러한 과정을 성실히 지켰다. 지침이 있다. 지침이 있으니 따르면 된다. 환경부의 '생태통로 설치 및 관리지침'이다. 〈자연환경보전법〉 제45조(생태통로의 설치 등) 및 〈자연환경보전법시행규칙〉 제28조(생태통로의 설치대상지역 및 설치기준)에 기초하여 2003년 11월에 제정되었으며, 2010년 6월에 개정되었다.

아직도 눈에 선한 아픈 기억

운전을 하면서도 눈여겨보는 것이 많아 바쁘다. 날마다 조금씩 변하는 자연의 모습을 보는 것이 첫째다. 다음으로는 찻길 동물사고, 동물이 찻길로 들어오는 것을 막아 주는 울타리 설치 현황, 방음벽 설치 현황 등을 두루 본다. 혹 찻길 동물사고가 있다면 어디서 어떤 동물이 사고를 당했는지 챙겨 본다. 정확히 조사한 것은 아니지만 고속도로의 경우 찻길 동물사고가 많이 줄었다. 더군다나 근래 만들어진 고속도로는 생태축의 단절을 최소화하려 애쓴다. 운전자의 안전을 고려하여 종단선형을 단순하게 한다. 시점에서 종점까지 오르락내리락하는 구간이 거의 없다. 평지를 지나듯 한다. 도로의 고도 자체를 높이고 산이 나오면 터널, 산과 산 사이나 물줄기가 나오면 교량으로 잇기 때문이다. 근래 만들어진 고속도로에 터널과 교량이 많은 이유다. 터널과 교량은 동물이 접근하기 어려운 구조물이다. 진입부나 진출부 양쪽에서 접근할 수 있으나 이 두 지역은 유도울타리가 잘 마련되어 있다. 동물의 접근 가능성이 있는 다른 지역도 유도울타리는 잘 설치되어 있다. 유도울타리는 동물을 도로가 아닌 안전한 곳이나 생태통로로 안내한다.

아쉬운 점이 있다. 우리가 끝없이 편리함을 좇는 사이, 우리 땅의 동물 중 누군가는 소중한 삶의 터전을 잃고 낯선 도로에서 방황하다 처참하게 죽는다. 생태통로를 만드는 것으로 저들의 생명을 빼앗은 책임으로부터 자유로울 수 있는가 묻고 싶은 마음인데 그 생태통로마저 몇 곳이 되지 않는다. "우리나라의 고속도로에도 생태통로가 있어요." 정도의 홍보 수준이 아닌가 싶다. 생태통로가 상징적인 구조물

일 수는 없다. 물론 생태통로 설치에 많은 비용이 든다. 하지만 우리나라가 그 정도의 비용을 아껴야 할 만큼 어렵지는 않다. 일반국도의 형편은 어떤가. 취약한 지역이 많다. 지방도는 어떤가. 무방비 상태다. 아무런 경계 없이 지방도 옆으로 바로 논밭이나 산이 이어지니 현재로는 방법이 없다. 안타깝지만 앞으로 크게 개선될 여지도 없어 보인다.

형편이 이러하기에 어느 도로든, 특히 국도의 경우 산림지역 인근 도로를 주행할 때에는 언제 어디서든 야생동물이 나타날 수 있다는 마음으로 서행하는 등 운전자의 관심과 주의만이 찻길 동물사고를 줄일 수 있는 길이다. 국도를 운행할 때, 특히 야간운행의 경우 언제든지 야생동물과 조우할 수 있다는 생각을 항상 지니는 것이 좋다. 바로 앞부터 가능한 한 먼 곳까지 전방주시에도 집중해야 한다. 대부분은 동물이 먼저 차가 접근하는 것을 알고 피한다. 그럴 경우 감속하며 지나면 된다. 동물이 보인다고 급하게 정지할 경우 뒤를 따르던 차량이 추돌할 수 있다. 때로 동물이 길 가운데에 가만히 서 있는 경우가 있다. 야간에 활동하는 동물들은 갑작스럽게 나타나는 고조도의 광원을 반사해 버린다. 눈이 반짝거리는 이유다. 빛을 그대로 반사했기 때문에 상이 맺히지 않는다. 순간적으로 아무것도 보이지 않아 머뭇거리는 것이다. 역시 감속하거나 뒤를 따르는 차가 없다면 정지하고 경적을 울려 차분히 지나가도록 하는 것이 최선이다.

아무리 조심해도 사고는 발생한다. 만약 찻길 동물사고가 났다면 어찌하면 좋은가. 동물의 숨이 아직 붙어 있을 때와 죽었을 때가 다르다. 어느 경우든 직접 수습하는 것은 지극히 위험하며 그럴 필요도 없다. 상황에 따라 정확히 신고만 하면 된다. 살아 있다면 정부가 지정한 지역별 야생동물구조관리센터에 연락해야 한다.* 동물이 이미 죽은 경우라도 그 자리에 그대로 두면 계속해서 2차, 3차 사고가 발생할 가능성이 크므로 힘들더라도 신고하여 사체를 빨리 처리하는 것이 바람직하다. 신고한 자료는 관계 기관이 로드킬 저감대책의 기초자료로 활용하며, 내비게이션 업체에도 자료를 제공하여 사고 예방 알림에 도움을 준다.

자연에 깃든 생명을 만나며 살다 보니 이동이 잦다. 자가운전의 경우 1년에 1만 5000㎞ 정도를 주행한다고 한다. 나는 약 8만㎞, 5배 넘게 주행하니 제법 다니는 셈이다. 주변에서는 차를 많이 타는 정도가 아니라 차에서 사는 수준이라고 말한다. 차에서 살다시피 지내다 보니 늘 찻길 동물사고에 마음이 쓰인다. 나름 무지하게 마음 썼지만 지금까지 세 번의 사고가 있었다. 어두운 밤에 벌어진 두 번은 인지하지 못한 채 발생했다. 두 번 다 가로등도 없는 지방국도를 지날 때였다. 순간적으로 차의 하부에 뭔가 닿는 느낌이었다. 생명이 아닌 듯도 하였으나 크기가 크지 않은 무엇인 것은 분명했다. 그렇더라도 불편한 마음은 꽤나 오래갔다. 세 번째는 최근이며 어둠이 막 걷힌 시간이었다. 밤새 달린 끝에 찾아온 아침이라 이제 되었다는 안도감에 빠진 때이기도 하다. 방심이다. 게다가 구불구불한 국도. 모퉁이를 돌 때마다 속도를 충분히 줄여 왔으나 이제 날도 밝았으니 모퉁이에서조차 규정 속

* 도 단위의 국립대학 수의과대학이 주로 지역별 야생동물구조관리센터의 역할을 수행한다. 야생동물구조관리센터는 말 그대로 구조만 한다. 동물이 죽었다면 도로에 따라 다르다. 고속도로에서 사고가 난 경우 한국도로공사(1588-2504)로, 국도나 지방도에서 사고가 났다면 지역번호를 누른 다음 '120(자치구 환경신문고)'이나 '128(환경부)'로 신고하면 된다. 경황이 없어 아무것도 생각나지 않는다면 119나 112로 연락해도 앞의 절차를 대신해 준다.

도로 휙 지난다. 마지막 굽은 길이 앞에 보인다. 이제 사방이 탁 트이고 곧은길이 죽 이어지는 곳이 나오기 직전에 있는 마지막 모퉁이. 역시 휙 지나는데 바로 그곳에서 사고가 났다.

어찌할 도리가 없었다. 클 대로 다 큰 고라니. 나는 굽은 길로 막 들어섰고 고라니는 산에서 내려와 건너편으로 급히 가려고 최대한 도약한 그 지점에서 충돌했다. 짧은 비명을 낸 것 말고는 내가 할 수 있는 것은 아무것도 없었다. 1년이 넘었지만 지금도 충돌 직전 본 고라니의 그 크고 맑은 눈이 생생하다. 차는 많이 손상되었고, 나 역시 큰 사고로 이어질 수 있었는데 다행이라는 주위의 위로는 귀에 들리지 않았다. 한 달 남짓 멍하니 지냈다. 지금도 무척 아프다. 미안한 마음뿐이다. 오래갈 기억이다.

7

•

동물축제의 불편한 진실

동물의 말뜻은 움직이는 생물이며, 생물학적 정의는 다세포 종속영양체다. 종속영양체. 스스로 영양 문제를 해결할 수 없다. 다른 생명체에 종속되어 있다. 다른 생명에 기대야 하는 생명체다. '기대야 하는'의 구체적인 표현은 '잡아먹어야 하는'이다. 그런 면에서 인간도 다르지 않다. 동물이니까. 잡아먹어야 산다. 다만 음식이라는 형태로 가공될 때가 많을 뿐이다. 라면을 먹었다 치자. 수십 가지의 생명을 잡아먹은 것이다. 면은 밀가루니 밀을 먹은 것이다. 스프 한 봉지를 털어 넣을 뿐이지만 실제는 수많은 생명이 가공되어 들어 있다. 파, 마늘, 양파, 생강, 고추, 소, 돼지, 닭….

성공한 두 축제

수도권의 인구 집중화는 어제오늘의 일이 아니다. 정해진 인구에서 한쪽이 늘어나고 있으니 다른 한쪽은 준다. 지방의 인구 감소는 심각한 수준이다. 인구 감소는 재정자립도로 직결되어 2020년 현재 행정안전부가 발표한 지방자치단체 전국 평균 재정자립도는 50.4%며, 지자체마다 치열하게 살길을 찾고 있으나 마땅치 않다. 이러한 상황에서 모든 지자체가 앞다투어 매달리는 것이 지역축제다. 지자체마다 말 그대로 축제 열풍이어서 2015년 기준, 전국에서 1214개의 축제가 열렸다. 아쉽게도 성공한 축제는 손으로 꼽을 정도다.

함평나비대축제 - 수많은 나비의 펄럭이는 날개

많지 않은 성공 사례 중 하나가 함평 축제다. 함평은 한반도의 서남단, 전라남도 서해안의 북서부에 자리 잡고 있으며, 서울에서는 440㎞ 떨어져 있다. 인구 3만여 명 정도의 작은 고을로 잘 알려지지 않던 곳이었으나 1999년 봄날부터 유명세를 타기 시작했다. 그 누구도 생각하지 못한 '나비'를 주제로 '나비 대축제'를 연 까닭이었다. 나비를 좋아하지 않는 사람은 거의 없다. 우리네 가슴에 자연에 대한 그리움이 있고 동경심도 깊다. 함평나비대축제는 기존의 문화축제에서 생태축제로 축제의 테마를 바꾸었다는 의미도 지닌다. 우리나라에서 동물축제 중 가장 먼저 성공한 축제로 꼽힌다. 수도권에서는 꽤 먼 거리지만 거리를 묻지 않고 많은 사람이 찾아갔다.

1999년 5월 5일에서 9일까지, 어린이날과 어버이날을 품고 제1회 함평나비대축제가 열렸다. 축제를 상징하는 대표 나비도 선정하는데, 첫 축제에서는 친근하고 아름다운 호랑나비였다. 5일의 일정 중 나비 관련 프로그램은 나비 날리기, 나비 표본과 나비 생태사진 전시, 나비의 한살이 소개였고 나머지는 길놀이, 국악단 공연, 마당극, 그림·글짓기 대회, 전통민속놀이, 민속씨름대회, 사물놀이패 공연, 투우 대회, 판소리 공연 등으로 채워졌다. 가장 최근의 축제는 2019년 4월 26일부터 5월 6일까지 11일의 일정으로 열린 제21회 함평나비대축제였으며, 주제는 '나비와 함께하는 봄날의 여행'이었다. 나비와 꽃을 주제로 한 전시, 야외 나비 날리기, 가상현실VR 나비체험, 사랑의 앵무새 모이 주기 등 다채로운 체험행사가 있었었다. 올해(2020년)는 '나비와 함께 설레나 봄'을 주제로 축제를 준비했으나 코로나19의 확산으로 무산되었다.

호랑나비, 산제비나비, 노랑나비, 작은주홍부전나비, 배추흰나비, 왕오색나비, 큰멋쟁이나비, 암끝검은표범나비, 사향제비나비, 홍점알락나비, 꼬리명주나비, 산호랑나비, 네발나비, 남방제비나비, 호랑나비…. 석주명 선생님께서 고운 이름을 붙여 주신 이 아름다운 나비들은 그동안 함평나비대축제에서 대표 나비로 뽑혔던 친구들이다. 함평나비대축제에서는 해마다 축제의 주인공 나비를 정하여 집중적으로 알린다. 1회(1999년)에서 14회(2012년)까지는 매년 대표 나비가 바뀌었으나, 15회(2013년)부터 21회(2019년)까지는 첫 번째 대표 나비였던 호랑나비를 대표 나비로 유지하고 있다.

나비대축제니 축제의 하이라이트는 나비와 관련한 프로그램이다. 나비 날리기. 수만 마리의 나비를 날린다. 눈앞에서 나비 한 마리가 팔랑팔랑 날아도 신기한데 수만 마리의 나비가 날개를 펄럭이는 모습을 그려 보라. 장관이 아닐 수 없다. 나비가 어린아이들의 머리와 어깨에 내려앉기도 한다. 천진난만한 어린이들과 나비, 아름답기 그지없다.

함평나비대축제는 대한민국 대표 봄 축제로 자리 잡았다. 뿐만 아니라 '나비'라는 독특한 소재를 바탕으로 함평군은 '생태관광', '친환경 농업'의 명소로 이미지 변신에 성공했다. 매년 30만여 명이 나비대축제를 보기 위해 함평을 찾았으며, 무공해 함평 나비쌀은 불티나게 팔렸다. 인구 3만여 명의 함평군에서 어마어마한 일을 해낸 것이다. 축하할 일이다. 게다가 함평나비대축제는 지난 2010년 이래 4년 연속 문화관광체육부 선정 대한민국 최우수축제에 이름을 올렸으며, 세계축제협회IFEA World가 주최한 피너클 어워드Pinnacle Awards에서 네 개 부분 금상을 수상한 바 있다. 그것도 2년 연속. 또한 2012년에는 세계축제협회로부터 '세계축제도시'로 선정되는 영예를 안으며 함평나비대축제는 세계적인 축제로 인정받고 있다. 또한 촌락 문제를 해결하고 도시와 촌락의 균형적인 발전을 모색하는 대표 사례로 꼽히기도 한다.

화천산천어축제 - 성공을 넘어 세계의 불가사의로

함평의 나비축제가 대성공을 하자 지자체마다 앞다투어 동물축제를 열기 시작했다. 그러다 나비축제보다 참여인원 면에서 더 성공하는 축제가 생겼다. 얼음나라 화천의 산천어축제다. 2003년부터 매년 1월에 20여 일 동안 열리는 '화천산천어축제'에 55만 명(2016년), 156만 명(2017년), 173만 명(2018년), 184만 명(2019년)의 관광객이 찾아와 축제를 즐겼다. 우리나라 겨울 축제 역사상 가장 많은 방문객 수 기록이다. 인구 2만 5000여 명(2018년 기준)으로 함평군보다 인구수가 더 적은 화천군으로서는 환호성을 올릴 만한 쾌거다.

화천산천어축제는 지자체가 기획한 수백 가지의 축제 중 이른

바 '대박' 축제다. 2017년 강원지역 6개 겨울 축제(화천산천어축제, 인제빙어축제, 평창송어축제, 태백산눈축제, 홍천강꽁꽁축제, 대관령눈꽃축제)의 경제적 효과는 생산 유발 1189억 원, 부가가치 유발 637억 원, 고용 창출 1782명이었으며, 그중 산천어축제의 비중이 가장 컸다. 축제 만족도 또한 높아 재방문율이 50%에 달한다. 축제에 왔던 사람들의 절반은 또다시 화천을 찾는다는 뜻이다. CNN에서도 산천어축제를 '세계 7대 불가사의'로 선정하고, 다른 지역에서도 성공의 비결을 배우러 올 정도라고 하니 축제로서는 분명 성공한 사례다. 오랜 시간 준비했고 그 애씀이 결실을 맺어 지역경제가 살아나고 또다시 찾는 사람이 절반 수준에 이르는 축제가 되었으니 좋은 일이다. 겉만 보면 그렇다.

성공 뒤에 숨은 진실

크게 성공한 두 동물축제에 대한 비판의 소리가 커지고 있다. 화천과 함평 두 지역 모두 인연이 깊은 곳이다. 화천은《까막딱따구리 숲》을 쓴 숲이 있는 곳이다. 휴직까지 하며 거의 살다시피 2년을 지내며 쓴 책이다. 책이 나왔다 하여 끝은 아니다. 책이 나온 뒤에도 매년 4월에서 6월까지 석 달은 화천의 숲에서 지낸다. 10년도 넘게 오가는 곳이다. 함평은 나의 여름철 조류 관찰 장소다.《우리 새의 봄·여름·가을·겨울》중 여름 내용은 함평에서 얻은 자료가 바탕이다. 두 곳 모두 정겹고 고맙기 그지없는 지역이다. 그럼에도 나 또한 비판의 소리에 보태려 한다. 어렵사리 차린 밥상, 밥상을 차리기까지 아무것도 하지 않았으면서 이렇다 저렇다 타박만 하는 마음은 무겁다. 하지만 건강한 더 좋은 잔칫상이 차려지기를 바라는 마음으로 한마디 한다.

나비의 짓밟힌 꿈

함평나비대축제가 나비라는 생명의 소중함과 그 아름다움을 세상에 알리며 지역경제에도 활력을 불어넣은 것은 높이 평가한다. 하지만 한 가지 오점이 있다. 세계적 축제로 알려진 함평나비축제에는 나비 날리기 행사가 있다. 나비축제니 축제의 하이라이트라 할 수 있다. 나비 날리기 행사에 등장하는 수십만 마리의 나비는 자연 상태의 나비가 아니다. 함평이라는 지역이 특별히 나비가 많을 이유가 없다. 또한 어찌 수십만 마리의 나비를 자연에서 채집할 수 있겠는가. 그럴 수도 없고 그래서도 안 된다. 인공으로 부화한 나비를 날리는 것이다. 따라서 갑작스레 바뀐 생태계에 적응을 잘하지 못한 나비들은 축제 기간만 살다가 죽는 경우가 많다. 다 살아도 문제다. 나비의 급증은 또 다른 생태계의 혼란으로 이어진다. 축제가 열리는 4월 말~5월 초순은 나비를 방사하기에 너무 이른 시기로 방사한 나비가 추워 죽는 경우도 많다. 죽는 것도 문제고 사는 것도 문제다.

다양한 나비의 한살이를 생태관에서 보여 주는 것으로 충분하지 않나 싶다. 꼭 만지고 잡는 것만이 체험은 아니다. 예의를 갖춰 일정 거리를 두고 보는 것 또한 체험이다. 나는 30년 관찰하며 살았다. 만지지 않았고 잡지 않았어도 저들을 알고 느끼기에 충분했다. 생태는 생물이 살아가는 모습이며 상태다. 가둬 두는 순간 이미 자연이 아니다. 그러기에 자연에 가깝게 저들이 살아가는 상태를 그대로 보여 줄, 만나게 해 줄 필요가 있다. 나비의 꿈을 이처럼 짓밟을 수는 없다. 나비의 꿈은 어린이들의 꿈이며, 어른들의 꿈이기도 하다.

고향을 잃은 산천어

산천어축제는 참여인원 면에서 가장 성공한 축제다. 그러나 짚고 넘어갈 것이 있다. 무엇보다 생태축제인데 지역의 자연생태계와 맞지 않는다. 화천에는 산천어가 살지 않는다. 산천어는 우리나라의 토종 물고기(고유종)로 강에서 바다로 나갔다가 산란기에 다시 돌아오는 송어가 습성이 바뀌어 강에서만 생활하는 형태로 굳어진 종이다. 육지에 갇혔다 하여 육봉형landlock type이라고 한다. 생김새는 송어와 비슷하지만 몸길이는 송어의 절반밖에 되지 않는다. 산소가 풍부한 강 상류의 맑은 물에서 살며 우리나라에서는 백두대간을 중심으로 동쪽, 즉 동해로 흐르는 하천에 서식한다. 화천은 백두대간의 서쪽이며 모든 물줄기는 서해로 흐른다. 이미 영겁의 시간 전부터 자연은 그렇게 안정되어 있는 상태다. 그런데 화천에 없는 종을 외부에서 들여와 풀어놓고 축제를 하는 것이다. 화천에서 산천어는 외래이입종인 셈이다. 물론 생태축제의 대상 생물이 꼭 그 지역에 있는 것이어야 한다는 법은 없다. 그렇더라도 이건 아니다.

화천군은 전국의 양식업체와 계약을 체결하고 양식 산천어를 납품받아 축제에 활용한다. 약 80만 마리다. 배정받은 물량에 따라 양어장은 10~11월쯤 인공수정을 시킨다. 축제가 열리기 전 양식장의 산천어에게는 출발 며칠 전부터 사료를 공급하지 않는다고 한다. 축제 때 산천어가 미끼를 잘 물도록 일부러 굶기는 것이라고 주장하는 쪽이 있으며, 화천군은 이동 시 물고기가 토하기 때문이라고 항변한다. 어찌 되었든 좁은 공간에서의 장거리 이동으로 산천어는 많은 스트레스를 받을 수밖에 없다.

또 다른 문제가 있다. 양식 산천어조차 산천어가 아니라는 점이다. 토종 산천어는 경북의 민물고기연구센터가 2017년 12월에 최초로 인공부화를 성공했을 정도로 아직까지는 양식이 어렵다. 양식 산천어는 일본산이거나 일본산과 토종의 교잡종이다. 꼭 산천어축제의 탓이 아닐지라도 현재 동해로 흐르는 수계에서만 사는 산천어가 서해 쪽 수계에서도 발견되고 있다. 물론 일본산 또는 일본산과 토종의 교잡종이며, 이들은 버들치와 열목어(천연기념물) 치어를 비롯하여 토종 계류성 어류에 대한 강력한 포식자로 살아간다. 우리의 계곡에서 전에는 없던 새로운 포식자가 나타난 셈이다.

한술 더 뜬다. 양식 산천어의 수급에 문제가 생기자 화천군은 산천어축제에 쓸 새로운 어종까지 넘보고 있다. 홍송어와 곤들매기를 양식해서 축제에 사용하려는 것이다. 일본에서 치어를 들여오려 했으나 비용 부담이 커서 알을 들여와 부화시키는 데 성공한 것으로 안다. 그러나 홍송어와 곤들매기 역시 산천어처럼 동해로 흐르는 영동지역 하천에만 한정해 서식하는 어종이며 영서지역에는 없는 어종이다.

물론 몇 겹으로 망을 쳐서 제한된 공간에 가둬 두고 축제를 한다고 말한다. 하지만 물고기를 일정 장소에 묶어 둘 수 있다는 생각은 착각이다. 이미 베스가 그랬고, 블루길이 그랬다. 물고기뿐인가. 황소개구리와 왕우렁이도 마찬가지다. 결국 모두 망을 빠져나오거나 뛰쳐나오거나 미끄러져 나와 생태계를 망가뜨리고 있다. 또한 낚시를 쉽게 하기 위하여 하상공사 및 물막이 공사를 한다. 밑바닥을 깊고 넓게 파고 보로 물을 막아 대형 빙판을 만드는 것이다. 이는 자연 하천의 생물 서식환경을 훼손하고 파괴하는 과정으로, 수생태계 교란과 더불어 생물다양성에 큰 피해를 줄 가능성이 크다. 도저히 생태축제라 고 할 수 없다.

생명의 윤리는 어디에

산천어축제에 대한 논란은 생태적인 문제에서 끝나지 않는다. 더 근본적인 생명윤리의 문제로 번진다. 생명다양성재단이 서울대학교 수의대학 천명선 교수팀에 의뢰해 전국의 축제 현황을 조사한 적이 있다. 2013~2015년 기준, 전국의 동물축제는 86개다. 축제에 등장하는 동물은 산천어나 빙어 등 어류가 약 60%로 가장 많았고, 바지락, 낙지 등 패류·연체동물류가 22%, 소나 돼지 등 포유류가 12%의 순이었다. 그런데 국내 동물을 대상으로 하는 축제에서 동물을 어떻게 이용하는지 분석한 결과, 84%(129개 프로그램 중 108개)가 맨손잡기·낚시·채집·싸움·경주·쇼 및 전시를 비롯하여 동물을 '죽이거나 죽이는 것에 해당하는 고통'을 주는 내용이었고, 교육·예술 등 미래지향적인 축제는 하나도 없었다며 이렇게 평가했다.

"현재 동물축제는 동물을 먹고 잡는 것에만 초점이 맞춰져 있다. 아이들에게는 생명 존중이라는 보편적인 가치를 가르치면서 이런 동물축제에 데려가는 것은 바람직하지 않다."

산천어축제의 하이라이트는 '산천어 잡기'다. 화천천 2.1㎞ 구간에 산천어를 가둬 놓고 얼음낚시로 잡는다. 산천어를 잡으면 얼음 위라 따로 둘 곳이 없다. 빙판에 던져진 산천어는 몸을 뒤척이다 죽는다. 그것도 모자라 조금 더 센 자극으로 유혹한다. '맨손잡기'다. 울타리를 친 좁은 공간에 산천어를 풀어놓고 맨손으로 잡는다. 수많은 사람이 맨손잡기의 '돌격 앞으로' 신호를 기다린다. 신호가 떨어지면 환호성을 지르며 산천어를 잡아 죽이는 웅덩이로 뛰어든다. 땅바닥에 내팽개쳐지고 아가미가 찢어지는 등 낚시와 맨손잡기 과정에서 벌어지는 생명 경시 행태도 논쟁의 대상이다. 손으로 잡든 낚시로 잡든 잡은 것은 굽거나 튀겨서 바로 먹는 경우가 많다. 결국 '재미로 잡아서 먹는 것'이 산천어축제의 핵심인 셈이다. 동물학대 논란이 불거지는 이유다. 2019년 '잡고 먹는 재미'에 참여한 인원은 184만 명, 희생된 산천어는 76만 마리다.

물고기를 잡고 또 먹는 것이 무슨 학대냐는 주장도 만만찮다. 물고기는 먹을거리인데 먹을거리를 두고 왜들 이리 난리냐고 한다. 또한 낚시는 허용하면서 왜 산천어 낚시는 반대하느냐고 한다. 물고기를 잡으며 놀던 시절이 있었다. 꽤 강력한 기억으로 남아 있다. 산천어축제에 많은 사람이 모여드는 것도 그 강력한 기억과 맞닿아 있을 것이다. 물고기를 잡는 도구가 없었다. 손으로 잡는다. 물이 고여 있는 도랑의 경우 양쪽을 흙을 쌓아 막고 무릎 깊이의 물을 바가지로 다 퍼내 잡았다. 다양한 종류의 물고기를 꽤 많이 잡았다. 잡은 물고기는 다시 작은 웅덩이 하나에 잠시 가둬 두고 뿌듯해하기도 하고, 아가미로 호흡하는 모습에 신기해하기도 하고, 똑같이 물속을 헤엄쳐 다니지만 종류마다 다른 생김새에 신기해하다가 너무 괴롭히는 것 아닌가 싶으면 다시 놔주었다. 다시 놔줄 것을 왜 그리 힘들여 잡았는지 알 수는 없으나 모든 것이 재미있고 신기하기만 했다. 기억을 바로잡는다. 잡은 물고기는 다시 놔주는 경우가 많았으나 한두 번은 닭과 돼지에게 나눠 주었고, 한두 번은 먹은 적이 있다. 50년 전 이야기다.

지금도 여름에 더러 낚시를 한다. 열대야로 잠을 이루지 못하는 날, 형편이 된다면 강을 찾는다. 낚시는 여가를 즐기는 길 중 하나로 일종의 경기다. 게임이니 룰이 있다. 내가 이길 수도 있고, 내가 질 수도 있다. 낚시에도 도가 있다는 뜻이다. 드넓은 저수지 또는 강, 점에 해당하는 한 곳에 나는 미끼를 던지는 것이고 물고기는 그 미끼를 먹는 것이다. 그런 면에서 낚시는 공정하다. 물고기에게 선택의 길이 있다. 물속에는 다른 먹을 것도 많다. 그러니 다른 것을 먹을 수도 있고, 내가 제공한 미끼에 관심을 둘 수도 있다. 더군다나 나는 물 밖에 있고 물고기는 물속에 있으며, 물고기의 세상인 물속 사정을 나는 알 수 없고 물속은 아예 보이지도 않는다. 보고 잡는 것이 아니다. 내가 던진 먹이에 관심을 둔다 하여 꼭 잡을 수 있는 것도 아니다. 물고기가 미끼를 먹는, 정확히는 빨아들이는 시간은 그리 길지 않다. 그 과정을 물 밖으로 드러난 찌의 움직임으로 감지할 뿐이다.

우선 예비 신호(예신)가 온다. 미끼가 먹을 만한 것인지 툭툭 건드리는 과정이며, 찌는 아주 작게 움직인다. 예신만 있다가 그대로 끝나기도 한다. 미끼를 건드리기만 할 뿐 먹지는 않는 경우다. 더 기다리지 못하고 급한 마음에 예신 때 챔질을 하면 100% 실패다. 미끼가 먹을 만하다 여겨 미끼를 빨아들이면 찌는 천천히 위로 치솟는다. 진짜 신호, 본신이다. 멈춰 있던 찌가 위로 쭉 지속적으로 올라오는 그 순간에 챔질을 하지 않으면 물고기는 바늘의 이물감을 느껴 미끼를 뱉어 내고 달아난다. 물고기를 잡기 위한 챔질 타이밍은 약 2~3초다. 예신이 본신으로 이어지더라도 그 2~3초의 시간을 놓치면 물고기는 잡지 못한다.

초저녁부터 밤 12시 정도까지 여섯 시간 남짓 열 번 정도 밤낚시를 했을 때 나의 승률은 약 20%다. 열 번 중 다섯 번 정도는 예신조차 보지 못한다. 말뚝을 박아 놓은 듯 미동조차 없는 찌를 여섯 시간 내내 지켜보다 낚싯대를 접는 날이다. 달빛이 너무 밝았나? 수온이 너무 높았던 탓일까? 설마 물에 물고기가 하나도 없는 것은 아니겠지? 하는 걱정도 슬쩍 하는 날이다. 세 번 정도는 한두 번의 예신으로만 끝난다. 나머지 두 번은 예신이 본신으로 이어지고 적절한 챔질까지 이루어져서 물고기를 직접 만나는 날이다.

더러 월척의 꿈을 이루기도 한다. 고양잇과 동물의 사냥 성공률을 20% 정도로 본다. 사냥의 명수인 치타는 성공률이 조금 높아서 30%라고 하지만, 그중 10%는 다른 녀석에게 빼앗기기 때문에 결과적으로 치타도 성공률은 20%를 넘지 못한다. 치타는 육지에서 가장 빠른 생명체로 익히 알려져 있다. 최고속력 시속 110㎞ 전후, 100㎞까지 속도를 올리는 데 3초가 채 되지 않는다. 어지간한 스포츠카나 바이크보다 가속이 빠른 셈이다. 지상에서 가장 빠른 새는 매다. 시속 322㎞의 속도니 엄청나다. 그런 매의 사냥 성공 확률도 30% 정도로 잡는다. 낚시의 확률도 크게 다르지 않다.

여름날 모기에 뜯겨 가며 왜 그 확률 낮은 짓을 하는가? 가슴 설레는 기다림이 있기 때문이다. 오늘 밤이 20%의 그날일 수 있다. 100% 보장되는 것도 있다. 자연과 만나는 시간이다. 낚시를 하는 곳은 늘 같은 곳, 섬진강 상류다. 굽이굽이 물줄기가 흐르고 강 건너 들녘을 조금 지나 가깝지도 그리 멀지도 않은 곳에는 제법 높은 산이 우뚝 서 있다. 들녘과 산이 맞닿은 지점에는 철길이 있어 가끔씩 기차가 지난다.

붉게 물드는 하늘, 하늘은 거짓 없이 물로 들어와 있다. 삼삼오오 무리를 지어 흩어져 하루를 간절히 살아 낸 백로들은 또 그렇게 삼삼오오 모여 한곳, 집으로 향한다. 어두움이 내리면 물 위로는 찌 끝에 켜진 불이 마치 별처럼 빛난다. 풀숲과 공중에는 이슬만 먹고 사는 반딧불이가 내는 불빛이 깜빡깜빡 흘러 다닌다.

어두움 속에서 가만가만 시간이 흐른다. 고개 들어 하늘을 본다. 진짜 별이 촘촘히 빛난다. 밤새도록 우는 소쩍새에 그 사연을 묻는다. 멀리서 기차 지나는 소리가 들린다. 앉아 있는 사람 숫자만큼의 사연과 소망을 싣고 있을 터이다. 소망은 저마다 달라도 모두 온전히 이루어지기 바라며 그 위에 나의 소망도 얹는다. 낮에 해가 지나간 자리를 달이 다시 천천히 따라가는 모습에도 눈길도 준다. 그러다 서너 시간 만에 찾아온 본신을 놓치고 만다. 괜찮다. 다음이 있고 언젠가는 만날 테니까. 어두움 속이라 하여 아무것도 보이지 않는 것은 아니다. 색을 느낄 수는 없어도 사물은 어두움보다 더 진한 어두움으로 제 모습을 드러낸다. 산도, 나무도, 풀도…. 높은 산은 더위에 지친 제 몸을 물에 담그고 한낮의 열기를 식힌다.

여름날이라 더러 비가 온다. 오는 듯 마는 듯 하는 날이 있고, 두둑두둑 알맞게 오는 날이 있고, 느닷없이 소나기가 오는 날도 있다. 오는 듯 마는 듯 하는 날, 비가 실제 오고 있는 것은 물을 보면 쉽게 알 수 있다. 비가 물을 속이지는 못한다. 비가 오면 아무리 가늘어도 그 굵기만큼의 파문이 인다. 동심원. 굵기에 따라 동심원은 점점 커지는데 소나기가 오면 동심원은 사라지고 물이 들끓는다. 알맞게 내리는 비를 가장 먼저 반기며 좋아하는 것은 메말랐던 흙이다. 마를 대로 말라 서로 붙잡고 있을 힘마저 잃어 먼지로 흩날리는 흙에게 비는 그야말로 단물이다. 그런데 가랑비는 마른 땅이 젖어 들기에 부족하다. 소나기는 흙과 한 몸으로 어우러지지 못하고 스쳐 흘러가고 만다. 알맞은 굵기로 떨어지는 비는 흙이 하나도 놓치지 않고 받아들일 수 있다. 한 방울 한 방울 떨어지는 비를 천천히 음미하듯 빨아들이며 흙은 표정을 바꾸기 시작한다. 빠짝 말라 희끗희끗하게 들뜬 빛깔로 있다 비를 만나 짙은 갈색으로 낯빛을 바꾼다. 어두움 속에서도 느낄 수 있다. 알맞게 비가 올 때 흙과 더불어 신명이 나는 것은 흙에 생명을 기대어 사는 수많은 생명체겠으나, 그중에서도 도드라지게 표가 나는 것은 들풀과 나무다. 비를 만난 들풀과 나무는 같은 녹색이어도 더욱더 밝은 녹색으로 그 느낌이 사뭇 다르다. 역시 어두움 속에서도 느낄 수 있다. 게다가 힘없이 처진 잎사귀가 몸을 바로 세우는 데에도 그리 오랜 시간이 걸리지 않는다.

비를 좋아하니 자연히 빗소리도 좋아한다. 비는 굵기에 따라 내리는 소리가 다르다. 같은 굵기라도 어디에 닿느냐, 곧 누가 맞이하느냐에 따라 소리는 변한다. 메마른 땅에 닿을 때와 젖은 땅에 닿을 때가 다르다. 흙이 비를 맞이하는 소리와 나뭇잎이 맞이하는 소리가 다르며, 잎도 어느 잎이냐에 따라 소리는 또 달라진다. 소나기가 커다란 방석처럼 드넓은 가시연꽃 위로 격렬하게 북을 두드리듯 떨어지는 소리는 압권이다. 비가 물에 닿는 소리도 특별하다. 같은 물이라도 고여 있는 물과 흐르는 물 어디에 닿느냐에 따라 소리는 사뭇 다르다. 파라솔로 떨어지는 빗소리도 무척 정겹다. 늦여름이면 마음 급한 풀벌레 소리도 제법 아름답다. 세월을 낚는 경지에는 이르지 못하더라도 자연에 슬쩍슬쩍 눈길을 줄 수 있는 여유도 누리는 과정이다.

산천어축제는 이런 면에서 다르다. 가두고 잡는다. 물고기는 선택의 여지가 없다. 결국 내가 무조건 이긴다. 공정한 게임이 아니다. 게다가 잡은 물고기를 바로 썰어서 먹기도 하고 굽거나 튀겨 먹는다. 또한 축제기간이 끝났다 하여 끝난 것이 아니다. 축제가 끝난 뒤 남은 산천어의 운명은 어찌 되는가? 수중탐사를 하신 분께 직접 들은 이야기다. 얼음낚시를 했던 하천 바닥 곳곳에 죽은 산천어가 나뒹굴고 있다는 것이다. 살아 있는 산천어도 만신창이가 된 몸으로 간신히 숨만 쉬는 상태였다고 한다. 가둔 곳에서 죽어도 문제고 망을 뚫고 나가 다른 곳으로 번져도 문제다. 이런 산천어의 참담한 모습과 관계없이 해마다 축제는 커지고 있다. 인접 도시에서도 이름만 달리할 뿐 같은 프로그램을 그대로 따라 한다. 지역에 따라 대상 생물을 바꾸기도 한다. 미꾸라지 맨손잡기, 오징어 맨손잡기, 송어 맨손잡기, 광어 맨손잡기 등 모두 맨손으로 잡아 죽이는 것을 즐거운 이벤트로 만들고 있다.

우리 이제 이렇게 살지 않아도 되지 않은가. 더군다나 생명을 보는 마음이 막 자리 잡기 시작하는 어린이들을 데리고 갈 곳이 이런 곳이어야 하는가. 동물축제라면 동물을 이해하고 사랑하는 마음을 키우는 것이어야 하지 않는가. 도망할 곳도 없는 좁은 공간에 물고기를 몰아넣고 잡아서 바로 먹는 과정에 체험이라는 단어를 붙일 수는 없다. 어린이들이 하는 게임도 하나같이 칼로 베거나 총으로 쏴서 죽이는 것뿐인데 실제로 살생을 체험까지 시켜야 하나? 더군다나 그 과정을 축제라는 이름을 빌려 관이 주도하는 것은 아무리 생각해도 아니다. 낚시와 더불어 아름다운 추억을 쌓고 싶다면 가족끼리 오붓하게 강가로 떠나면 된다.

식용과 학대의 논쟁

'동물을 괴롭히는 축제' 곧 동물학대를 둘러싼 논란은 비단 우리나라만의 일은 아니다. 스페인에서는 매년 11월에 '불의 황소' 축제가 열린다. 축제가 시작되면 황소의 뿔에 가연 물질을 매단 뒤 불을 붙인다. 황소는 뜨거워 날뛸 수밖에 없고 불이 꺼질 때까지 사람들은 소를 피해 도망 다닌다. 뿔에서 불길이 치솟는 황소 앞에서 인간이 얼마나 용기를 낼 수 있는지 시험해 본다는 취지로 대대로 내려오는 놀이다. 스페인 당국의 허가를 받은 합법적인 행사이기도 하다. 물론 불을 붙이기 전 황소가 화상을 입지 않도록 머리와 몸 곳곳에 두꺼운 진흙을 발라 준다. 그렇다 하여 괜찮겠는가? 뜨거워 날뛰는 것은 물론이고 불을 끄기 위해 벽에 몸을 세게 부딪는 등 괴로워한다. 한 시간 이상 지속되는 축제로 인해 황소는 뿔이 탈 뿐만 아니라 눈과 몸 곳곳에 심각한 화상을 입는다.

덴마크령 페로제도에서는 매년 7~8월에 고래축제가 열린다. 어선이 고래의 이동을 막아 해안으로 몰면 주민들이 뛰어들어 고래를 도살한다. 대만의 싼샤 지방에서는 매년 설에 돼지축제가 열린다. 가장 뚱뚱한 돼지를 뽑는 이 축제를 위해 사람들은 돼지를 좁은 곳에 가둬 움직임을 제한하고 먹이기만 하면서 살을 찌운다. 게다가 우승한 돼지는 바로 죽인 다음 화려하게 치장을 시켜 퍼레이드에 나선다. 그런데 이러한 나라에서도 근래 축제를 반대하는 바람이 불고 있다. 또한 투우를 큰 문화적 유산으로 여겼던 스페인에서 동물학대 논란이 불거지면서 투우를 포기하는 움직임이 일고 있다. 세상은 다행히 동물학대를 삼가는 쪽으로 가고 있다.

이제 산천어축제의 가장 큰 논란거리라 할 수 있는 '동물학대'의 문제로 들어가 보자. 〈동물보호법〉은 '동물'을 고통을 느낄 수 있는 신경체계가 발달한 척추동물로 정의하며, 포유류와 조류가 이에 해당한다. 또한 파충류·양서류·어류 중에서는 농림축산식품부장관이 관계 중앙행정기관의 장과의 협의를 거쳐 대통령령으로 정할 수 있다. 다만 대통령령으로 정하는 동물에서 식용을 목적으로 하는 것은 제외한다. 이어 '동물학대'는 동물을 대상으로 정당한 사유 없이 불필요하거나 피할 수 있는 신체적 고통과 스트레스를 주는 행위 및 굶주림, 질병 등에 대하여 적절한 조치를 게을리하거나 방치하는 행위로 규정한다.

산천어축제에 사용하는 산천어가 식용이라면 산천어는 〈동물보호법〉이 정한 동물의 정의에서 벗어난다. 법적으로는 학대라는 표현도 쓸 수 없다. 산천어축제 또한 법적으로 문제 될 것은 없다. 산천어를 식용으로 보지 않는다면 사정은 달라진다. 산천어는 〈동물보호법〉상의 동물이며, 동물로서 당연히 보호받아 마땅한 동물이 된다. 산천어축제 또한 불법이다. 〈동물보호법〉 제8조(동물학대 등의 금지)에 명시된 것처럼 노상 등 공개된 장소에서 죽이는 행위와 도박·광고·오락·유흥 등의 목적으로 상해를 입히는 행위 모두 금지된다. 화천군은 산천어를 식용이라 주장하며, 산천어축제를 반대하는 사람들은 식용이 아니라고 주장한다. 이 부분은 법적 판단이 필요하다.

아직 법적 판단이 나오지 않았으니 산천어축제를 두고 '학대'라는 표현을 하지는 않겠다. 그렇다. 물고기, 먹을 수 있는 음식이며 먹는다. 물고기뿐인가. 돼지, 소, 닭 다 먹는다. 그러나 먹는 것과 죽을 때까지 희롱하는 것은 완전히 다른 이야기다. 돼지고기를 먹는다 해서 이왕 먹는 거 실컷 괴롭혀도 된다거나, 닭고기를 먹는다고 해서 죽을 때까지 장난쳐도 된다는 이야기는 아니다. 그래서 동물에게 고통을 주는 공장식 축산을 반대하는 목소리가 있는 것이고, 그 대안으로 살아 있는 동안이라도 편하게 살 수 있는 환경을 제공하려는 농장이 늘고 있는 것이다. 어류도 마찬가지다. 그럼에도 여전히 우리 마음 한구석에는 어류를 돼지나 닭과 달리 보는 마음이 있다. "어류가 정말 고통이나 스트레스를 느낄까?" 하는 의문이다. 어류는 아무런 감각도 없을 것이라는 생각은 지극히 인간 중심적인 사고다. 어류는 신경계를 갖춘 척추동물이다. 물고기도 무서움을 알고 공포를 느낀다. 자연 상태의 물고기에 접근하면 바로 도망치지 않던가. 물론 수준의 차이는 있다. 그 차이가 아무리 크다 하여 없는 것은 아니다.

올해(2020년)도 화천산천어축제가 열렸다. 처음 계획은 1월 4일 개막이었으나 겨울답지 않은 포근한 날씨 탓에 축제장의 얼음이 제대로 얼지 않았고 폭우 수준의 비까지 내려 몇 차례 연기하다 1월 27일 축제가 시작되었다. 축제 기간 동안 날씨가 포근하여 얼음 낚시터는 운영하지 못했다. 지난해(2019년)에는 184만 명이 방문했으나 올해는 42만 명이 화천을 찾았다.

축제장의 얼음을 지키기 위한 공무원들의 애씀을 TV를 통해 보았다. 축제장의 얼음으로 빗물이 넘어 들어오지 못하도록 모래주머니를 쌓고, 축구장 26개 면적의 얼음을 비닐로 덮고, 그래도 상류에서 흘러들어 오는 빗물을 양수기로 퍼내는 모습이었다. 산천어축제가 화천에 어떤 의미인지 잘 안다. 그럼에도 산천어축제를 계속해서는 안 된다는 생각을 지울 수 없다. 지금과 같은 내용이라면 그렇다. 생명을 죽이는 축제를 17년이나 했다. 그래도 부족한가? 이제는 생명을 살리는 축제를 해야 하지 않겠는가. 화천군의 애씀과 노력이면 새로운 모습의 품격 있는 축제도 기획하리라 믿는다.

8

동물원 이야기

방학을 농촌 외가에서 보냈던 나에게 동물은 한집에 사는 식구였고, 이웃이었으며, 날마다 만나 노는 친구였다. 만약 외가에 가는 일 없이 도시에서만 살았다면 동물과 나의 관계는 어떤 모습이었을까?

동물원에서 만난 슬픈 눈망울

서울에서 동물과 만나는 유일한 곳은 소풍 때 가는 동물원이었다. 지금 종로구청 자리에 내가 다닌 초등학교가 있었다. 봄 소풍은 창경원, 가을 소풍 장소는 비원(창덕궁 후원)이었다. 걸어서 갔고 두 곳 모두 어린 걸음으로는 벅찰 정도였다. 일제 강점기에 동물원이 생기면서 창경원으로 불리던 창경궁은 1983년에 본래의 이름을 되찾았다. 동물원 또한 서울대공원으로 옮겼다. 비원에는 동물원이 없었으므로 결국 동물원에는 1년에 한 번 가는 셈이었다. 그나마 중학교 이후로는 동물원에 가는 길도 끊어졌다. 중학생 소풍을 어찌 유치하게 동물원으로 가느냐는 생각 때문이었던 것으로 안다.

그 시절 나는 이미 시골을 오갈 때다. 동물원에는 시골에서는 만날 수 없는 호랑이, 사자, 기린, 코끼리, 곰과 같은 동물을 만날 수 있어 좋았지만 다 좋지만은 않았다. '울컥'까지는 아니어도 슬펐다. 비좁은 공간에 갇혀 같은 길만 왔다 갔다 하는 모습이 슬픈 마음의 가장 중요한 바탕이지 않았나 싶다. 무엇보다 저들의 눈망울은 분명 슬퍼 보였다. 할아버지의 사랑을 듬뿍 받았던 소의 눈망울과는 완전히 다른 느낌이었다. 나의 감정과 관계없이 당시 동물을 직접 만날 수 있는 거의 유일한 길이 동물원이었던 것만큼은 틀림없으며, 지금 아이들도 크게 다르지는 않을 것이다.

동물원에 가기보다는 자연의 품에 안겨 사는 동물을 직접 만나며 세월이 제법 흘러 50대 중반에 이르렀을 때다. 오랜 시간 환경운동에 헌신하고 있는 지인이 연락을 주었다. 전주동물원을 친환경적으로 새롭게 꾸미는 일에 동행해 달라는 내용이었으며, 흔쾌히 함께하겠다고 했다. '다 함께 지혜를 모으는 마당'의 뜻을 지닌 '다울마당'이라는 이름으로 위원회가 구성되었다. 다울마당은 전주시의 주요 현안이나 중심 시책을 입안하고 결정할 때 그 시작 단계부터 시민들의 참여를 보장하고 의견을 모을 수 있도록 제도화한 새로운 형태의 민관협력 거버넌스다. 전주동물원 다울마당은 수의사 및 수의대학 교수, 동물복지 전문가, 동물행동 전문가, 조경학 교수, 환경 관련 시민단체, 일반 시민, 언론인, 동물원 유관기관 책임자, 시의원 및 도의원으로 구성되었다. 이곳에서 내가 가장 마음 쓸 부분은 '생명을 어떤 마음으로 느끼고 받아들이느냐'와 관련한 생명감수성 분야였다. 모두 가슴이 따듯한 분들이어서 더없이 좋았다.

희망을 찾아

다울마당 위원으로 위촉되고 가장 먼저 한 일은 전주동물원에 직접 가 보는 것이었다. 이틀에 걸쳐 꼼꼼히 살펴보았다. 한마디로 슬펐다. 초식동물을 제외한 모든 동물은 비좁은 철창에 갇혀 있었고 악취가 진동했다. 바닥은 모두 콘크리트. 조금도 움직이지 않고 웅크리고 있거나 멍하니 있었고, 움직인다면 하나같이 정형행동을 보였다. 정형행동은 극도로 스트레스를 받은 동물이 똑같은 행동을 반복하는 것을 말한다. 같은 길을 계속 왔다 갔다 하거나, 고개를 쉬지 않고 좌우로 흔드는 행동으로 표현할 때가 많다. 동물을 보며 신기함을 느끼고 나아가 행복해야 하는데, 신기함과 행복은 고사하고 고개를 돌리게 되고 슬픔마저 몰려오는 동물원이었다.

동물원의 기능에 대해 보통 네 가지로 말한다. 우선 교육 기능이다. 동물원을 찾은 사람이 야생동물의 생태와 서식지 환경에 대해 배우고, 나아가 자연에 대한 소중함을 배우는 기능이다. 다음은 휴식 및 오락 기능. 일상생활에서 볼 수 없는 휴식처의 역할을 하고 야생동물과의 만남을 통해 신선한 감동과 자연에 대한 풍부한 정보를 습득하는 체험적인 즐거움을 제공하는 기능이다. 마지막으로 연구 기능과 종 보존 기능. 전주동물원은 네 가지 기능 모두에서 멀리 떨어져 있었다.

그렇다고 희망이 아예 없는 것은 아니었다. 주변 환경이 정말 좋다. 오래된 숲이 있다. 규모가 너무 크지 않고 그렇다고 작지도 않다. 오전이나 오후, 또는 하루를 쉬엄쉬엄 거닐며 보내기에 딱 알맞다. 아담하다. 아담한 공간이 주는 아늑함도 있다. 가능하다. 그리고 간단하다. 저들이 원래 살았던 곳과 같거나 적어도 비슷한 환경을 제공하면 되는 것이다. 또한 자연에 있을 때 보이는 다양한 행동을 되찾을 수 있도록 마음 쓰면 되는 일이다. 며칠 뒤, 다울마당 위원이 한마디씩 소감과 다짐을 표현하는 순서가 되었을 때 나는 이렇게 말했다.

"동물원을 둘러보고 슬펐다. 하지만 희망도 보았다. 이제는 따듯한 생명의 숨결을 느낄 수 있는 동물원이 되기를 소망한다. 또한 그리될 수 있도록 함께 애쓰겠다."

동물원의 역사

동물원의 역사와 변천 과정을 살펴보자. 야생동물을 사육한 것은 솔로몬 왕(B.C. 974~937)이 가장 오래된 기록이지만, 약 5000년 전부터 고대 이집트 왕조를 중심으로 야생동물을 수집하고 사육한 흔적이 있다. 절대권력자가 권위를 과시하는 일환이었을 것으로 추정된다. 1752년 오스트리아의 빈에 쉔브룬 동물원Tiergarten Schönbrunn이 설립된다. 동물원의 모습을 갖춘 세계 최초다. 1829년에는 영국의 런던동물원London Zoological Garden이 설립되는데, 동물원 발전사의 큰 획을 긋는다. '동물학의 진보 및 새로운 동물의 소개'라는 명확한 목적으로 설립되며, 최초로 동물복지 제일주의animal welfare first를 주창한 래플스(T. S. Rafles, 1781~1826)의 생각을 반영하여 설계되었다. 190년 전에 이미 동물의 복지를 고려했다는 것이 놀랍다. 아시아에서는 1865년에 베트남이 최초로 사이공 동물원Saigon Zoological Garden을 세웠고, 1882년에는 일본 도쿄의 우에노 동물원이 개원했으며, 우리나라에서는 1909년에 창경원이 문을 열었다. 전주동물원은 1978년 6월 10일 개원한다.

동물원은 단순히 야생동물을 가둬 두고 전시하던 공간에서 자연서식지의 모습을 닮은 동물정원zoological garden으로 변화하고 있다. 이 과정에서 몇 가지 고려된 것이 있다. 동물이 사는 집, 동물사의 변화다. 이에 대해서는 현대동물원의 아버지로 불리는 하겐베크(Karl Hagenbeck, 1844~1913)의 공이 컸다. 하겐베크는 1907년 창살 없는 설계를 시작으로 친환경적인 동물원의 초석을 다진다. 적당한 공간, 은신처, 날씨로부터 보호, 자연서식지 조성, 동물 그리고 관람객과 사육사의 안전을 고려한 동물사, 철망과 같은 울타리 제거 등 환경풍부화를 시도한다.

또 하나는 동물의 복지에 대한 새로운 인식이다. 최초로 동물복지 제일주의를 주장하며 동물학대에 맞섰던 래플스의 정신을 이어받은 것이다. 1964년, 동물복지 활동가 루스 해리슨Ruth Harrison은 저서《동물 기계Animal Machines》를 통해 현대적 의미의 동물복지를 주장했고,《동물 해방Animal Liberation》의 저자 피터 싱어Peter Singer는 동물복지의 철학적 개념을 완성한다. 피터 싱어는 동물복지를 '외부로부터 인위적으로 가해지는 불필요한 스트레스의 최소화'로 정의한다. 인간에게 인권이 있듯 동물에게도 동물권이 있다는 생각을 기초로 1979년에 설립된 영국의 농장동물복지위원회Farm Animal Welfare Council; FAWC는 동물이 누릴 '다섯 가지 자유Five Freedoms'를 발표한다.

① 배고픔과 갈증으로부터의 자유 freedom from hunger or thirst

② 불편함으로부터의 자유 freedom from discomfort
③ 통증, 부상과 질병으로부터의 자유 freedom from pain, injury or disease
④ 정상적 행동을 표현할 자유 freedom to express normal behaviour
⑤ 공포와 고통으로부터의 자유 freedom from fear and distress

2000년 3월, 영국의 환경식품농업Department for Environment, Food and Rural Affairs; DEFRA은 '다섯 가지 자유'를 바탕으로 〈현대동물원 운영지침Secretary of State's Standard for Modern Zoo Practice; SSSMZP 5대 원칙〉을 발표한다. 다섯 가지 자유에 대한 행동지침인 셈이다.

① 물과 음식의 제공 provision of food and water
② 알맞은 환경 제공 provision of a suitable environment
③ 동물건강관리 제공 provision of health care
④ 가장 정상적인 행동을 표현할 수 있는 기회 제공 provision of an opportunity to express most normal behaviours
⑤ 공포와 고통으로부터 보호 provision of protection from fear and distress

환경풍부화와 행동풍부화

그렇다. 동물원을 바람직한 모습으로 바꾸는 일은 어렵지 않다. 지침이 있으니 따르면 된다. 걸림돌 하나는 있다. 비용 문제다. 다울마당이 처음 구성되었을 때 적잖은 예산을 확보할 예정이라고 했다. 그런데 예정에서 끝난다. 정부는 동물을 보살피는 일에는 무척 인색하다. 쥐꼬리만큼의 동물원 자체 예산을 또 쪼개고, 전주시의 도움을 받아 일단 시작했다. 한꺼번에 바꿀 수 없다면 하나씩 바꾸는 방법도 있다. 그렇게 한 걸음 한 걸음 나아갔다.

가장 마음 쓴 것은 환경풍부화와 행동풍부화다. 환경풍부화는 본래의 서식지 환경을 제공하는 것이며, 행동풍부화는 야생에서 보이는 건강하고 자연스러운 행동이 나타날 수 있도록 도와주는 것으로 이 둘은 서로 맞물려 있다. 물론 시작은 동물 하나하나에 대한 정확한 정보와 이해에서 출발한다.

하나 더. 모든 동물의 정원을 만들 때 고려한 것이 있다. 저들의 입장이 되어 보는 것이다. 동물은 기본적으로 사람에 대해 경계심이 작동한다. 관람객의 입장에서는 툭 트여 동물이 잘 보이는 것이 좋겠으나 동물은 불편하다. 관람 공간을 최소로 하였다. 손가락에 침을 묻혀 문풍지에 작은 구멍 하나만 뚫어도 안을 들여다볼 수 있다. 사실 바늘구멍 하나로도 충분하다. 보기 위해서는 눈만 필요하다. 관람객의 몸이 드러나지 않고 감추는 식으로 바꾸었다. 울타리에 식물을 심어 시야를 차단하고 군데군데 관찰을 위한 창을 만든 것이다. 저들은 우리가 보이지 않고 우리는 저들을 볼 수 있다. 저들은 위협을 거의 느끼지 못하니 자연스럽게 행동하고 우리는 그 자연 그대로의 모습을 관찰하는 방식이다. 또한 놓쳐서는 안 되는 것이 있다. 맹수의 방사장과 내실을 설계할 때는 무엇보다 사육사의 안전을 꼼꼼히 챙겼다.

희망이 움트는 자리

얼마 전 시작한 것 같은데 어느덧 5년의 시간이 흘렀다. 전주동물원은 변화했고 변하고 있다. 예전 곰의 공간은 철창으로 둘러싸인 비좁은 콘크리트 구조물이었다. 배설물 가득한 바닥 한 모퉁이에 과일과 채소가 널브러져 있었고, 곰은 죽은 듯 누워 있거나 그 몇 걸음 되지 않는 공간을 계속 왔다 갔다 할 뿐이었다.

지금의 곰사는 이렇다. 우선 널찍하다. 바닥은 흙이다. 평평한 곳과 경사진 곳이 있다. 곰은 나무타기를 좋아한다. 여기저기 굵은 나무가 있다. 죽은 나무도 있고 살아 있는 나무도 있다. 죽은 나무는 쓰러져 있거나 서 있으며, 쓰러진 나무는 때를 따라 위치를 바꿔 준다. 살아 있는 나무는 원래 그곳에 있던 나무로 더운 여름날 그늘을 제공한다. 큰 바위도 군데군데 놓아 주었다. 곰은 물도 좋아한다. 웅덩이를 만들어 주었고, 웅덩이 주변에는 수변식물도 심었다. 제법 자연스럽다. 환경풍부화다.

먹이는 한곳에 모아 두지 않는다. 이곳저곳에 뿌려 줘 찾아 먹게 한다. 곰은 꿀을 좋아한다. 꿀이 든 벌집을 준다. 벌집만 주다 나무를 파고 벌집을 그 속에 넣어 주어 꺼내 먹게 한다. 과일과 견과류를 나무 공에 넣어 준다. 깨뜨려 먹게 하는 것이다. 과일과 채소를 호박 속에 넣어 호박을 부숴 호박도 먹고 그 안에 든 과일과 채소를 먹게 한다. 과일과 채소를 호박 속에 넣은 다음 땅에 묻어 주어 후각도 일깨운다. 묻는 장소도 계속 바꾼다. 나뭇가지에 매달아 두기도 한다. 서서 먹게 하는 것이다. 높이도 조금씩 높여 준다. 아예 높은 나뭇가지에 올려놓기도 한다. 나무를 타고 올라가 먹게 하는 방법이다. 웅덩이에 물고기를 풀어놓아 스스로 잡아먹게도 한다. 무더운 여름이면 과일과 채소를 물과 함께 얼려 얼음과자를 만들어 준다. 곰은 좋아서 어쩔 줄 모른다. 행동풍부화다.

새로운 집으로 옮긴 첫날의 기억이 생생하다. 그 큰 덩치의 불곰이 가장 관심을 가졌던 것은 콘크리트를 걷어 낸 흙이었다. 어린아이들이 흙장난을 하듯 종일 흙과 놀았다. 신나게 땅을 파며 뭔가를 찾다가, 킁킁거리며 흙냄새를 맡기도 하고, 휙휙 흙을 하늘로 흩뿌리기도 하며 정말 아이처럼 좋아했다. 흙과 만나며 비로소 잃어버린 자신을 찾아가는 느낌이었다. 옆집의 반달가슴곰은 며칠 차이를 두고 새집으로 옮겼다. 나무에 오르는 것을 좋아하는 친구인데 그날이 처음으로 나무를 타 본 날이다. 더 이상 올라갈 수 없는 꼭대기까지 올라갔다. 하늘에 닿을 기둥을 세워 주었다면 아마 하늘에 가닿았을 것이다.

동물원 입구에서 큰길을 따라 곧바로 조금 걸으면 물새장이 나온다. 가리는 것 하나 없이 그대로 드러나는 꽤 넓은 공간이었다. 굳이 가까이 가지 않더라도 어디서나 새들이 잘 보였다. 사람이 새를 잘 볼 수 있으니 새 또한 사람을 잘 볼 수 있다. 지금은 대나무로 가려져 새가 보이지 않는다. 물새장 안으로 들어가 정숙을 유지한 채 창문을 통해 물새를 보는 구조로 바꾸었다. 관람객은 새를 볼 수 있지만 새는 관람객이 보이지 않는다. 야생의 생물이 모두 그렇지만 새는 특히 경계심이 강한 친구라는 것을 배려한 것이다. 그뿐만 아니다. 예전 물새장에는 물과 새 말고는 있는 것이 거의 없었다. 지금은 다양한 식물이 자라고 있으며, 횃대를 비롯한 쉼터도 마련되어 있고, 지형지물을 활용한 자연친화적 은신처를 넉넉히 만들어 주었다. 물에서 먹이활동을 하다 밖으로 나와서는 물기를 여유롭게 털어 내고 은밀한 곳에서 휴식을 취한다. 이제는 자연에 있는 것과 다르지 않은 새의 모습을 만날 수 있다.

코끼리 집 역시 바닥이 모두 콘크리트였다. 그 큰 덩치에 모든 하중은 발로 몰렸을 텐데 얼마나 불편하고 싫었겠는가. 콘크리트를 모두 걷어 내고 흙으로 바꿨다. 마사토를 산더미처럼 부어 주었더니 모래 목욕을 바로 하며 신나게 놀았다. 걸음걸이는 마치 덩실덩실 춤을 추는 것 같았다. 기린의 공간 또한 바닥을 흙으로 바꿔 주었을 뿐인데 코를 벌렁거리며 행복해했다. 원숭이 종류들은 공간도 넓혔지만 행동풍부화에 마음 썼다. 똑똑한 친구들이니 놀거리를 많이 만들어 준 것이다. 난이도 높은 놀이도 포함시켰다. 예상대로 활동량이 완전히 달라졌다. 활기가 넘치며 표정도 무척 밝아졌다.

늑대가 거처를 옮긴 날은 정말 특별했다. 늑대 집은 10평도 되지 않게 엄청 좁았고 역시 콘크리트 바닥이었다. 늑대는 활동권이 상당히 넓은 동물이다. 얼마나 답답했겠는가. 아무런 표정 없이 누워 있을 때가 대부분이었고 움직임이 있다면 그 좁아 터진 공간을 똑같이 오가는 정형행동뿐이었다. 파격적으로 공간을 넓혔다. 활동권이 상당히 넓은 동물인 것을 최대한 배려한 것이다. 식생과 지형의 다양성 또한 고려하였다. 비가 부슬부슬 오는 날이었다. 깜짝 놀랐다. 입을 굳게 닫고 살던 늑대가 드디어 입을 연 것이다. 몇 번이나 하울링howling을 했다. 진짜 숲을 만난 늑대가 진짜로 울부짖은 날이었다. 얼마 전, 바위 사이에 굴을 파고 새끼 다섯 마리를 순산했다. 엄마와 아빠가 새끼를 아주 잘 돌보고 있다. 곧 한국호랑이도 새집으로 이사한다. 한국호랑이의 포효가 숲에 쩌렁쩌렁 울려 퍼지기를 바라는 마음이다.

전주동물원의 시간은 이렇게 흐르고 있다. 어느 경우든 집은 넓고 쾌적해졌으며 놀 것이 많아졌다. 바닥은 더 이상 콘크리트가 아니라 흙이다. 물과 음식은 다양한 방법으로 넉넉히 준다. 관찰에는 문제가 없는 상태에서 간섭은 거의 사라졌다. 저들의 행동이 자연의 모습으로 돌아오고 있다. 저마다 행복해 보인다. 좋아서 어쩔 줄 모르는 것이 느껴진다. 그 모습을 보는 나도 행복해진다. 이제 전주동물원은 슬픈 동물원이 아니다. 따듯한 생명의 숨결이 느껴지는 생태동물원이다.

9

·

실험동물

생물학과를 졸업하고 대학원에 진학할 때 크게 세 전공 중 하나를 선택해야 했다. 동물학, 식물학, 미생물학. 물론 동물학, 식물학, 미생물학은 다시 세부전공으로 나뉜다. 예를 들어 동물학도 동물분류학, 동물해부학, 동물생리학, 동물발생학을 비롯하여 여러 갈래로 나뉘는 것이다. 세부전공을 정하는 것은 결국 지도교수를 정하는 것이다. 하지만 대학이 어떤 전공의 모든 영역에 걸쳐 교수를 확보하고 있는 것은 아니다. 예전이나 지금이나 턱없이 부족한 것이 현실이다. 어떤 과에 교수가 셋이라면 대학원생이 선택할 수 있는 세부전공이 셋뿐이라는 뜻이다. 당시 우리나라 대학에서 생물학과의 교수가, 곧 전공의 세부영역이 넷이 넘는 대학도 손에 꼽을 정도였다. 물론 다른 대학으로 눈을 돌릴 수 있다. 하지만 한 대학을 졸업한 뒤 모든 것이 낯선 다른 대학으로 대학원을 옮기는 것이 쉬운 일은 아니다. 또 하나의 길은 유학이었으나 공부를 위해 외국으로 향할 형편은 되지 못했다.

가장 관심이 많았던 분야는 생태학이었다. 생태학은 생물 상호 간의 관계 및 생물과 환경과의 관계를 연구하는 학문을 말한다. 안타깝게도 생태학을 연구하시는 교수님이 계시지 않았다. 선택은 세 전공 중 하나였다. 미생물학은 무척 매력적인 학문이지만 대상인 미생물이 맨눈으로 보이지 않는 생물이라 우선 제외했다. 동물과 식물, 둘 중 하나였다. 동물을 내려놓는다. 이유의 중심에 대상 동물을 결국 죽여야 한다는 것이 있었다. 어쩌면 비겁한 선택일 수 있다. 인정한다.

죽어야 의미 있는 존재

동물실험은 교육, 시험, 연구 및 생물학적 제제의 생산 등 과학적 목적을 위해 동물을 대상으로 실시하는 실험 또는 그 과학적 절차를 말한다. 동물실험에는 가축이나 야생동물을 포함하여 원생동물부터 포유동물까지 다양한 종의 동물들이 사용된다. 동물실험의 성행은 실험동물laboratory animal이라는 새로운 종류의 생명체를 탄생시켰다. 실험 결과가 인정을 받기 위해서는 측정자나 측정 일시가 다르더라도 동일한 실험을 반복할 때 동일한 결과가 재현되어야 한다. 그러나 살아 있는 생명체를 그대로 사용하는 동물실험의 경우, 각 동물 개체의 유전적 차이나 질병 여부 등에 따라서 같은 실험에 대해서도 서로 다른 결과가 나올 수 있으며, 그 원인을 추정하기 어렵다. 이를 방지하고 동물실험의 재현성과 신뢰도를 높이기 위해 나온 방안이 있다. 특정한 조건에서 같은 반응을 보일 수 있도록 유전적으로 균일한 상태의 동물들을 번식·육성하는 것이다. 실험동물이라고 한다. 이를 위한 여러 방법이 개발되었고 다양한 종류의 실험동물들이 대량 생산되었다. 대표적인 실험동물로는 마우스(실험용생쥐), 랫트(실험용집쥐), 기니피그, 햄스터, 실험용 토끼 및 특정 종류의 개나 고양이 등이 있다.

해부를 비롯하여 동물실험에 대한 기록은 고대 그리스 시대로 거슬러 올라간다. 서양의학의 선구자라 불리며, 의과대학을 졸업할 때 "이제 의업에 종사할 허락을 받음에, 나의 생애를 인류 봉사에 바칠 것을 엄숙히 서약하노라."로 시작하는 선서로 이름이 알려진 히포크라테스Hippocrates는 동물 해부를 통해 생식과 유전을 설명했다. 아리스토텔레스Aristoteles 역시 동물실험을 통해 해부학과 발생학을 발전시켰고, 2세기 로마의 외과 의사였던 갈레노스Claudios Galenos는 원숭이, 돼지, 염소 등을 해부하여 심장, 뼈, 근육, 뇌신경 등에 대한 의학적 사실을 규명한 것으로 유명하다. 16세기 베살리우스Andreas Vesalius에 의해 인체해부학이 발전하기 전까지 동물 해부 연구는 의학에서 가장 중요한 토대였다.

동물실험이 생리학, 독성학 등의 분야에서 본격적으로 활용된 것은 19세기 이후다. 1860년대에 근대 실험의학의 시조로 불리는 프랑스 생리학자 베르나르Claude Bernard는 특정한 물질이 인간과 동물에게 미치는 영향은 정도 차이만 있을 뿐 동일하다는 주장과 함께 동물실험을 생리학 분야의 표준적인 연구 방법으로 확립시켰다. 비슷한 시기에 이루어진 파스퇴르Louis Pasteur의 탄저병 연구와 백신 실험 또한 양을 대상으로 이루어진 동물실험이 기초였다. 1900년, 러시아의 생리학자 이반 파블로프Ivan Pavlov는 개의 식도에 관을 삽입하여 타액이 입 밖으로 나오도록 수술한 다음 조건반사 실험을 한 것으로 유명하다.

당연한 하지만 특별했던 문제제기

동물실험이 의학과 생물학을 발전시키는 데 필수적인 과학적 방법으로 자리 잡는 것과 함께 동물실험을 반대하는 사람도 늘어 갔다. 베르나르의 실험을 가장 가까이서 지켜본 가족과 연구자들이 누구보다 앞서 동물실험을 반대하고 나섰다. 베르나르의 아내인 마틴Marie Francoise Martin은 1883년에 프랑스 최초로 동물생체해부반대협회를 설립하였다. "군림하되 통치하지 않는다."는 영국 왕실의 전통을 연 빅토리아 여왕은 1837년부터 1901년까지 64년을 재위했는데 그 자신부터 생체실험에 강한 반감을 가지고 있었으며, 재임 기간 내내 영국 의회는 상원과 하원 모두 생체실험에 대한 반대 입장을 분명히 했다. 당시의 생체실험은 주로 의과대학 학생들에 의한 동물 해부였는데, 실험동물에 마취가 제대로 이루어지지 않은 상태에서 해부가 진행된다는 것이 문제였다. 다윈Charles Darwin 또한 동물실험에 갈등을 느꼈던 인물로 유명하다. 다윈은 동물실험이 의학 발전에 실제로 유용할 수 있다는 점은 인정했지만, 그렇다고 하여 끔찍한 동물실험이 정당화될 수는 없다고 보았다.

동물실험 반대에 대한 사회적 분위기가 고조되자 1875년 7월, 영국 정부는 동물실험에 대한 왕립심의회를 연다. 처음에는 개, 고양이, 말, 당나귀, 노새를 비롯한 동물의 생체실험을 금지하는 규제안이 제시되었으나 금지 대신 보호 조치의 강화로 최종 가닥이 잡히면서 1876년에 〈동물학대방지법〉이 제정되었다. 법의 핵심은 마취 없이 생체실험을 할 수 없다는 것이다.

20세기 초 런던대학교 생리학 교수 스탈링Ernest Henry Starling과 베일리스William Bayliss는 개를 대상으로 다양한 생체실험을 한다. 당대 가장 바삐 돌아가는 실험실이었다고 한다. 호르몬의 개념 정립, 장 연동운동의 메커니즘 규명을 비롯하여 다양한 업적을 남겼다. 1903년 2월, 전국반생체실험협회 활동가이며 당시의 다른 대학과 달리 생체실험을 하지 않았던 런던 여자대학교 의과대학 학생 하게비Lizzy Lind af Hageby와 샤르타우Leisa Katherine Schartau는 런던대학교 의학대학 생체실험 강의실 문을 밀치고 들어간다. 베일리스 교수가 60명의 학생들 앞에서 갈색 테리어에 대한 생체실험을 하고 있던 시간이다. 베일리스는 개가 충분히 마취되어 있었다고 주장하고, 활동가들은 개가 의식이 있는 상태였다고 항변하는 상황이 벌어졌다. 전국반생체실험협회는 베일리스의 생체실험이 잔혹하고 적법하지 않다는 성명서를 냈고, 저명한 생리학자 베일리스는 사회적으로 큰 비난을 받았다. 여기서 끝나지 않는다.

1906년 반생체실험협회는 런던 배터시 공원에 갈색 개를 추모하는 동상을 세운다. 동상의 문구가 또 문제가 된다. "영국의 남녀들이여, 얼마나 이런 일이 계속되어야 하는가?" 동상의 문구에 격분한 의과대학 학생들이 동상을 허물려 하자 결국 경찰이 24시간 내내 동상을 지키는 일이 벌어졌고 학생들은 '반견주의자'로 불리게 되었다. 크고 작은 충돌이 이어지다 1907년 12월 10일 폭동이 일어난다. 무너뜨리려는 쪽과 지키려는 쪽 각각 1000여 명이 동상 앞에서 충돌한 것이다. '갈색 개 사건brown dog affair'이라 부른다. 1910년 3월, 배터시 의회는 동상을 철거하기로 의결한다. 그러다 무려 75년이 지난 1985년, 생체실험 반대론자들은 배터시 공원에 다시 새로운 동상을 세우기에 이른다. 이처럼 엎치락뒤치락하는 사이, 갈색 개 사건은 동물실험을 둘러싼 다양한 문제를 세상에 널리 알리는 계기가 된다.

몇 해 전 영국의 한 제약회사 실험실에서 행하는 동물 생체실험 과정이 공개되어 엄청난 충격을 준 적이 있다. 영상에는 수십 마리의 토끼가 플라스틱 기계에 옴짝달싹할 수 없이 묶인 채 약물 실험을 당하는 모습이 고스란히 담겨 있다. 게다가 토끼 실험의 목적이 질병을 고치는 치료제의 개발이 아니라 성형시술에 쓰이는 약물의 개발이라는 사실이 밝혀지면서 거센 비난이 쏟아졌다. 이러한 보도가 하나둘 쌓이며 근래 동물실험을 하지 말자는 목소리가 점점 높아지고 있다. 하지만 동물실험은 오랜 시간 이루어진 일인 만큼 그 목적과 형태가 다양하여 전면적으로 금지하기는 어려운 상황이다. 동물실험에 대한 생각도 복잡하게 얽혀 있다. 찬성하는 사람도 있고 반대하는 사람도 있다. 우선 양쪽의 생각을 짚어 보자.

먼저 찬성 입장. 첫째, 동물의 희생은 인간을 위해 불가피하다. 동물실험으로 많은 동물이 희생되는 것은 사실이다. 하지만 그로 인해 수많은 사람의 목숨을 건질 수 있다. 또한 동물실험은 동물의 질병을 치료하기 위해서도 필요하다. 소아마비나 결핵, 홍역 등 치명적인 질병에 대한 백신은 모두 동물실험을 통해 개발되었다. 만약 동물실험이 없었다면 인류는 여전히 질병으로 고통받았을 것이다. 또한 새로운 의약품의 안정성을 검증하기 위해서 동물실험은 반드시 필요하다. 실제로 인류는 동물실험을 통해 많은 과학적·의학적 성과를 이룩해 왔다. 1922년 캐나다의 생화학자 밴팅Frederick Banting은 동물실험을 통해 당뇨병 치료제인 인슐린을 최초로 발견하였다. 당시 당뇨병은 생존자가 거의 없을 정도로 무서운 '죽음의 병'이었다. 밴팅은 혈당이 상승한 개에 췌장 추출액을 주사하면 혈당이 떨어진다는 사실을 발견했고, 추출액에서 인슐린을 분리하는 데 성공하였다. 밴팅의 실험에 사용된 개는 90마리가 넘었지만, 인슐린의 발견으로 전 세계에서 3000만 명이 넘는 사람이 목숨을 구할 수 있었다. 이후로도 동물실험을 통해 인명을 구한 예는 수도 없이 많다고 주장한다.

둘째, 동물실험은 시간 비용의 측면에서 가장 효율적인 방법이다. 동물실험은 엄격한 규칙에 따라 꼭 필요한 경우에 행해진다. 과학의 발달로 동물실험을 대체할 수 있는 방법들이 나오긴 했지만 아직 동물실험을 완전히 대체할 정도는 아니다. 컴퓨터 시뮬레이션이나 줄기세포를 이용한 실험은 아직 한계가 있다. 또 인간을 대상으로 하는 임상시험은 막대한 비용과 오랜 시간을 필요로 한다. 특히 사람을 대상으로 하는 임상시험은 시간과 비용이 많이 들 뿐만 아니라, 자칫 사람의 목숨이 위험할 수 있다. 따라서 인간과 유전적으로 가장 유사한 동물을 실험하는 것이 현재까지는 가장 효과적인 방법이라는 주장이다.

이번에는 반대 입장을 보자. 첫째, 동물들의 생명도 중요하다. 우리의 생명이 소중하듯 동물의 생명도 소중하다. 단지 인간의 유익을 위해 동물들에게 일방적인 희생을 강요하는 것은 잔인하고 비인간적인 행동이다. 또한 동물실험에 유익한 측면이 있더라도 그것이 동물의 고통과 죽음을 상쇄할 만큼 유용하지는 않다는 주장이다.

둘째, 동물실험의 결과를 완전히 믿을 수 없다. 동물실험이 많은 미국의 경우 신약 부작용으로 죽는 사람이 1년에 10만 명이 넘는다. 인간과 동물은 신체 구조와 대사 기능이 분명히 다르기 때문에 동물실험을 통과한 약물도 부작용이 클 수 있다는 주장이다. 1960년대 초에 독일의 한 제약회사가 탈리도마이드thalidomide 성분의 수면안정제를 개발하였다. 생쥐, 쥐, 기니피그, 토끼 등에 대한 동물실험을 마친 제약회사는 '부작용이 없는 약'이라며 판매를 시작했다. 게다가 탈리도마이드가 임산부의 구토 증상을 완화한다는 연구 결과가 발표되면서 돌이킬 수 없는 비극이 일어난다. 약이 판매되고 5년 뒤 선천성 기형아가 급증했고, 원인을 추적한 결과 임산부들이 탈리도마이드를 복용한 것이 원인으로 밝혀졌다. 당시 출생한 기형아의 수는 전 세계 46개 나라에 걸쳐 1만 명이 넘었으며 제약회사는 부작용을 인정했다. 그 외에도 인간과 동물에게서 완전히 다른 효과를 나타내는 약물의 사례가 넘친다.

셋째, 동물실험 말고도 다른 방법이 있다. 동물실험이 유용하다 할지라도 대체할 수 있는 방법이 있다면 동물실험을 하지 않는 것이 마땅하다는 주장이다. 실제로 과학기술의 발달에 따라 동물실험을 대체할 방법들이 계속 개발되고 있다. 환자 관찰이나 사체 연구, 인간 세포와 조직을 이용한 실험, 컴퓨터 시뮬레이션을 활용하거나 줄기세포 등을 이용하면 굳이 살아 있는 동물을 실험 대상으로 삼지 않아도 된다. 동물들에게 희생을 강요하는 동물실험보다는 이러한 대체 방안을 활용하는 것이 바람직하다는 주장이다.

윤리적 정당성

찬성과 반대 입장 모두 일리가 있다. 팽팽한 줄다리기와 같아서 끝까지 어느 쪽으로도 기울지 않을 것으로 보인다. 그나마 타협의 실마리가 엿보이는 대목이 있다. 동물실험을 찬성하는 입장에서도 동물실험으로 인해 수많은 동물이 희생을 당하고 있다는 것은 인정한다. 안타깝다는 것도. 하지만 어쩔 수 없지 않느냐는 생각이다. 동물실험을 반대하는 입장은 인간에게 유익하다 하여 일방적인 희생을 강요할 수 없다는 생각이다. 동물실험의 윤리성으로 범위를 좁혀 보자. 동물실험의 윤리적 정당성 문제다.

오랜 시간 동물은 생명으로 존중받지 못했다. 아리스토텔레스는 "식물은 동물을 위해 존재하며 동물은 인간을 위해 존재한다. 따라서 인간의 필요에 의해 동물을 사용하는 것은 문제가 되지 않는다."는 생각을 지니고 있었다. 중세 기독교 사상도 다르지 않다. 동물은 인간에 의해 사용되는 것이 운명이자 신의 섭리로 간주되어 동물을 사용하거나 죽이는 것은 부당한 것이 아니었다. 한편, 근대철학의 아버지 데카르트Rene Descartes는 인간과 달리 동물에게는 정신 또는 영혼이 없어 쾌락이나 고통을 경험할 수 없다고 보았다. 칸트Immanuel Kant 역시 이성과 도덕을 갖는 인간의 이익이 그렇지 못한 동물의 이익보다 우선적으로 고려되어야 한다고 보았다. 칸트는 동물을 잔혹하게 대하는 것에는 반대했다. 동물 자체를 위해서가 아니었다. 인간의 품위를 손상하고 다른 사람과의 교제에도 문제가 생길 수 있음을 우려한 것이었다.

인간의 권익을 우선하는 생각은 동물실험을 옹호하는 여러 입장과도 일맥상통한다. 동물실험이 정당하다고 보는 입장에서 주로 근거로 삼는 것은 도구 사용 능력이나 언어 능력, 또는 이성 등 인간이 갖는 고유한 특성이다. 인간과 동물의 차이점을 근거로 인간과 동물을 다르게 대우해도 된다고 주장하는 것이다. 그러나 현재 동물행동학 연구들은 동물들에게도 지능이나 문화가 존재함을 밝히는 등 인간과 동물의 근본적인 차이를 부정하는 결과들을 내놓고 있다. 뿐만 아니라 동물의 복지를 주장하는 생명윤리학자들은 설사 인간과 동물이 이성이나 언어 능력 등에서 차이가 있다고 하더라도 이러한 사실이 동물실험을 해도 된다는 결론으로 이어지지 않는다고 본다.

중요하게 고려하는 것은 고통을 느낄 수 있는지의 여부다. 동물이 인간과 여러 가지 면에서 차이가 있다고 할지라도 동물 역시 인간과 마찬가지로 고통을 느끼기 때문에 인간과 동등하게 배려되어야 한다고 주장한다. 이러한 논리는 통증과 고통은 그 자체가 나쁜 것이며 인종이나 성별 또는 동물의 종류와 관계없이 최소화되어야 한다는 벤담Jeremy Bentham의 공리주의 철학에 바탕을 둔다. 제러미 벤담은 "중요한 것은 그들이 사유할 수 있느냐 또는 말할 수 있느냐가 아니라 그들이 고통을 느낄 수 있느냐의 문제다."라고 말한 바 있다. 생명윤리학자인 싱어는 인간의 행복만을 중요하게 취급하는 인간중심주의는 일종의 종차별주의이며 결국 인종차별주의나 성차별주의와 다를 바 없다고 비판한다. 철학자 레건Tom Regan은 각 동물 개체는 삶의 주체로서의 가치가 있다고 주장하면서 동물에게는 실험에 이용되지 않을 권리가 있다고 본다.

지금은 인간에게 인간의 권리인 인권이 있는 것처럼 동물에게도 동물의 권리인 동물권이 있다는 생각이 널리 번지고 있다. '동물권'과 '동물복지'에 대한 국제적 논의에서 공통으로 천명되어 온 전제가 동물의 지각능력이다. 그중에서도 고통을 느낄 수 있느냐의 문제가 중심이다. 이와 같은 맥락에서 우리나라 〈동물보호법〉의 '동물'에 대한 정의 규정도 2013년 8월 13일 개정되는데, 그 시작은 이렇다. '동물'이란 고통을 느낄 수 있는 신경체계가 발달한 척추동물로서… .

저들의 희생으로 향유하는 이들의 건강

동물실험에 대한 사회 분위기는 분명 변하고 있다. 토끼 눈 점막을 이용하여 화학물질의 자극성을 평가하는 드레이즈 테스트Draize test나 실험 대상 동물의 절반이 죽는 데 필요한 화학물질의 농도를 측정하는 반수치사량실험LD50 등은 동물이 받는 고통에 비해 의학적 도움이 크지 않다고 간주되면서 전 세계적으로 폐지되고 있다. 이 외에도 근래 유럽 각지에서 화장품 개발에 동물실험을 금지하는 법안이 발효된 바 있으며, '동물을 윤리적으로 대하는 사람들People for the Ethical Treatment of Animals; PETA', '영국생체실험폐지연맹British Union for the Abolition of Vivisection; BUAV', '이탈리아 동물보호협회Ente Nazionale Protezione Animali; ENPA' 등 동물실험에 반대하는 단체들을 중심으로 불필요한 동물실험을 줄여 나가는 운동이 확산되고 있다. 최근에는 우리나라에서도 화장품 업체에서 동물실험 반대 바람이 불고 있다. '예뻐지기 위해 널 다치게 할 수 없다'는 운동이다. 이미 검증된 원료를 이용하거나 동물실험을 대체하는 방법을 사용함으로써 개발 과정에서 동물실험을 거치지 않는 제품이 생산되고 있다. '크루얼티 프리cruelty free' 제품이다. 이는 동물권에 관심이 있는 소비자들에게 좋은 기업 이미지를 심어 주는 한편 화장품 원료와 제품에 대한 동물실험을 전면적으로 금하는 유럽 국가들의 시대적 흐름이기도 하다.

얼마 전 기쁜 소식이 있었다. 2020년 3월 6일, 국내의 동물실험과 관련하여 큰 변화를 일으킬 수 있는 법률 개정안이 통과한 것이다. 척추동물을 대상으로 한 동물실험을 줄이는 것을 골자로 하는 〈생활화학제품 및 살생물제의 안전관리에 관한 법률〉의 일부개정법률안이다. 개정 법률에는 척추동물을 이용한 동물실험을 최소화할 것과 대체시험을 개발하기 위해 기업을 지원할 것, 기존 실험 자료를 활용할 것 등의 내용이 포함되어 있다.

동물실험에서 척추동물, 특히 포유류의 이용을 줄이는 것은 국제적인 추세다. 2019년, 미국 환경보호청EPA은 2035년까지 화학물질에 대한 포유류 실험을 중단하는 것과 포유류 실험을 대신할 안전성 평가법 개발을 위한 연구예산을 지원하겠다는 계획을 발표한 바 있다. 그러나 지금 이 순간에도 동물실험은 일어나고 있다. 농림축산부는 동물실험윤리제도가 도입된 2008년부터 〈동물보호법〉에 근거하여 매년 동물실험에 사용된 동물의 숫자를 조사하고 있다. 2020년에 발표한 '2019년 실험동물 보호·복지 관련 실태조사'에 따르면 2019년 한 해 동안 동물실험 수행기관에서 사용한 실험동물은 371만 2000마리였다. 세계적으로는 연간 약 5억 마리로 추산한다. 어마어마한 숫자다. 적어도 인류의 건강은 저들의 희생을 밟고 서 있다.

동물실험을 수행하는 학자들은 어떤 생각일까? 내가 전공을 선택하며 피한 그 힘겨운 현장에 직접 서 있는 학자들의 생각 말이다. 동물실험에 대한 학계의 입장은 실험동물의 복지를 위해 1959년 영국의 학자들이 제안한 3R 원칙으로 대변된다. 필요한 실험동물의 수를 줄이고Reduce, 실험동물의 고통과 스트레스를 최대한 적게 하고Refine, 되도록 동물실험이 아닌 다른 방법으로 대체하자Replace는 약속이다. 이러한 기본 원칙을 바탕으로 관련 학회별로 동물실험에 관한 가이드라인이 마련되어 있다. 또한 연구에 활용된 동물의 사육 및 관리 조건, 실험 과정 및 방법 등을 논문에 상세히 기재할 것을 요구하고 있다. 동물실험을 통해 얻은 연구결과는 과학적 차원에서는 물론 윤리적 차원에서도 정당하다고 평가되어야 학계의 인정을 받을 수 있는 것이다.

우리나라의 형편은 어떠한가? 〈동물보호법〉이 잘 마련되어 있다. 동물실험의 원칙을 밝힌 제3장 제23조의 내용을 요약하면 이렇다. 동물실험은 인류의 복지 증진과 동물 생명의 존엄성을 고려하여 실시하고, 대체할 수 있는 방법을 우선 고려하며, 실험에 사용하는 동물의 윤리적 취급과 과학적 사용에 관한 지식과 경험을 보유한 자가 최소한의 동물을 사용하여 시행하고, 실험동물의 고통이 수반되는 실험은 감각능력이 낮은 동물을 사용하는 동시에 고통을 덜기 위한 적절한 조치를 취한다. 법이 있으니 지키면 된다.

바늘에 찔렸을 때 인간만 아픈 것이 아니다. 목이 타는 갈증을, 배고픔을, 죽음의 공포를 어찌 인간만 느끼겠는가. 실험동물을 사용하지 않을 수 없다 하더라도 어떻게 사용할 것이냐의 길은 다양하게 열려 있다. 중요한 것은 동물권의 실천이며, 더 중요한 것은 나부터 실천하는 것이 아닐까 싶다.

10

동물전염병

인간이 질병과 싸운 지 오래다. 단 한 번도 질병을 앞서가 본 적이 없다. 병이 발생하면 그 병을 해결할 길을 찾았을 뿐이다. 길을 찾기까지 대부분 오랜 시간이 걸렸고, 아직 길을 찾지 못한 경우도 많다. 대표적인 병원체인 세균과 바이러스를 알기 시작한 것도 200여 년밖에 되지 않았다. 보이지도 않는 세균, 그 작은 세균을 숙주로 삼아 살아가기도 하는 무지하게 작은 바이러스 앞에 아직 우리는 무력하다. 세균과 바이러스 또한 하찮게 볼 것이 아니다. 그런데 바이러스가 끝일까? 더 작은 병원체는 없을까?

바이러스, 누구냐 넌

어지간해서 아프지 않은데 2019년 새해에 들어서며 독감으로 무척 고생했다. 일주일 남짓은 끙끙 앓았고, 나은 것도 아니고 죽을 듯 아픈 것도 아닌 채로 한 달 넘게 지냈다. 심하게 앓았던 일주일의 시간, 그 시간에 의사 선생님의 도움을 받지 않았다면 어찌 되었을까? 목숨을 잃을 수도 있었겠지. 독감을 일으키는 병원체는 바이러스다. 바이러스는 휘태커가 생명체를 분류한 다섯 개의 계kingdom에도 나오지 않는 존재다. 바이러스는 무엇이며 누구인가?

현미경의 발견이 생물학 발전에 미친 영향은 지대하다. 특히 '보이지 않으니 없다'에서 '보이지 않아도 있다'로 생명체에 대한 생각의 틀을 바꾸는 계기가 된 것은 상당히 큰 의미를 지닌다. 현미경의 발견으로 맨눈으로 보이지 않는 세균의 존재가 확인된다. 또한 세균 중 일부가 병을 유발하는 병원체라는 것을 알게 되었다. 스스로 만물의 영장이라 부르며, 100조 개의 세포로 이루어진 인간이 하나의 세포로 이루어져 있고 눈에 보이지도 않는 세균에 의해 목숨을 잃을 줄은 몰랐던 것이다. 한동안 세균이 생명현상을 나타내는 가장 작은 구조인 줄 알았다. 그런데 또 있었다. 19세기 말에 이르러 세균보다 훨씬 더 작아 거름종이조차 통과해 버리는 무엇이 병을 일으킨다는 사실을 알게 된다. 20세기에 들어서서 전자현미경이 발명되면서 비로소 그 존재가 확인되었다. 소련의 이바노프스키Dmitri Ivanovsky가 담배모자이크바이러스TMV를 발견했고, 미국의 스탠리Wendell Meredith Stanley가 1935년에 최초로 TMV를 단백질 결정체로 추출했다. 생명체라 하기도 그렇고 생명체가 아니라고 하기도 뭐한 존재, 바로 바이러스다.

생명체라 하기 그런 것은 스스로 증식할 수 없기 때문이며, 생명체가 아니라고 하기도 뭐한 것은 비록 다른 생명체의 세포를 이용하기는 하지만 결국 자신을 복제하여 증식하기 때문이다. 오랜 시간 생물과 무생물의 중간쯤에 자리하고 있었으나 현재는 생명체로 보는 쪽으로 기울고 있다. 광학현미경으로도 어림없고 전자현미경이 발명되지 않았다면 존재조차 확인할 길이 없었고, 스스로 증식도 하지 못하며 다른 생명체의 세포에 기대어 증식하는 바이러스에 의해 식물, 동물, 그리고 인간도 맥없이 목숨을 잃고 있다.

2020일 1월 30일, 세계보건기구WHO는 코로나19(WHO 공식명은 COVID-19; Corona Virus Disease 19)의 국제공중보건비상사태Public Health Emergency of International Concern; PHEIC를 발표한다. 이어 2020년 3월 12일에는 세계적 대유행pandemic을 경고한다. Pandemic의 pan은 '모두'라는 뜻이며, demic은 사람을 뜻하는 demos로부터 온 말이다. Pandemic(팬데믹)은 결국 전 세계의 모든 사람이 걸릴 수 있는 질병이라는 뜻이다. 세계의 모든 것이 사실상 멈춰 버렸다. 게다가 코로나19의 끝이 무엇일지는 아무도 모른다.

코로나바이러스Coronavirus는 코로나바이러스과Family Coronaviridae에 속하는 바이러스를 총칭하는 말이다. 코로나바이러스는 RNA 바이러스로 1930년대 초에 처음 보고되었으며, 바이러스 입자 표면에 있는 곤봉 모양의 돌출부가 마치 왕관을 연상시켜 왕관을 뜻하는 라틴어 corona를 따서 명명되었다. 한동안 코로나바이러스는 감기를 유발하는 바이러스 정도로 알려져 왔으나, 최근에는 중증급성호흡기증후군Severe Acute Respiratory Syndrome; SARS과 중동호흡기증후군Middle East Respiratory Syndrome; MERS, 그리고 코로나19의 원인체로 주목받고 있다.

도대체 바이러스는 무엇이며 누구인가? 바이러스의 구조는 간단하다. 유전정보를 담고 있는 핵산(DNA 또는 RNA)을 단백질 껍질이 둘러싸고 있을 뿐이다. 덜렁 유전물질만 가지고 있을 뿐 효소를 비롯하여 다른 아무런 장치가 없기에 스스로 증식할 수 없다. 스스로 증식을 못 하는 분자 덩어리일 뿐이지만 숙주세포에 침투하면 사정이 달라진다. 숙주세포의 다양한 장치를 빌려 자신의 유전정보를 복제하고 단백질 껍질을 만들어 빠르게 증식한다.

그렇다고 바이러스가 아무 세포에나 침투하는 것은 아니다. 숙주 특이성이 있다. 바이러스마다 침투 가능한 숙주세포가 정해져 있는 것이다. 질병 확산의 측면에서 볼 때 그나마 정말 다행이다. 그런데 그 다행이 완전한 것은 아니다. 조류 세포를 숙주로 삼는 바이러스가 조류 세포만 숙주로 삼으면 좋으련만 인간의 세포도 숙주로 삼을 때가 있으며, 돼지 세포를 숙주로 삼는 바이러스가 인간의 세포도 숙주로 삼을 때가 있다. 다시 말해 조류에서 창궐한 질병이 조류와 접촉한 인간에게 옮길 수 있고, 돼지에서 만연한 질병이 돼지와 접촉한 인간에게도 옮길 수 있으며, 감염된 사람이 다른 사람과 접촉할 경우 다른 사람에게도 전염될 수 있다.

바이러스는 핵산의 종류(DNA, RNA)에 따라 DNA 바이러스와 RNA 바이러스로 분류한다. 또한 숙주로 삼는 생물의 종류에 따라 동물 바이러스, 식물 바이러스, 세균 바이러스로 구분한다. DNA 바이러스는 핵산으로 DNA를 가지고 있다. DNA는 두 가닥이 나선구조를 이루는 경우가 대부분이다. 그런데 바이러스는 단일가닥 DNA를 갖는 것도 있다. DNA는 유전정보를 담고 있는 물질이며, 두 가닥인 경우 상당한 안정성을 갖추고 있다. 구조적인 문제error가 발생하면 바로 고친다. 두 가닥 중 한 가닥에서 문제가 생기면 온전한 한 가닥을 틀로 해서 문제가 발생한 부분을 수리하는 방식이다.

DNA의 정보는 RNA로 전달된다. 전사transcription라고 한다. RNA로 전달된 정보를 따라 특정 단백질이 만들어진다. 번역translation이라고 한다. 우리는 생각을 말로 표현하지만 DNA는 단백질로 표현하는 셈이다. RNA 바이러스는 유전물질로 RNA를 가지고 있다. RNA는 짧으며 한 가닥이다. 안정적인 구조가 아니어서 문제가 자주 발생하며 잘못을 바로잡을 지침도 없다. 결정적으로 RNA에서 바로 단백질을 만들지 못한다. RNA에서 거꾸로 DNA를 만들어야 한다. 역전사reverse transcription라고 한다. 그다음 DNA, RNA, 단백질의 순서로 정보가 흐른다. 복잡하며 실수가 발생할 확률이 높다. 실수의 결과는 변이다. 따라서 RNA 바이러스는 DNA 바이러스보다 변이가 훨씬 더 잘 일어난다. 우리는 바이러스에 대항할 백신을 만들었다. 그럼에도 RNA 바이러스에 대해서는 속수무책인 경우가 많다. RNA 바이러스의 변이 때문이다. 백신이 개발되려면 1년쯤의 시간이 걸린다. 애써 백신을 만들어도 대상 RNA 바이러스는 이미 다른 구조로 변신한 뒤인 경우가 많다.

이처럼 바이러스의 가장 강력한 무기는 지극히 간단한 구조다. 빠른 속도로 변화할 수 있다. 모든 바이러스가 병원체인 것은 아니지만 대부분의 바이러스는 이 간단한 구조를 바탕으로 끝없이 변신하며 강력한 병원체로 작용한다. WHO가 사망자 수를 근거로 집계한 세계 10대 전염병은 에이즈, 스페인독감, 아시아독감, 홍콩독감, 콜레라, A형 신종 인플루엔자, 에볼라, 홍역, 뇌수막염, 사스다. 이 가운데 콜레라와 뇌수막염을 제외한 8종이 모두 RNA 바이러스로 인한 질병이다. 가장 많은 사망자를 낳은 질병은 인간면역결핍바이러스Human Immunodeficiency Virus; HIV로 인한 후천성면역결핍증(에이즈)Acquired Immune Deficiency Syndrome; AIDS이다. 에이즈는 1981년 미국에서 처음 보고된 이후로 현재까지 3600만 명의 목숨을 앗아 간 것으로 추정한다. 두 번째로 사망자를 많이 발생시킨 RNA 바이러스는 1918년 창궐한 스페인독감이다. 스페인독감으로 인한 사망자는 약 2500만 명으로 1차 세계대전으로 인한 사망자 850만 명의 세 배에 가깝다. 감염성 질병을 막기 위한 인류의 전쟁은 이제 RNA 바이러스와의 전면전이라고 할 수 있다.

독감은 독한 감기와 다르다

독감 이야기로 다시 돌아오자. 독감은 그저 독한 감기가 아니다. 감기와 독감은 엄연히 다르다. 감기common cold와 독감influenza은 모두 바이러스 감염에 의해 발생하지만, 병의 원인이 되는 바이러스의 종류 자체가 다르다. 감기를 일으키는 바이러스는 200여 종류에 이른다. 그 중 리노바이러스Rhinovirus, 코로나바이러스Coronavirus, 아데노바이러스Adenovirus, 콕사키바이러스Coxsackievirus 등이 대표적이며, 이들 바이러스가 코나 목의 상피세포에 침투해 감기를 일으킨다. 이처럼 감기를 일으키는 바이러스는 워낙 다양해 백신을 만들어 봤자 별 실용성이 없다. 어느 해에 어떤 바이러스가 유행할지 정확히 예측하기 어려우며 200여 종류의 바이러스 모두에 대해 예방주사를 맞는 것도 현실적으로 불가능하기 때문이다.

매년 성인은 2~4번, 어린이는 6~8번 정도 감기를 앓는다고 한다.

감기에 걸리면 코가 막히거나 목이 아프기 시작하고 일주일 남짓 기침이나 콧물, 목의 통증, 발열, 두통, 전신권태 등의 증상이 나타나지만 잘 먹고 잘 쉬면 시간이 지나며 대부분 자연 치유된다. 사스, 메르스, 코로나19처럼 고전염성 및 고병원성으로 변이가 일어나지 않는다면 말이다. 이에 비해 독감은 인플루엔자 바이러스influenza virus가 폐에 침투해 일으키는 급성호흡기질환이다. 독감은 38℃ 이상의 고열이 생기거나 온몸이 떨리고 힘이 빠지며 두통이나 근육통이 생기고 구토·설사·복통 등 위장관 증상도 나타난다. 감기가 폐렴이나 천식 등의 합병증으로 이어질 가능성은 낮지만 독감은 심할 경우 합병증으로 목숨을 잃을 수도 있다. 독감은 매년 전 세계적으로 크고 작은 유행을 일으키며, 유행이 시작되면 통상 2~3주에 인구의 10~20%가 감염될 정도로 전염성이 큰 질병이다.

바이러스 침입에 대해 우리 몸이 가만히 있는 것은 아니다. 인체는 자신을 구성하는 물질을 정확히 기억하고 있다. 따라서 외부에서 자기self가 아닌 비자기nonself, 곧 이물질이 들어오면 곧바로 인식한다. 바이러스의 겉껍질에는 인체에는 없는 물질이 있다. 자신의 몸을 이루는 물질이 아닌 이물질을 면역계는 항원으로 인식하며, 항원에 대해서 항체를 만들어 대응한다. 병원성 바이러스와 면역체계의 싸움에서 바이러스가 이기면 증식하여 발병하고, 면역체계가 이겨 바이러스를 무력화하면 바이러스는 증식하지 못하며 병도 생기지 않는다.

그런데 새로운 바이러스의 첫 감염 때는 바이러스의 증식 속도를 면역계가 따라가지 못하기 쉽다. 바이러스가 조금씩 증식하여 병을 일으킬 만큼의 숫자까지 도달하면 증상이 나타난다. 바이러스에 감염되어 증상이 나타나기 전까지가 바이러스의 잠복기다. 잠복기 동안 또는 병을 앓으며 인체는 그 바이러스를 똑똑히 기억해 둔다. 다음에 같은 바이러스가 다시 침입하면 면역계의 대처 속도가 엄청 빠르고 강해진다. 이러한 특성에 기초하여 발명한 것이 백신이다. 백신은 바이러스의 항원성은 그대로 둔 채 병원성만 제거한 것이다. 모양은 진짜 바이러스와 같은데 병을 일으키는 독성은 없는 셈이다. 예방주사는 항체를 만들게 해 줄 뿐만 아니라 바이러스 자체를 기억하게 하고 미리 인식시키는 과정이라 할 수 있다. 그러다 진짜로 병을 유발하는 바이러스가 침입하면 빠른 속도로 대응하여 바이러스를 방어한다.

바이러스도 대책이 있다. 당하고만 있지 않는다. 자신의 모습을 조금씩 바꾼다. 구조가 간단하기 때문에 오히려 변이가 쉽다. 면역체계가 자신을 쉽게 알아차리지 못하게 하는 전략이다. 이 싸움은 끝없이 이어지고 있다. 독감 예방주사는 말 그대로 그해에 유행할 것으로 예상되는 독감 바이러스에 대해 면역기능을 갖도록 해 주는 것이다. 대개 바이러스 유형별로 유행 주기가 있기 때문에 이를 토대로 다음 해에 유행할 가능성이 높은 몇 가지 유형을 예측해서 결정한다.

인플루엔자 바이러스

인플루엔자 바이러스는 항원성에 따라 네 가지(A, B, C, D) 유형type으로 구분한다. 이 중 주로 A와 B 유형이 독감을 일으키는데, 특히 대유행의 잠재력을 지닌 유형은 A다.

A 유형 인플루엔자 바이러스는 바이러스 표면에 있는 두 종류의 단백질 헤마글루티닌Hemagglutinin; H과 뉴라미니다아제Neuraminidase;

N에 의해 다시 다양한 아형subtype으로 나뉜다. H는 바이러스가 숙주세포의 호흡기나 적혈구 세포 표면에 정확히 달라붙어 숙주세포 안으로 침입하는 것을 도와준다. N 역시 바이러스가 숙주로 침입하거나 빠져나올 때 필요하지만 특히 빠져나오는 과정에서 중요한 역할을 한다. A 유형 인플루엔자 바이러스는 변이가 심하다. 지금까지 18종류의 H(H1~H18)와 11종류의 N(N1~N11)이 확인되었다. 따라서 A 유형 인플루엔자 바이러스는 이론적으로 198종류(H1N1~H18N11)의 아형이 가능하지만 자연계에서는 131종류의 아형이 존재한다고 알려져 있다.

이에 반해 B 유형 인플루엔자 바이러스는 B/야마가타B/Yamagata와 B/빅토리아B/Victoria 두 종류의 계통lineage으로 나뉘며 변이 속도가 느리다. B 유형 인플루엔자 바이러스의 경우 아형 대신 계통lineage이라는 표현을 쓴다. 또한 아형과 계통은 다시 클레이드clade와 서브클레이드subclade로 나뉜다. 클레이드는 그룹group, 서브클레이드는 서브그룹subgroup으로 부르기도 한다. 중요한 점은 서브클레이드(또는 서브그

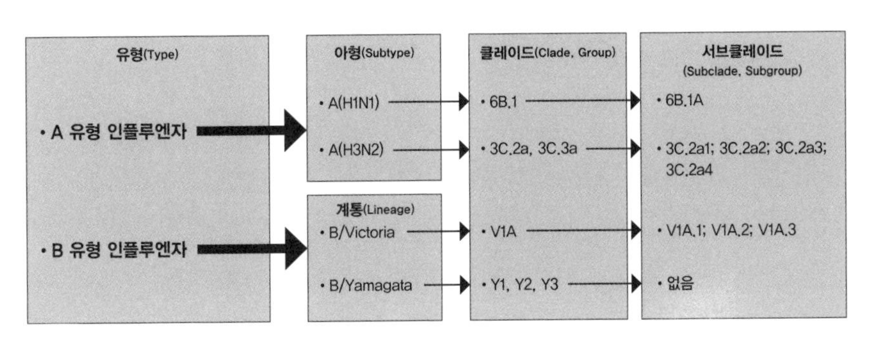

인간 계절성 인플루엔자 바이러스

률) 수준의 차이로도 고병원성이 될 수 있고, 저병원성이거나 아예 병원성이 없을 수도 있다는 것이다.

인플루엔자 바이러스는 H와 N 유전자의 변이에 의해 기존의 항원형과는 완전히 다른 새로운 항원형으로 변하는 항원 대변이antigenic shift와, 동일한 인플루엔자 아형 내에서 약간의 유전적 변화만 생기는 항원 소변이antigenic drift가 일어난다. 항원 대변이는 인플루엔자 A형에서 주로 일어난다. 변이를 통해 새로운 바이러스가 출현할 경우 유병률과 사망률이 크게 증가할 수 있으므로 인플루엔자의 중요성을 인식하여 WHO를 중심으로 전 세계 인플루엔자 감시체계를 운영하여 유행에 대비하고 있다. 지금까지의 추이를 보면 수십 년 주기로 대유행이 일어나고, 2~3년 주기로 소유행이 일어난다. 변이로 인해 느닷없이 발생한 새로운 아형에 대해 우리 몸은 맞설 힘이 없기 때문에 독감은 확산될 수밖에 없다.

여전히 독감 하면, '뭐, 좀 고생하는 정도'로 생각할 수 있지만 인류 역사에서 몇 차례 독감이 대유행하며 수많은 귀한 생명이 희생되었다. 독감과 관련하여 인류 최대의 재앙은 스페인독감이다. 1918~1919년에 발생하여 전 세계로 번지며 약 2500만 명에서 최대 5000만 명이 숨진 사건이다. 최대로 잡은 수치이지만 말이 5000만 명이지 우리나라 현재 인구와 맞먹는 숫자다. 미군 병영에서 처음 발생하여 군인들의 이동 경로를 따라 전 세계로 퍼졌지만 군인 사망 소식은 군사력 감소를 유발한다는 이유로 언론은 쉬쉬했다. 1차 세계대전 참전국이 아닌 스페인 언론이 군인뿐만 아니라 여러 나라에서 많은 민간인이 빠른 속도로 병들고 죽어 간다는 특종 보도를 최초로 다루었기 때문에 '스페인'독감이라 불린다. 일반적으로 독감이 어린이나 노약자에게 주로 발생하는 반면 스페인독감은 주로 젊은 층의 병사에게서 발생한 점도 특이했다.

인플루엔자 바이러스에 의한 희생은 이 사건에 그치지 않는다. 1957년 극동지역에서 독감이 대유행한다. 아시아 인플루엔자Asian Flu라 부른다. 2월에 싱가포르에서 최초로 보고된 뒤, 여름에는 아시아를 넘어 미국의 해안지역까지 번지면서 1958년 종식될 때까지 전 세계에서 110만 명이 사망했다. 가장 최근의 인플루엔자 대재앙은 1968~1969년에 발생한 '홍콩 인플루엔자'다. 약 6주 동안 전 세계를 휩쓸며 100만여 명의 사망자를 발생시켰다. 주로 65세 이상에서 발병한 특징이 있다.

스페인독감 당시에는 바이러스를 분리·보존하는 기술이 없어 정확한 원인은 밝혀지지 않았다. 그러다 2005년 미군 병리학 연구소의 타우펜버그J. K. Taubenberger 박사 연구팀은 알래스카에 묻혀 있던 한 여성의 폐 조직에서 스페인독감 바이러스를 분리해 재생하는 데 성공한다. 재생 결과 이 바이러스의 정체는 인플루엔자 바이러스 A형 중 H1N1의 새로운 변종으로 확인되었다. 병사들이 머물던 캠프에서 기르던 식용 조류에 감염된 바이러스가 식용 돼지로 숙주를 옮기며 변이가 발생했고, 오랜 전쟁으로 피폐해진 병사들에게 쉽게 감염되었을 것으로 추정하였다. 또한 2014년 4월 28일 애리조나대학교 워러비Michael Worobey 교수팀은, 1880년부터 1900년 사이 태어난 당시 20대 후반 젊은 병사들이 어린 시절 H1 바이러스에 별로 노출되지 않아 면역력이 없는 상태에서 스페인독감의 H1N1형 인플루엔자 A 바이러스에 감염되면서 최악의 사망자를 냈다는 연구결과를 발표한다. 또한 아시아 인플루엔자의 병원체는 A(H2N2)와 세 개의 유전자만 다른 변종 바이러스였고, 홍콩 인플루엔자의 병원체는 아시아 인플루엔자와 N2 유전자는 같고 새로운 H3 유전자를 가진 인플루엔자 A(H3N2)의 변종 바이러스였다는 것이 확인되었다. 이처럼 인간에게 인플루엔자를 일으키는 바이러스의 아형은 주로 H1, H2, H3과 N1, N2와의 조합으로 이루어진 것이 많다.

조류독감

인류의 독감도 힘든데 더 심각한 문제가 발생한다. 조류도 독감에 걸리며, 조류독감을 일으키는 바이러스가 새를 넘어 사람에게 전염되었다. 처음에는 저병원성만 오더니 결국 고병원성까지 와 생명을 위협하였고, 새와 접촉하지 않으면 피할 수 있을 줄 알았더니 사람에서 사람으로도 전염될 수 있다는 사실이 밝혀졌다.

조류독감(조류인플루엔자)Avian Influenza; AI을 일으키는 인플루엔자 바이러스의 아형은 사람에게 독감을 일으키는 H1~H3과 거리가 먼 H5~H9며, 오랜 시간 조류독감 바이러스는 조류에서 사람에게 직접 전파되지 않는 것으로 알려져 있었다. 그런데 근래 그 벽이 무너지고 있다. 사태의 심각성은 야생조류의 경우 독감에 걸려도 뚜렷한 임상 증상이 없이 지나가는 경우가 많고, 쉽게 죽지 않으며, 이동성이 크기 때문에 전파 속도와 범위가 엄청 빠르고 넓다는 데 있다. 실제로 1997년 이전까지 전 세계적으로 고병원성 조류독감 바이러스가 인체에 직접 감염된 사례는 없었다. 하지만 1997년 홍콩에서 조류독감의 인체 감염이 발생한 이후 베트남, 태국, 인도네시아, 캄보디아 및 유럽, 아프리카 등지에서 조류독감의 인체 감염자가 발생하여 2007년 11월 현재까지 총 334명이 감염되고 205명이 사망하는 높은 치사율을 보이고 있다. 2016년에는 중국에서 조류인플루엔자 A(H5N6) 바이러스에 18명이 감염되고 9명이 사망하여 50%의 치사율을 보였다. 물론 치사율이 50%이기는 하지만 인체 감염 사례가 지극히 적으니 치사율만 보고 걱정할 필요가 없다는 의견도 있으나, 언제 어떤 상황이 벌어질지는 아무도 모른다는 점이 바이러스 질병의 특징이기도 하다. 특히 동남아시아에서는 마치 풍토병처럼 지속적으로 발생하는 실정이다.

감염자는 주로 감염된 생닭이나 오리와 접촉한 경우며, 닭고기나 오리고기의 섭취로 인하여 감염된 사례 보고는 없다. 조류독감 바이러스는 감염된 조류의 콧구멍, 입, 눈의 분비물에서 발견되며 배설물로도 배출된다. 상황은 여기서 그치지 않고 점점 심각해진다. 조류독감 바이러스의 인체 감염이 감염된 조류와의 접촉을 통해서 이루어지니 접촉을 피하면 된다. 그런데 사람에서 사람으로도 전염되는 사례가 발생한 것이다. 2013년 중국에서 H7N9형의 사람 사이에서의 감염이 발생한다. H7N9형은 조류에서 저병원성이다. 그런데 당시 사람에게 발생한 H7N9형은 게다가 고병원성이었다. 이런 일이 일어날 가능성은 매우 낮다. 하지만 일어났다는 것이 중요하다. 서로 다른 두 아형의 조류독감 바이러스가 동일 개체에 동시 감염이 일어났을 경우, 복제 과정에서 바이러스 유전자의 재편성으로 인하여 대변이가 일어날 수 있다는 사실이다. 과거 세 차례에 걸친 인간 독감의 대유행은 모두 대변이에 의한 결과로 평가하고 있다.

한동안 가금류에서 고병원성 조류독감High Pathogenic Avian Influenza; HPAI을 일으키는 조류독감 바이러스는 모두 H5 또는 H7형에 속한 것이었다. 그리고 자연계에 존재하는 H5나 H7형의 조류독감 바이러스는 대부분 비병원성 또는 저병원성 바이러스다. 하지만 야생조류에서 가금류로 종간 전파가 이루어져 숙주가 변한 경우 유전자의 급격한 변이가 일어나 H5 또는 H7형 조류독감 바이러스 중 일부가 고병원성의 특성을 발현하는 것으로 알려져 있다. 1994년 멕시코의 H5N2, 1999년 이탈리아의 H7N1, 2004년 캐나다의 H7N2 경우가 처음에는 모두 저병원성 감염으로 시작했으나 지속적인 확산과 순환감염을 반복하면서 고병원성으로 변이한 사례다.

자연의 야생조류 특히 청둥오리를 비롯한 오리 종류는 다양한 종류의 인플루엔자 바이러스에 감염되어 있을 수 있으며 그렇더라도 큰 증상 없이 지나가는 경우가 대부분이다. 하지만 그 바이러스가 사육하는 집오리로 넘어오고 순환감염을 반복하면 저병원성이 고병원성으로 변하면서 집오리가 쉽게 죽고, 가금류와의 접촉으로 인해 고병원성 인플루엔자 바이러스가 사람으로도 넘어오며, 게다가 사람에서 사람으로도 감염될 가능성이 있다. 그러므로 H5 또는 H7형의 조류독감 바이러스가 국내의 야생조류 또는 가금류에서 분리될 경우 강도 높은 방역대책을 적용한다.

국내 조류독감 발생 현황

우리나라에도 결국 문제가 생겼다. 국내 가금류 농장에서 고병원성 조류독감이 발생한 것이다. 2003년 12월 10일, 충북 음성의 종계 농장에서 시작된 고병원성 조류독감(혈청형 H5N1)은 2018년 3월 17일 충남 아산의 산란계 농장에서 발생한 혈청형 H5N6에 의한 고병원성 조류독감에 이르기까지 쉼 없이 발생하고 있다.

• 2003~2004년 H5N1형

2003년 12월 10일 충북 음성 종계 농장에서 시작하여 2004년 3월 20일까지 102일간 7개 시·도 10개 시·군에서 19건(닭 10건, 오리 9건) 발생. 392개 농장에서 가금류 528만 5000마리 살처분. 살처분 보상금 등 874억 원 예산 투입.

• 2006~2007년 H5N1형

2006년 11월 22일부터 2007년 3월 6일까지 104일간 3개 시·도 5개 시·군에서 13건 발생. 460호에서 가금류 280만 마리 살처분. 살처분 보상금 등 339억 원 예산 투입.

• 2008년 H5N1형

봄철에 해당하는 4월 1일부터 5월 12일까지 42일간 11개 시·도 19개 시·군에서 98건 발생. 1500호에서 가금류 1020만 4000마리 살처분. 살처분 보상금 등 1817억 원 예산 투입.

• 2010~2011년 H5N1형

2010년 12월 29일부터 2011년 5월 16일까지 139일간 6개 시·도 25개 시·군에서 91건 발생. 286호에서 가금류 647만 3000마리 살처분. 살처분 보상금 등 807억 원 예산 투입.

• 2014~2015년 H5N8형

2014년 1월 16일 전라북도 고창의 한 종오리 농가에서 발생. 2014년 1월 16일부터 2014년 7월 29일까지 195일간, 2014년 9월 24일부터 2015년 6월 10일까지 260일간, 2015년 9월 14일부터 2015년 11월 15일까지 63일간, 총 669일에 걸쳐 총 13개 시·도 58개 시·군에서 391건 발생. 809호에서 가금류 2477만 2000마리 살처분. 살처분 보상금 등 3364억 원 예산 투입. 지금까지의 혈청형과 달리 H5N8형이 유행.

• 2016~2017년 H5N8형, H5N6형

2016년 3월 23일부터 2016년 4월 5일까지 13일간, 2016년 11월 16일부터 2017년 4월 4일까지 107일간, 2017년 6월 2일부터 2017년 6월 19일까지 17일간 총 137일에 걸쳐 총 13개 시·도 62개 시·군에서 421건 발생. 1133호에서 가금류 3807만 6000마리, 하루 평균 약 27만 8000마리 살처분. 살처분 보상금 등 3621억 원 예산 투입. 초기에는 H5N8형으로 시작하다 H5N6형과 H5N8형이 함께 유행하였고, 후반에는 H5N8형이 병원체.

• 2017~2018년 H5N6형

2017년 11월 17일 전북 고창의 육용오리 농장에서 고병원성 조류독감 발생. 이후로 2018년 3월 17일 충남 아산의 산란계 농장에 이르기까지 총 88일간 22개 농장에서 혈청형 H5N6에 의한 고병원성 조류독감 발생. 발생 농장 22호에서 132만 5000마리 살처분, 발생 농장을 중심으로 반경 3㎞의 농장에 대하여 이루어진 예방적 살처분으로 118호에서 521만 4000마리 살처분, 총 140호에서 653만 9000마리 살처분. 살처분 보상금 등 827억 원 예산 투입.

• 2018년 3월 17일~현재

없음

예방적 살처분의 실상

다행히 우리나라에서 조류독감 바이러스의 감염으로 사람이 목숨을 잃은 사례는 없다. 정말 다행이다. 하지만 2003년 12월 10일 첫 발생 이후 2018년 3월 17일 마지막 발생까지 총 9282만 4000마리의 가금류를 살처분했으며, 총 1조 1649억 원의 예산을 썼다. 보상금만 그렇다. 방역 관련 비용까지 합하면 상상을 초월하는 비용일 것이다. 중요한 것은 예산에 그치지 않는다는 것이다. 보상했다고 끝은 아니다. 자식처럼 키운 동물을 산 채로 땅에 묻어야 하는 농장주들의 아픔이 돈으로 다 보상되는가? 만약 아직 아무 일도 없이 건강한 내 새끼들을 예방적 차원에서 살처분할 수는 없다고 버티면 어찌 되겠는가? 실제 그런 일이 있었다.

2017년 2월 27일 ○○시의 한 육계공장이 직영하는 농장에서 조류독감이 발생하자 반경 3㎞ 이내 17개 농장에서 사육 중인 85만 마리의 닭에 대해 예방적 살처분 명령이 내려졌다. 이때 2.1㎞ 떨어진 동물복지 농장의 닭 5000마리도 살처분 대상에 포함되었다. 하지만 농장주는 획일적인 살처분 명령을 인정할 수 없다는 이유를 들어 ○○시의 집행을 막았다. 집행과 불수용의 대립 속에 시간은 흘렀고 그사이 조류독감의 추가 발생이 없어 2017년 3월 28일 해당지역은 보호지역에서 예찰지역으로 하향 조치됨과 함께 계란 반출도 가능해져 살처분 명령의 실효성은 사실상 소멸되었다. 한편 농장의 닭은 살처분 명령이 내려진 당시는 물론 바이러스 최대 잠복기인 21일 이후 검사에서도 비감염 판정을 받은 상태였다. 그럼에도 ○○시는 농장을 〈가축전염예방법〉 위반 농가로 고발했고, 농장주는 살처분 수용과 더불어 벌금 300만 원의 처분을 받았다. 그러자 농장주는 부당한 살처분 명령을 취소해 달라는 행정소송을 내면서 법정 다툼이 시작되었다.

1심 재판부는 "원고 농장은 피고 ○○시가 지역의 축산업 형태, 지형적 여건, 야생조류 서식실태, 계절적 요인 또는 역학적 특성 등 위험도를 감안하지 않고 이 사건을 처분했다고 주장하고 있으나 최초발병 농가 주변 지역에 광범위한 오염가능성이 있는 점으로 보여 이 사건 처분을 인정할 수 있다. 또한 원고는 농장이 기준 면적보다 넓고 청결하게 관리돼 친환경인증과 동물복지인증을 받은 농장이므로 다른 농장보다 AI 발병 위험이 낮다고도 주장하고 있지만, 원고의 사육형태가 AI 발병가능성 등이 현저하게 낮아 예방조치를 달리할 수 있다는 충분한 근거가 없다."며 ○○시의 손을 들어 주었다. 항소심 재판부 역시 원심과 같은 판단을 내렸다. 농장주는 현재 대법원에 상고를 준비 중이다. 이대로 최종판결이 나면 농장의 닭은 모두 건강함에도, 현재 우리나라 그 어느 곳에서도 조류독감이 번지고 있지 않음에도 살처분 명령을 뒤늦게라도 따라야 한다. 물론 벌금도 내야 한다. 어쩔 수 없다. 법은 지켜야 한다. 그러나 뒤돌아볼 필요는 있다. 무엇이 문제인가?

확진 농가를 중심으로 반경 3㎞ 안에 있는 모든 가금류는 아무것도 묻거나 따지지 말고 살처분한다는 것이 문제의 중심이다. 가장 최근의 예로 2017년 11월 17일~2018년 3월 17일(근래 최종 종식일) 사이에 모두 653만 9000마리가 살처분되었으나 발생 농가 22호에서는 132만 5000마리가 살처분되는 반면 발생 농장을 중심으로 반경 3㎞의 농장에 대하여 이루어진 예방적 살처분으로 118호에서 521만 4000마리가 살처분되었다. 분명 배보다 배꼽이 더 크다. 또한 살처분의 문제는 농장주의 아픔으로 멈추지 않는다. 살처분과 매몰을 집행하는 분과 그 과정에 어쩔 수 없이 참여 또는 동원된 분들의 고통은 어찌하는가? 게다가 사체의 매몰과 소각으로 인한 토양오염, 수질오염, 대기오염을 비롯한 환경오염 문제는 또한 어찌할 것인가? 그러니 꼭 이러한 구조로 가야 하는가에 대해서 짚어 볼 필요가 있다. 길은 있을 것이다.

우선 조류독감이 발생하면 우리나라는 어떻게 대처하는지를 살펴보자. 농림축산식품부에서는 400쪽에 가까운 방대한 'AI 긴급행동지침Standard Operating Procedure; SOP'을 마련하고 있다. 홈페이지에 공개하고 있으며, 시기와 상황에 따라 새로운 내용도 바로바로 제공한다. 위기경보 단계를 관심단계, 주의단계, 심각단계, 진정 및 종식단계로 나누어 상황별 유관부처 긴급조치사항에 대하여 꼼꼼히 게다가 섬세하게 제시하고 있다. 긴급행동지침의 기본 틀은 조류독감뿐만 아니라 사람의 전염병을 포함하여 다른 전염병에 대해서도 동일하다. 지침대로만 시행한다면 단계별로 일어날 수 있는 모든 상황에 적절히 대처할 수 있겠다는 믿음도 생긴다.

조류독감 발생 시 긴급조치사항의 요점은 다음과 같다. "조류독감 발생 농장에서 사육되는 적용대상 동물은 24시간 이내에 발생 농장 내에서 살처분 처리하고, 살처분한 적용대상 동물의 사체와 종란·식용란 등 그 생산물은 최대한 신속하게 처리하되 72시간 이내 폐기처리 한다. 농장 내 오염물 및 오염우려물품(사료, 깔짚, 분뇨 등)은 사체 등의 폐기처리 완료 후 48시간 내 처리한다. 시장·군수는 발생 농장, 관리지역 및 보호지역 안(3㎞ 이내)에서 사육되는 적용대상 동물 및 그 생산물에 대하여는 살처분 및 그 생산물의 폐기를 명하여야 한다." 중요한 것은 조류독감 발생 농장 3㎞ 이내의 가금류를 예방적 차원에서 모두 살처분한다는 것이다.

AI 긴급행동지침을 살펴보면 '살처분 및 사체처리 요령'에 대하여 살처분 및 폐기범위의 결정, 살처분 절차, 매몰 절차로 나누어 63쪽에 걸쳐 친절히 안내한다. 지침의 바탕에는 〈동물보호법〉 제3조(동물보호의 기본원칙), 제7조(적정한 사육·관리), 제8조(동물학대 등의 금지) 등이 깔려 있다. 그중 살처분 절차에 관해서는 다음의 항목 하나하나에 대하여 자상한 지침을 제공한다. ○사체처리에 참여하는 인력 등에 대한 사전 조치사항 ○반 구성 및 임무 ○준비물 ○살처분 방법 결정 ○살처분 사전 조치 및 우선 조치사항 ○이산화탄소 가스를 이용한 살처분 방법 ○질소 가스거품을 이용한 가금류 살처분 방법.

이어지는 매몰 절차에 대한 지침은 대략 이렇다. 구덩이는 이런 기준을 따라 파고, 매몰지 바닥 및 측면 비닐 설치는 이렇게 하며, 매몰지 내부 침출수저류조 및 유공관 설치는 이런 기준을 따라야 하고, 사체는 이렇게 얌전히 모시며, 가스배출관의 설치는 이렇게 해야 하지만 특별히 이런 경우에는 생략할 수도 있고, 배수로와 외부저류조 설치 역시 이런 규격과 기준을 따라야 하지만 정 어쩔 수 없을 때는 생략할 수 있고, 경고판은 이런저런 내용을 빠뜨리지 말고 기재할 것이며, 땅속 사정을 알 수 있는 관측정도 설치해야 하는데 이런 재질로 할 것이며 다만 이런 경우에는 생략할 수 있고, 매몰지의 전반적인 관리요령으로는 챙길 것이 꽤 많은데 빠짐없이 소개하자면 이렇고, 침출수도 관리하셔야 하는데 이 역시 이렇게 저렇게 마음 쓸 것이 많으시고, 매몰지에서 악취가 날 테니 매몰 시 발효제 및 탈취제 또는 호기성·호열성 미생물 등을 주기적으로 살포하고 악취가 심할 경우 추가적으로 살포하는데 최초 15일간은 수시로 살포하고 이후 6개월간은 악취가 날 경우 살포하면 되고, 매몰지 함몰로 인한 균열 부위에서 악취가 발생할 경우 추가 복토를 실시하고 탈취제 등을 살포하여 악취를 제거해야 하고, 가스배출관 및 침출수 배출 유공관이 막히지 않도록 주기적으로 점검·관리를 하고, 이상 발견 시 보완조치를 해야 하며, 매몰 시 악취방지를 위해 필요 시 호알카리성 바실러스균, 또는 활성탄 등 냄새제거제를 이용하여 제거하고…. 눈물이 나고 화도 나서 더 이상 읽을 수가 없다.

살처분 방법의 기본은 안락사다. 죽음을 맞는 순간이라도 고통을 최소화하자는 뜻이다. 매몰을 할 때에는 다른 환경오염이 발생하지 않도록 마음 써야 한다. 그렇다. 지침은 아름답지만 현실은 생매장이다. 마대자루에 5~6마리씩 산 채로 담아서 농장 바로 옆에 대충 파낸 구덩이에 던져 넣고 구덩이가 거의 다 차면 포크레인이 흙으로 덮어 끝낸다. 그토록 친절하고 자상하게 마련된 살처분과 매몰절차 지침 중 지킬 수 있는 것은 경고판 설치 정도다. 왜 이럴 수밖에 없는가?

살처분하고 매몰해야 할 가금류가 너무 많아서다. 조류독감이 가장 극심했던 2016~2017년의 경우 137일에 걸쳐 3807만 6000마리를 살처분하고 매몰한다. 지침의 예시대로 1만 마리에 대한 소요인력을 50명으로 잡겠다. 1390명이 137일 동안 하루도 쉬지 않고 날마다 27만 8000마리씩 죽이고 묻어야 한다. 한 사람이 날마다 200마리씩, 137일 동안 하루도 쉬지 못한다. 게다가 그 한 사람이 살처분과 매몰 전담요원이 아닌 경우가 대부분이다. 조류독감이 발생한 지자체의 공무원, 지역 농협 및 축협 직원, 농장 관련 회사의 직원, 인접 부대의 군인이다. 제외 대상은 하나, 임산부다. 내가, 나의 아내가, 내 아들이, 내 딸이 그 한 사람이 되는 것이다. 잠깐 교육받고 현장에 투입되어 위의 절차를 지켜 살처분하고 매몰하는 것이 가능한가? 무엇보다도 살처분과 매몰 현장에서 받은 정신적 고통, 외상후스트레스장애 Posttraumatic Stress Disorder; PTSD는 어찌하는가.

2011년 10월 구제역 관련 살처분 과정에 참여했던 한 축협 직원이 스스로 목숨을 저버리는 일마저 있었다. 직원은 2010년 12월 말, 근무지 인근에서 구제역이 발생하자 매몰 작업에 투입되었다. 갓 태어난 어린 가축을 포함하여 소, 돼지를 산 채로 구덩이에 파묻는 일로 극심한 정신적 충격을 받은 데다 이후에도 2011년 9월까지 매몰지를 방문하여 핏물 침출수 제거 작업을 해야 했다. 죄책감과 스트레스를 견디지 못하다 결국 스스로 목숨을 끊고 말았다. 살처분으로 인한 트라우마가 이 한 분만의 일이겠는가. 2017년 국가인권위원회는 전국의 가축매몰(살처분) 참여 공무원을 대상으로 트라우마 현황 실태조사를 실시했다. 응답자의 76%가 외상후스트레스장애를 호소했다.

이 지경에 이르렀으면 반경 3㎞ 예방적 살처분 방식은 처음으로 돌아가 다시 생각함이 옳을 것이다. 예방적 살처분의 조류독감 확산방지 실효성 여부도 불확실하다. 모두 살처분하여 더 이상 조류독감이 발생할 가금류가 없어 발생하지 않은 것인지, 살처분을 하지 않았어도 더 발생이 되지 않을 것을 살처분한 것인지의 문제다. 또한 선제적 방역 방법이 어찌 모두 죽이는 것 하나뿐이겠는가. 조금은 지켜볼 필요가 있지 않나 싶다. 조류독감 바이러스가 검출된 해당 농가만 살처분하고, 나머지 인근 농장은 철저한 이동제한, 이동금지 명령 등 차단 방역을 강화하는 것을 골자로 긴급방역지침을 개정할 필요가 있지 않나 싶다.

예방적 살처분. 무엇을 걱정하는지 잘 안다. 조금만, 조금만 더 하며 기다리다 급속히 확산되는 것을 미리 막겠다는 뜻이다. 아무리 가능성이 낮아도 그 거의 없는 확률이 언제든 현실이 될 수 있으며, 그런 면이 질병 관리의 가장 큰 어려움이다. 그렇더라도 너무 성급하다. 사육하는 닭과 오리는 오로지 인간을 위해 태어나 역시 오로지 인간을 위해 죽는다. 육용의 경우 길어야 두 달 정도를 산다. 그 시간 제대로 흙 한번 밟지 못하고 맑은 공기 한번 들이마시지 못하고 그 악취 나는 계사나 압사에서 또는 꼼짝달싹못하는 케이지에서 살다 떠난다. 그런데 그 시간마저 우리에게 병을 옮길 수 있다는 가능성 하나로 생매장하는 것은 지나치다.

살처분 말고는 길이 없는가

2017년 1년 동안 조류독감이 빈번히 발생했던 한 지자체(전라남도) 전체를 대상으로 조류독감 발생 농장 및 예방적 살처분 시행 농장을 대상으로 현장 전수조사를 한 적이 있다. 농장의 입지, 시설, 규모, 축종, 관리상태 등을 파악하여 향후 조류독감 관리방안을 마련하기 위한 기초조사였다.

고병원성 조류독감 바이러스 전파의 시작이 야생철새, 특히 겨울철새인 것은 누구도 부인하지 않는다. 하지만 겨울철새에서 배설 또는 분비된 바이러스가 어떻게 가금류로 전파되는지는 의견이 분분하다. 하천 주변에 자리하여 야생조류 특히 오리류와 기러기류를 비롯한 겨울철새의 접근 가능성이 높은 농장이 있었고, 근처에서 물을 찾기 어려운 산기슭이나 비탈에 위치하여 겨울철새의 접근이 거의 없는 농장도 있었다. 야생조류와의 접촉이 조류독감의 원인이라고 잘라 말하기 어려웠다. 또한 야생조류가 농장 주변에 서식한다 하여 사육장까지 들어와 가금류와 접촉할 가능성은 사실 낮다. 야생조류는 경계심이 무척 강한 생명이다. 게다가 맛도 없는 가금류의 사료를 탐내지 않는다. 가능성으로 보자면 야생조류의 분변이나 분비물을 통해 배출된 조류독감 바이러스가 사람에 묻고, 그 사람에 의해 가금류로 옮아 가거나 조류독감이 발생한 농장에서 바이러스가 누군가에 묻고, 그 사람이 다른 농장으로 바이러스를 옮길 확률이 높다. 하지만 조류독감 바이러스의 감염경로에 대해서는 더 깊은 연구가 필요하다.

방문 첫 농장의 현실은 참담했다. 가장 먼저 든 생각은 '여기서 키운 닭과 오리를, 또는 그 몸에서 나온 알을 우리가 먹고 살았단 말인가.'였다. 이어 든 생각은 '이런 환경에서는 조류독감이 아니더라도 무슨 병이든 생길 수밖에 없겠다.'였다. 농장으로 들어서기도 전에 느꼈던 악취는 차라리 아무것도 아니었다. 전수조사여서 모든 농장을 방문했고, 그중에는 '이 정도면 훌륭하고, 다른 농장도 모두 이러면 좋겠다.'는 곳도 있었다. 하지만 대부분의 농장은 첫 농장과 크게 다르지 않았다. 시설의 열악함만큼이나 심각한 문제는 농장의 입지였다. 좁은 공간에서 가금류를 가둬 키우니 악취가 발생한다. 혐오시설이다. 아무도 사육농장이 들어서는 것을 반기지 않는다. 그나마 민가에서 조금 떨어진 한 지역을 중심으로 농장이 하나둘 모이게 되고, 결국은 다닥다닥 붙어 농장이 생긴다.

2003년 12월 10일에 최초 발생하여 최근의 종식일 2018년 3월 17일까지 16년 동안 총 9282만 4000마리의 가금류를 살처분했다. 말이 9000만이지 어떻게 그럴 수 있는가 싶은데, 가능하다. 두 가지 이유다. 하나는 농장이 다닥다닥 붙어 있다는 것이고, 또 하나는 그중 한 농장의 한 마리에서라도 조류독감 바이러스가 검출되면 해당 농장 중심으로 반경 3㎞ 안의 모든 가금류를 살처분하기 때문이다.

길은 없는가? 반경 3㎞ 내 살처분 정책을 바꿀 수는 없을 것이다. 현실적인 또렷한 대안이 없다. 그렇다면 방법은 하나다. 농장과 농장 사이의 거리를 3㎞ 밖으로 두는 방법이 있다. 사유재산인 데다 혐오시설이어서 분산이 쉽지는 않다. 어렵더라도 살처분보다 어렵지는 않을 터이다. 기존의 농장을 분산하는 정책을 단단히 펼치는 동시에 새로운 농장의 경우 기존 농장으로부터 3km의 이격거리를 두지 않으면 허가하지 않는 것이 마땅하다.

또한 현재의 공장식 밀집사육 방식으로는 질병 발생과 확산을 막을 수 없다고 본다. 조류독감이 가장 기승을 부렸던 2015~2017년 3년 동안 살처분된 가금류는 지난 16년 동안 살처분된 숫자의 90%에 이른다. 그럼에도 이 기간 동안 충청북도의 동물복지농장 23곳에서는 조류독감이 한 건도 발생하지 않았다는 사실은 시사하는 바가 크다. 물론 모든 농장이 복지농장의 형태로 옮겨 가기는 어렵다. 수요 충족의 문제도 따른다. 하지만 밀집사육 방식의 개선을 통한 축산 패러다임의 변화는 필연이다. 무엇보다 사육밀도를 줄여 줄 필요가 있다. 1만 마리를 키우던 공간에서 5000마리만 키우는 식으로 줄여 가는 것이다. 물론 가격이 두 배로 오른다.

두 가지 방법이 있다. 소비를 반으로 줄이는 방법이다. 해 볼 만하다. 일주일에 두 번 먹던 것을 한 번으로 줄이거나, 일주일에 한 번 먹던 것을 2주일에 한 번으로 줄이는 방법이다. 하지만 대다수가 그럴 수 없다고 한다면 오른 가격, 곧 반은 정부에서 지원하면 된다. 지금까지 조류독감 관련하여 가금류를 무참히 죽이는 데 쓴 비용이면 지불하고도 많이 남는다. 조류독감 16년 동안 정부가 지출한 가금류 살처분 보상비는 모두 1조 1649억 원이다. 보상비만 그렇다. 그 비용을 저들을 죽이는 데 쓸 것이 아니라 살리는 데 썼다면 저들도 살고 우리 몸과 마음도 더 건강해지지 않았을까 싶다.

동물전염병에는 조류독감 말고도 구제역과 아프리카돼지열병이 있다. 조류독감은 2018년 3월 17일 이후로 2020년 3월 현재까지 다행히 발병 사례가 없다. 두 번의 겨울을 고맙게도 잘 넘긴 셈이다. 구제역은 2019년 1월 31일을 마지막으로 2020년 3월 현재까지 추가 발병이 없다. 2019년 말에서 2020년 초에 이르는 겨울은 조류독감과 구제역의 발병 없이 지나간 드문 겨울이기도 하다. 그것은 다행인데 2019년 겨울에는 다른 나라 이야기로만 여겼던 아프리카돼지열병이 발생한다. 2019년 9월 17일 경기도 파주에서 최초 확진을 시작으로 경기도 북부지역과 강원지역 일부로 번지고 있다.

구제역과 아프리카돼지열병 모두 바이러스가 원인이며, 전염성이 무척 크다. 이들에 대한 정부의 긴급행동조치는 조류독감과 동일하다. 대상이 닭이나 오리에서 소나 돼지로 몸집이 엄청 커진다는 차이가 있다. 소와 돼지의 살처분과 매몰 과정이 어떨지는 상상에 맡긴다. 2011년 가을, 왜 그분이 겨울을 앞두고 스스로 생명을 끊어야 했는지도….

보리

보릿고개라는 말이 있었다. 가을에 수확한 쌀은 바닥났는데 보리는 아직 영글지 않은 5~6월의 배곯는 시기를 뜻한다. 식물의 세상도 변한다. 쌀 생산이 늘며 보릿고개라는 말은 잊혔고 보리의 재배도 줄었다. 바람에 흔들리는 보리의 느낌은 여전히 정겹다.

II
식물을 대하는 마음

식물의 생물학적 정의는 다세포, 진핵, 독립영양체다. 여러 개의 세포로 이루어져 있고, 막으로 둘러싸인 진정한 핵이 있으며, 스스로 영양의 문제를 해결하는 생명체라는 뜻이다. 그렇게 배웠고, 오랜 시간 그렇게 가르쳤다. 그런데 잘 와닿지 않는다.

1

식물과의 만남
– 고마움과 아름다움의 시간

초등학교 시절, 방학을 맞으면 시골 외가에 가서 살았다. 식물과 만난 기억은 그때부터다. 무척 또렷하다. 외가는 널찍한 들녘 한복판에 자리하고 있었다. 옹기종기 모여 있는 집 중 하나가 아니라 홀로 뚝 떨어져 있었다. 주변 논이 모두 외할아버지께서 일구시는 땅이었으니 꽤 부농이었다. 듬성듬성 산이 있었으나 야트막한 언덕 수준이어서 시야를 막을 정도는 아니었다.

나를 맞이한 녹색의 평원

여름방학에 버스에서 내리면 탁 트인 녹색의 평원이 나를 맞았다. 복잡한 생각이 많지 않았던 어린 시절이었지만 키가 같은 벼가 끝없이 서 있는 모습을 보는 것으로도 가슴이 뻥 뚫리는 느낌이었다. 겨울방학이면 추수가 끝나 녹색은 갈색으로 바뀌었어도 막힘없는 시야가 주는 시원함은 크게 다르지 않았다. 당시 서울의 우리 집은 집들이 다닥다닥 붙어 사방이 꽉 막힌 곳이었기에 더 그랬을 것이다. 논 사이의 신작로와 좁은 논둑길을 여러 차례 바꿔 가며 오래도록 걸어야 외가에 닿았지만 지루하거나 힘들지 않았다. 볼 것도 많고 놀 것도 많아서다.

여름에는 신작로든 좁은 논둑이든 길 양쪽으로 콩이 빼곡히 줄지어 서 있다. 콩이 제대로 영글어 볼록하지는 않아도 콩꼬투리는 이미 주렁주렁 달려 있었다. 신작로는 소똥 천지다. 길에서 잠시라도 눈을 떼면 바로 밟을 수밖에 없다. 결과는 언제나 같았다. 콩잎에 앉은 메뚜기에 눈이 팔려 어머니께서 큰맘 먹고 사 주신 새 신발은 늘 소똥 범벅이 되고 말았다. 아직 외가는 아득한데 둑길을 따라 나를 맞으러 나오는 긴 행렬이 보였다. 맨 앞에서 넘어질 듯 급한 걸음으로 오시는 분은 항상 외할머니셨다. 초등학교 때는 언제나 그렇게 시골 외가에서 나의 방학이 시작되었다.

전기가 들어오지 않던 시절이라 일찍 잤다. 일찍 자니 또 일찍 일어난다. 이른 아침, 동서남북 어디로도 막힘이 없는 들녘에서 맞는 풍경과 정취는 특별했다. 바로 전날까지 지냈던 서울에서는 볼 수 없는 탁 트인 녹색의 싱싱한 들판, 알맞게 물기 머금은 흙의 냄새, 벼 잎마다 맺혀 있는 맑은 아침이슬, 낡은 짚 누리에서 퍼져 오는 잘 썩은 볏짚 냄새, 너무 진하지 않은 물안개가 피어오르는 저수지의 풍경, 벌써 활짝 피어나 살며시 향기까지 퍼뜨리며 서 있는 연꽃 무리, 저수지 넘어 공손히 엎드려 절하는 모습의 정겨운 초가집 몇 채, 굴뚝마다 피어오르는 아침 짓는 연기, 초가집을 포근하게 감싸 안으며 천천히 솟아오르는 잘 익은 감빛의 아침 해…. 이 평온한 모습들은 그 시간 이후로 한 장의 그림으로 어우러져 나의 가슴에 온전히 자리하고 있다. 살고, 살아가고, 또 더러 살아지며 힘겨운 시간을 지날 때마다 스스로 아픈 마음을 달래기 위해 꺼내 펼쳐 보는 그림이다. 식물에 대한 첫 인상은 파릇함과 싱그러움이었다.

식탁에 오른 푸른 밭

어쩔 수 없이 식물은 주로 먹을거리로 만났다. 외가댁 마당 한쪽에는 널찍한 텃밭이 이어져 있었다. 자동차는 고사하고 자전거도 없던 시절이다. 시장에 가려면 어른 걸음으로도 한 시간 넘게 걸어야 한다. 자급자족한다. 덕분에 밥상에 오르는 모든 식재료를 밭에서 만난다. 텃밭에는 정말 없는 것이 없었다. 고추, 대파, 쪽파, 마늘, 생강, 양파, 상추, 오이, 늙은 오이, 가지, 당근, 무, 배추, 늙은 호박, 애호박… 시장에 가서 사야 하는 것을 밭으로 나가 따 오거나 뽑아 오면 되고 마늘이나 양파처럼 이미 수확한 것은 '광'이라 불렀던 곳간에서 가져오면 되는 생활은 엄청 신기했다.

풋고추 몇 개와 오이 몇 개, 상추와 들깻잎 몇 장 따 오면 여름날 한 끼 반찬으로 충분했다. 늙은 오이(노각)의 껍질을 벗기고 큼지막한 씨를 빼낸 뒤 숭숭 썰어 고추장에 버무리면 향이 독특하고 시원해서 여름날 별식이었다. 가지는 밥을 지을 때 사발에 담아 가마솥 한쪽에서 찐 다음 손으로 찢어 참기름 몇 방울 넣고 버무리면 부드럽고 좋았다. 물론 참기름 또한 참깨를 키워 직접 짠 것이라 하셨다. 가지 자리에 간장으로 양념한 깻잎이나 콩잎이 놓일 때도 있었다. 여름날 점심에는 더러 칼국수를 먹었다. 밀가루 역시 직접 키우고 수확한 밀을 빻은 것이었다.

밀가루에 물을 붓고 소금도 술술 뿌린 뒤 반죽이 시작된다. 양손으로 이리 치대고 저리 치대는 사이 가루는 찰진 덩어리 모습을 갖춘다. 외할머니와 큰외숙모님의 반죽 솜씨는 예술이었다. 반죽이 끝나면 참외 크기의 덩어리로 듬성듬성 자른 다음 다듬이 방망이로 밀어 넓게 펼친다. 옆에서 밀가루도 잘 뿌려 줘야 한다. 알맞은 두께로 펼쳐지면 다시 둘둘 접고 칼로 썰었는데 그 솜씨 또한 예술이었다. 어쩌면 두께가 그렇게 일정할 수 있는지 신기하기만 했다. 한쪽 가마솥에서는 긴 나무를 휘휘 저으며 칼국수를 삶았고, 다른 한쪽에서는 고명으로 얹을 애호박을 볶았다. 애호박을 볶는 들기름 또한 손수 지은 들깨에서 얻은 것이었다. 처음부터 끝까지 직접 키운 재료로 만들어진 칼국수는 정말 맛있었다. 한번은 꽤 먼 거리였지만 서해바다로 나가 잡은 바지락으로 육수를 냈을 때가 있었다. 50년이 지난 지금도 그 맛을 잊지 못한다.

마을에는 구멍가게가 없었다. 구멍가게를 만나려면 버스 정거장 주변의 큰 마을로 가야 했는데 한 시간 가까이 걸어야 했고 결정적으로 돈이 하나도 없었다. 주전부리할 사탕 몇 개가 안방 높은 벽장 속에 있는 것은 안다. 하지만 그곳은 할아버지만 열고 닫을 수 있는 공간이었다. 간식도 텃밭에서 얻었다. 토마토, 참외, 수박이 있었고 먹고 싶으면 따면 된다. 할머니께서 따로 마련해 주시는 간식은 옥수수, 감자, 고구마였다. 겨울에는 방으로 화덕을 들여 와 숯불로 고구마를 구워 주시기도 했다. 평야 지역이라 밤은 귀했다. 텃밭 가장자리에는 수수와 조가 심겨 있었다. 수수와 조는 콩이나 팥과 함께 주로 떡을 만들 때 쓰였다.

여름 한가운데에 이르면 할머니께서는 불쑥 쌀자루를 머리에 이고 산비탈 과수원에 홀로 가시고는 했다. 제법 먼 길이었다. 돌아오시는 길, 할머니 머리에 얹은 똬리에는 작은 쌀자루 대신 큼지막한 복숭아 자루가 앉아 있었다. 들녘이어서 산모퉁이에 가리기까지는 가고 오시는 모습이 보인다. 할머니가 보이기 시작하면 나는 달음질치기 시작한다. 더운 여름날 옷이 다 젖을 정도로 땀을 흘리셨지만 아무리 보채도 머릿짐을 내게 주지는 않으셨다. 하긴 내가 너무 어렸다. 겨울, 비닐하우스를 이용한 시설재배는 다른 나라 이야기였던 시절이다. 전기 자체가 들어오지 않았으니 냉장고는 생각도 못 한다. 실질적으로 푸푸한 채소를 만나기 어려운 계절이다. 그렇다고 아예 만나지 못하는 것은 아니다. 짚 울타리 옆에는 가을에 땅에 묻어 둔 배추가 있다. 일주일에 한두 번은 시들지 않은 제법 아삭한 채소를 만날 수 있었다. 또한 무청을 말린 푸른 빛깔의 시래기가 처마마다 걸려 있었다. 그렇게 겨울도 지났다.

무엇을 먹든 할머니께서는 항상 고마워하며 드셨다. 그저 씨앗 하나 심었을 뿐인데 이처럼 풍성하고 귀한 음식이 되어 준다는 말씀을 자주 하셨다. 그리고 나는 그 말씀을 마음에 새겼다. 이처럼 식물은 나에게 싱그러운 존재, 그리고 고마운 존재로 자리 잡는다. 고마운 존재였으니 함부로 대할 수 있는 대상이 아니었다.

꽃보다 아름다운

식물을 가까운 거리에서 자세히 그것도 날마다 볼 수 있었던 것은 무척 소중한 경험이었다. 식물의 잎이 종류마다 다르다는 것을 그때 알았다. 생김새도 다르고, 빛깔도 조금씩 다르고, 잎맥은 서로 많이 다르다는 것을 그때 알았다. 꽃 또한 꽃마다 서로 다르다는 것도, 어떤 생김새든 어떤 빛깔이든 어떤 크기이든 모두 아름답다는 것도 알게 되었다.

외가에서 가장 많이 만나는 꽃은 호박꽃이었다. 텃밭에는 물론이고 사랑채와 헛간의 초가지붕에도 덩굴을 뻗어 피어 있었다. 꽃의 크기가 커서 잘 드러나기까지 했다. 지금은 그런 표현을 하지 않지만 그때는 인물이 없음을 빗대어 말할 때 예로 들던 것이 호박꽃이었다. 나는 도무지 이해가 되지 않았다. 자세히 본 호박꽃은 정말 예뻤다. 무엇을 날마다 보는 것이 소중한 이유는 과정을 알게 해 주기 때문이다. 특히 변화의 과정을 알게 해 준다. 뚝딱 되는 것은 아무것도 없었다. 씨앗에서 싹이 트고, 잎이 나고, 꽃이 피기까지는 시간이 필요했다. 변화에는 언제나 그렇게 시간이 필요했다.

식물의 고마움은 먹을거리로 그치지 않았다. 우선 벼. 벼는 쌀을 얻는 것이 전부가 아니었다. 벼 이삭을 털어 낸 볏짚은 잘 말린 다음 적당한 크기의 다발로 묶어 차곡차곡 집 모양으로 쌓아 보관하다 필요에 따라 조금씩 헐어 썼다. 볏짚은 가장 중요한 땔감이었다. 하루 세 끼 밥을 짓고, 추운 겨울 방을 따듯하게 덥히는 것 모두 볏짚이 타는 것으로 가능한 일이었다. 그 시절에는 눈이 많았다. 옷이나 신발이 지금에 비하면 허름하기 짝이 없었고 아무리 눈 속을 뒹굴며 노는 것이 재미있어도 손발이 시린 것은 감당하기 어려웠다. 젖은 신발과 벙어리장갑과 양말을 말리는 것 또한 볏짚 불이었다. 밥을 짓는 시간이면 부엌으로 달려갔고, 빈 논에 흩어져 있는 볏짚을 모아 직접 불을 놓아 말리기도 했다.

한동안 외가는 초가였다. 초가는 짚이나 갈대 따위의 풀로 지붕을 인 집을 말한다. 당시 시골 마을에서는 다른 풀은 사용하지 않고 모두 볏짚으로 지붕을 이었다. 볏짚이 초가의 지붕에만 쓰이는 것은 아니다. 사랑채를 허물고 다시 지을 때가 있었다. 마을 분들이 모두 모여 힘을 보탰다. 며칠 걸리는 일이었다. 담을 쌓는 벽돌은 이웃 산에서 파 온 붉은색 황토로 만들었다. 황토에 물을 붓고 갤 때 함께 넣는 것이 있었다. 잘게 자른 볏짚이다. 황토로만 빚은 것보다 볏짚이 들어가면 벽돌이 훨씬 더 단단해진다고 들었고, 사실이다. 직사각형의 나무틀에 반죽을 넣어 벽돌 모양을 만들고 굳히면 벽돌 완성.

벽돌로 담을 쌓은 다음에는 서까래를 걸치고 지붕널을 깐다. 서까래와 지붕널은 모두 나무로 만든다. 지붕널 위를 기와로 덮으면 기와집, 짚으로 덮으면 초가다. 볏짚은 생활용품을 만드는 소중한 재료였다. 달걀 꾸러미, 닭이 알을 품는 둥우리를 비롯하여 무엇을 담아 보관할 때 쓰는 가마니를 만드는 재료였다. 비 올 때 입는 도롱이도 볏짚으로 만든다. 게다가 볏짚을 손바닥으로 비벼 꼬아 새끼줄을 만들면 그 쓰임새는 더 다양해진다. 나일론 줄이 없던 시절이다. 무엇을 묶고 단단히 매는 것은 모두 새끼줄로 했다. 새끼줄은 꼬는 볏짚의 양에 따라 굵기를 달리할 수 있다. 굵기가 다양한 만큼 쓰임새 또한 무궁무진하다. 곡식을 말리거나 마당에서 밥을 먹을 때 까는 크고 작은 멍석, 곡식이나 감자와 고구마를 포함하여 무엇을 옮기는 데 썼던 삼태기, 시골식 가방이었던 망태기와 구럭 모두 새끼줄로 만들었다. 그뿐인가. 볏짚을 작두로 잘게 썬 여물을 쌀겨와 섞어 가마솥에 끓이면 소의 훌륭한 겨울철 양식이 되었다. 당시 모자는 밀짚모자다. 밀짚으로 직접 만들었다.

싸리의 쓰임새도 컸다. 빗자루는 싸리 빗자루였고, 이웃에는 싸리를 엮어 담으로 삼은 집이 몇 채 있었다. 뒷간의 가림막으로 만든 발도 싸리였고, 밤에 병아리를 가둬 두는 할머니 치마폭처럼 생긴 병아리 집도 싸리를 엮은 것이었다. 대나무의 쓰임새도 무척 다양했다. 가장 기억에 남는 것은 참깨나 들깨에 섞인 돌을 골라내거나 알곡과 쭉정이를 가려낼 때 쓰는 키다. 알곡과 쭉정이가 섞여 있는 곡식을 키에 담고 위로 휙 던진다. 무거운 알곡은 바로 아래 키로 떨어지고 가벼운 쭉정이는 키 밖으로 조금씩 날려 나간다. 바람은 등지고 앉는 것이 중요하다. 위로 던진 곡식을 키로 온전히 받는 것에는 탄성이 절로 나왔고, 떨어진 것을 받으면 알곡과 쭉정이의 경계가 생기기 시작하는 것도 신기하기만 했다.

비녀로 쪽 찐 머리 위로 하얀 수건 곱게 접어 쓰시고 마당 한쪽에 앉아 키질을 하시는 할머니의 모습은 무척 아름다웠다. 던지는 높이 또한 엄청났다. 던질 수 있는 높이가 삶의 깊이겠다는 생각이 얼핏 스쳤던 기억이 난다. 볏짚, 보릿짚, 싸리, 왕겨, 콩대, 옥수숫대, 수숫대, 나무 그 무엇이라도 불을 지피고 남은 모든 재는 헛간에 잠시 모여 있다 가축의 배설물과 만나 좋은 거름으로 변했다. 식물은 또한 그 거름으로 컸다. 뭔가 돌고 도는 물질순환의 개념이 싹튼 시기이기도 하다.

외할머니께서 한때 목화를 키우셨다. 여름방학이면 마당 옆 텃밭에 꼭 무궁화를 닮은 꽃이 피었다. 색깔은 연한 노란색이거나 연한 분홍색이었다. 처음에는 그것이 목화라는 것만 알았고 솜으로까지 연결되지는 않다가 어느 해 가을에 추석을 맞아 들렀을 때 목화의 실체를 알게 되었다. 열매가 익어 네 갈래로 터지며 말 그대로 솜뭉치가 탐스럽게 달려 있었다. 겨울방학 때 덮고 자는 이불이 그 솜으로 만들어졌던 것이다.

근처에 구멍가게도 없었으니 병원은 생각도 못 한다. 한 시간 넘게 걸어 면소재지로 나가야 병원이 있었다. 정확히는 의원이다. 곧 숨이 넘어가는 상황이 아니면 찾지 못할 만큼 의원의 문턱도 높았다. 여름이면 한 번씩 배탈이 났다. 복통, 구토, 설사. 약방에서 파는 약은 없다. 대신 할머니께서 약을 주셨다. 주변에 있는 식물이 약이라고 하셨다. 배탈은 민들레나 고들빼기 삶은 물을 마시며 진정되기를 기다렸다. 겨울이면 고뿔이라 불렀던 감기에 또 걸린다. 역시 약은 할머니께서 주신다. 생강 달인 물이었다. 약의 대부분이 식물이 지닌 약리성분을 순수하게 분리·추출하거나 합성한 것이라는 사실은 나중에 알았더라도 식물이 약이고, 약이 식물이라는 생각은 그때 자리 잡았다. 실제로 오늘날 우리가 쓰는 의약품의 4분의 1 정도는 식물에서 얻는다.

나의 성장과 함께한 꽃과 나무들

식물이 이처럼 의식주를 비롯한 삶의 전반과 깊은 관계를 맺고 있다는 사실을 어릴 때부터 머리가 아닌 가슴으로 느낄 수 있는 시간이 내게 있었던 것은 무척 고마운 일이다. 어렴풋이 이런 생각도 들었다. '동물(소, 닭, 돼지…)은 없어도 어찌어찌 살 수 있지만 식물이 없으면 못 살겠구나….' 무엇보다 자연의 모든 요소는 어떤 형태로든 쓸모가 있어 함부로 버려져 영원히 쌓이는 일이 없음을 지켜보게 된 것은 훗날 자연과 어떻게 더불어 사는 것이 옳은가에 대하여 깊이 생각하는 데 좋은 밑거름이 되었다.

중학교에 들어가면서부터는 시골에서 오래 머물지 못했다. 그렇더라도 식물을 대하는 마음 자체는 초등학교 때와 다르지 않았다. 중학교 때, 교정이 조금 삭막했다. 도로에 바로 붙어 있는 학교였는데 나무가 거의 없었다. 화단에도 내 키 높이의 향나무만 띄엄띄엄 덩그러니 서 있을 뿐이었다. 위안을 삼은 것은 집과 버스 정거장을 오가는 길에 나무가 많았다. 정확히는 똑같은 가로수만 서 있는 도로를 따라가는 길이 있었고 멀리 돌아가는 길이 있었는데, 돌아가는 신문로 길에는 당시 큰 정원을 지닌 저택이 자리하고 있었다. 자가용이 무척 귀한 시절이었는데 집마다 차고도 따로 있었다. 작은 집이 다닥다닥 붙어 있던 우리 동네에서는 그곳을 부자 동네라고 불렀다.

담은 주로 담쟁이가 차지하고 있어 싱그러웠고 봄에는 개나리, 여름에는 장미와 능소화가 담을 넘어와 치렁치렁 꽃을 달고 늘어져 있어 제법 보기 좋았다. 나무는 어쩔 수 없이 담 너머로 만나는 것이었지만 봄이면 매화, 목련, 모과나무에다 당시에는 이름을 몰랐던 온갖 꽃이 만발했고 여름부터 가을까지는 매실, 감, 배, 모과가 탐스럽게 달려 있어 나름 멋졌다. 담이 그리 높지 않아 고마웠다. 나는 돌아가는 그 멋진 길로 주로 다녔다.

고등학교에 다닐 때는 행복했다. 집과 학교를 오가는 길이 광화문로였는데 나이 든 가로수가 제법 풍치 있었다. 시간을 따라 그 모습이 변하는 것을 마주하는 것도 잔잔한 기쁨이었다. 학교 교정마저 아름다웠다. 그리 크지 않은 정원이었지만 다양한 풀과 나무가 알맞게 어우러져 제법 분위기가 좋았다. 더군다나 교실이 언덕 위에 있어 비원(창덕궁 후원)이 내려다보였다. 그 아름다운 숲을 날마다 바라볼 수 있다니, 분명 축복이었다. 비원 쪽 창가 자리에 앉는 것이 소망이었는데, 그 소망이 딱 한 번밖에는 이루어지지 않았던 것이 아쉬움으로 남아 있을 뿐이다.

대학에 가서도 정문으로는 거의 다니지 않았다. 동문으로 들어서면 산길을 지나야 했고 한동안 비포장이어서 비가 오면 신발이 엉망이 되었지만 그래도 대학 내내 산길로 다녔다. 참으로 멋진 숲길이었다. 이양하 선생님께서 그 솔숲 사이 그루터기에 앉아 사유하며 쓰신 글이 《신록예찬》이다. 봄날이면 숲길 벤치에 앉아 선생님 흉내를 내며 신록을 감상하느라 더러 지각도 했다. 한편, 대학에서는 생물학과의 학생으로 식물을 공부했다. 대학원에서는 아예 식물학을 전공으로 삼았다. 식물의 구조와 기능에 대해 학문적으로 접근한 시기다. 아이러니하게도 식물을 전공한 대학원 시절이 식물을 대하는 마음으로만 보면 가장 메마르고 팍팍했던 시간이 아니었나 싶다.

2

공부로 만난 식물 - 식물은 어떤 생명인가?

처음에 언급한, 가슴에 잘 와닿지 않는 이야기를 다시 꺼내 본다. 식물은 진핵세포이다. 진핵은 진짜 핵이라는 뜻이다. 진짜 핵은 핵막으로 둘러싸인 핵을 말하며 유전물질은 기본적으로 핵 안에 존재한다. 진핵세포는 핵 외에도 막 구조를 여럿 가지고 있다. 세포 안에 또 다른 작은 공간들이 생기는 셈이다. 세포소기관이라고 한다. 세포소기관의 출현은 세포 기능의 전문화를 뜻한다. 특정 기능은 특정 세포소기관이 수행하는 시스템이다.

무에서 유를 창조하는 힘, 광합성

동물은 먹을 것을 찾아 이리저리 옮겨 다닌다. 식물은 움직이지 못한다. 정확히는 공간 이동을 할 수 없다. 그러면서도 스스로 먹고사는 문제를 해결해야 한다. 무에서 유를 창조해야 하는 꼴이다. 해결한다. 광합성이다. 세포 수준에서 동물과 식물의 기본적인 차이는 동물은 종속영양체고 식물은 독립영양체라는 점이다. 식물은 광합성을 통해 영양의 문제를 스스로 해결한다. 토양 속의 물과 공기 중의 이산화탄소로부터 포도당을 만드는 재주가 있다. 물론 빛이 필요하다. 물과 이산화탄소는 무기물이고, 포도당은 유기물이다. 탄소 여섯 개로 이루어진 포도당을 더 자르고, 자른 것을 변화시키고, 더 붙이기도 하면서 식물은 생존을 위한 영양분을 만들어 나간다. 종속영양체인 동물은 무기물로부터 유기물을 만들지 못한다. 하지만 식물은 그런 특별한 재주가 있으며, 광합성을 전담하는 세포소기관이 엽록체다.

어디 그뿐인가. 광합성의 결과로 식물이 만드는 것은 포도당만이 아니다. 산소를 만들며, 지구상의 생물은 식물이 뿜어내는 산소로 호흡하며 살아간다. 광합성의 구체적인 과정은 상당히 복잡한 광화학반응이다. 긴 설명이 필요하므로 여기서는 그냥 지나치기로 한다. 물론 광합성을 통해 얻은 유기물이 식물의 생존에 필요한 양분을 모두 충족하는 것은 아니다. 토양으로부터 미량원소와 다량원소를 포함한 다양한 물질을 흡수해야 온전히 생존할 수 있다. 하지만 이들 또한 모두 무기물이니 식물이 무에서 유를 창조할 수 있다는 사실에는 변함이 없다.

견고함과 융통성의 공존

모든 생명체는 세포로 이루어져 있으며, 세포를 둘러싼 막이 세포막이다. 식물은 정해진 자리에서 온갖 환경의 변화를 고스란히 감당해야 한다. 유약한 세포막으로는 환경의 변화를 감당할 수 없다. 두터운 외투가 필요하다. 식물세포는 세포막 바깥에 동물세포에는 없는 두터운 외투가 있다. 세포벽이라 부른다. 섬유질 성분의 무척 견고한 구조다.

식물은 몸을 지탱할 뼈대, 곧 골격이 없다. 세포벽이 골격을 대신한다. 동물세포든 식물세포든 세포 내부는 바닷물 수준의 농도를 유지한다. 그보다 농도가 낮은 환경에 놓이면 세포 밖에서 안으로 물이 들어온다. 세포는 팽팽해지다 한계를 넘으면 결국 터진다. 동물은 걱정이 없다. 움직일 수 있으니 그러한 환경을 피하면 된다. 식물은 꼼짝하지 못한다. 물이 들어오는 것 자체를 막을 수는 없다. 하지만 물이 계속 밀고 들어오지 못하도록 막아 세포가 터지지 않게 할 수는 있다. 견고한 벽, 세포벽의 몫이다. 반대의 상황을 생각해 보자. 세포보다 농도가 높은 환경에 처할 수 있다. 세포 안에서 밖으로 물이 빠져나가며 쪼그라든다. 세포의 기능이 정상일 수 없다. 역시 동물은 걱정이 없다. 피하면 된다. 식물은 피할 수 없다. 물을 잃어 팽팽한 탄력은 약해지더라도 조금 시드는 정도로 버텨야 한다. 그 또한 벽돌로 담을 쌓아 놓은 듯한 세포벽이 있어 가능하다.

기본적으로 동물은 면역체계가 작동한다. 동물의 피부는 병원체의 침입을 막는 아주 좋은 구조다. 온몸이 피부로 완벽히 밀봉되어 있다면 동물은 질병으로부터 무척 자유로울 것이다. 하지만 호흡하고, 먹고, 보고, 듣고, 생식해야 하기에 열린 공간이 있다. 병원체가 침입하기 좋은 통로다. 그래서 외부와 연결되는 입, 코, 눈, 귀 등에는 기본적으로 면역체계가 마련되어 있다. 조금 거친 수준의 면역체계다. 만약 병원체가 그 저지선을 넘어서면 다음에는 섬세한 수준의 면역체계가 작동한다. 식물은 어떠한 면역체계도 갖추고 있지 않다. 아예 병원체의 침입을 원천적으로 봉쇄하는 길을 택한다. 그 또한 세포벽의 몫이다. 움직이지 않는 길을 택했으니 스스로 견고해야 하고 그 중심에 세포벽이 있다.

그런데 견고함만으로는 생명을 유지할 길이 없다. 그 두껍고 견고한 벽을 밀어내고 세포분열은 어찌할 것이며, 생장은 또한 어찌할 것인가. 식물은 그 또한 해결한다. 기본적으로는 견고하되 필요할 때는 유연함을 발휘한다. 딱딱한 세포벽이 필요에 따라서는 느슨해진다.

식물은 다세포생명체다. 다세포는 단순히 여러 개로 이루어져 있다는 것을 뜻하지 않는다. 여러 개의 세포로 이루어져 있으나 세포와 세포 사이에서 아무런 소통이 이루어지지 않는다면 다세포로 보지 않는다. 세균이 그렇다. 연쇄상구균이나 포도상구균을 예로 보자. 연쇄상구균은 동그란 모양의 세균, 곧 구균이 사슬 모양으로 여러 개 이어진 모양이다. 포도상구균은 구균이 포도 모양으로 여러 개 모여 있는 모습이다. 분명 여러 개의 세포로 이루어져 있지만 연쇄상구균과 포도상구균 모두 단세포로 본다. 이웃한 세포와 세포 사이에서 아무런 소통도 이루어지지 않기 때문이다.

식물은 어떤가. 모든 세포가 단단한 세포벽으로 둘러싸여 있다. 세포마다 견고한 돌담이 둘러선 꼴이다. 식물도 담으로 단절된다면 수조 개의 세포로 이루어져 있더라도 단세포다. 그러나 식물은 이웃 세포와 소통한다. 돌담 사이에 이웃 세포와 소통할 수 있는 통로가 있다. 세포벽에 뚫린 구멍이 이웃 벽을 지나 서로의 원형질과 연결되어 있다. 원형질연락사라고 부르는 구조다. 식물세포는 원형질연락사를 통해 세포와 세포 사이에서 물질의 이동이 일어난다. 물질의 이동, 곧 신호의 이동이 소통이다. 식물은 견고함과 융통성이 어떻게 결합할 수 있는지를 잘 보여 주는 생명체다.

지방분권과 전형성능

동물과 식물은 생존전략의 기본 틀 자체가 다르다. 동물은 중앙집권화, 식물은 지방분권화다. 동물의 몸은 중추의 역할을 하는 뇌와 뇌의 명령에 따르는 기관(호흡기관, 순환기관, 소화기관, 배설기관, 생식기관 등)들로 구성된다. 이러한 시스템의 가장 큰 장점은 의사결정 속도가 빠르다는 것이다. 결정된 사항이 개체 전체로 전파하는 속도 또한 빠르며, 기능의 전문화도 수반한다. 단점도 있다. 빠른 대신, 빠른 만큼 오류가 많다. 뇌에 문제가 생기면 모든 것이 멈춘다. 기관 하나만 망가져도 전체로 문제가 번진다. 식물은 동물의 뇌에 해당하는 구조가 없다. 중앙통제센터가 없는 분산적 협력 구조다. 어느 누구도 명령을 내리지 않는다. 명령을 내릴 누가 없으니 명령을 전할 시스템도 없다. 감각기관이 발달한 것도 아니다. 그럼에도 동물 못지않은 감각으로 환경의 변화를 정확하게 인식하고 판단한다. 정교한 손익분석이 가능할 뿐만 아니라 물리·화학적 변화에 대응할 방법을 결정하고 수행하는 능동적 경쟁력도 갖추고 있다.

식물도 뿌리, 줄기, 잎, 꽃을 비롯한 다양한 기관이 있다. 동물의 기관처럼 모두 달라 보인다. 그러나 속을 들여다보면 크게 다르지 않다. 각 기관의 세포 하나하나가 다른 기관의 기능을 공유한다. 동물과 달리 어느 한쪽에 문제가 생겼다 하여 그 문제가 전체로 번지지 않는 이유다. 뿌리가 상했다 하여, 줄기나 가지가 부러졌다 하여, 잎이나 꽃이 떨어졌다 하여 죽지 않는다. 게다가 식물은 어느 세포라도 그 세포 하나가 식물 전체로 재생될 수 있는 능력까지 갖추고 있다. 모든 세포가 동물의 배아줄기세포인 셈이며, 꺾꽂이와 휘묻이가 가능한 배경이다. 동물은 생식세포가 발달하여 성체가 되지만 식물은 어느 세포라도 온전한 식물이 될 수 있는 능력이 있다. 전형성능totipotency이라고 한다.

뿌리, 중요한 것은 보이지 않는다

동물은 움직이며 모습이 온전히 드러난다. 식물은 정해진 자리를 지킨다. 자리를 지키기 위해 땅속으로 내린 것이 있다. 뿌리. 식물의 보이지 않는 부분이다. 보이지 않는다 하여 중요하지 않다고 할 수 없다. 보이지 않은 것이 오히려 더 소중한 경우도 있다. 식물은 독립영양체다. 영양의 문제를 스스로 해결하며, 그 중심은 잎에서 일어나는 광합성이다. 그러나 광합성을 통해 얻은 유기물이 식물의 생존에 필요한 양분을 모두 충족하는 것은 아니다. 물은 물론이며 토양으로부터 미량원소와 다량원소를 포함한 다양한 물질을 흡수해야 생존할 수 있다. 이들의 흡수는 뿌리가 한다.

식물은 움직일 수 없기 때문에 오히려 환경변화를 효율적으로 탐색하고 위기 상황에 즉각적으로 대응할 수 있는 시스템이 필요하다. 보이지 않는 땅속에서의 그러한 시스템이 바로 정교한 뿌리 그물망이다. 육상식물이 지난 4억 5000만 년 동안 번성하게 된 것에는 땅 위의 줄기 못지않게 땅속 뿌리의 효율적이고 독립적인 특성 또한 크게 작용했다. 식물은 서식환경이 양호한 열대지방에서 시작해 열악한 남쪽과 북쪽으로 확산했는데, 이때 큰 변화가 생긴다. 뿌리 끝이 점점 좁아지고 잔뿌리가 많아진다는 점이다. 물과 영양분이 적은 척박한 환경에서 영양분을 세밀하게 찾기에 유리하기 때문이다. 서식환경이 우수하거나 양호한 열대 및 아열대지역 식물들의 경우 영양분을 찾는 가장 미세한 뿌리 끝단 직경이 0.25~1㎜ 정도다. 반면 춥고 강수량도 적은 척박한 환경에서 서식하는 식물의 미세 뿌리 직경은 0.25㎜ 미만이다. 잎의 형태와 기능이 식물 종의 생존에 필수적인 것처럼 식물 뿌리 시스템의 다양성 또한 식물 종 번성의 중요한 요인이다. 이처럼 식물은 자신의 환경 특성에 수동적으로 적응하기보다는 오히려 적극적으로 대처하며 스스로 서식할 수 있는 공간적 범위를 넓혀 간다.

식물은 오래 산다

식물은 오래 산다. 움직이지도 못하는 식물이 움직이는 동물보다 오래 산다. 이 또한 아이러니다. 동물 중 가장 오래 사는 종은 그린란드상어로 400년 정도를 사는 것으로 알려져 있다. 그린란드상어의 장수 비결은 낮은 체온이다. 변온동물인 상어는 수온이 낮은 곳에서 체온도 따라 낮아진다. 체온이 낮으면 체내의 물질대사 전반이 느려진다. 이 때문에 성장하는 데 오랜 시간이 걸리고 그만큼 노화도 늦어 수명이 긴 것으로 추정하고 있다.

최장수 동물 2위는 북극고래로 수명은 200년이 조금 넘는다. 북극고래의 장수 비결 역시 낮은 체온을 든다. 북극고래는 항온동물이지만 북극해에 서식하면서 체온이 낮아졌다고 한다. 북극고래 다음으로 수명이 긴 장수동물은 150년 이상 사는 코끼리거북이다. 무척추동물 중 가장 오래 사는 동물은 북미 대서양 연안의 대합류 조개로 500년 정도를 사는 것으로 알려져 있다.

식물은 어떤가? 올드하라 브리슬콘 소나무는 5000살이 넘는다. 정확히 5065살이다. 나이테로 센 나이다. 현재까지 나이가 밝혀진 나무 중에서 가장 나이가 많다. 얼마나 더 살지는 알 수 없다. 생존을 위해 필수적이지 않은 시스템은 모두 버리고 아주 적고 제한된 영양분으로 살아가고 있다. 우리나라에서 가장 오래 산 나무는 부산광역시 기장군 장안리의 느티나무로 1300살이다. 삼국을 통일한 신라 문무왕이 심었다는 이야기가 전해진다. 새천년을 앞둔 1999년 산림청이 지정한 밀레니엄 나무이기도 하다. 그럼에도 우리나라에서 가장 나이가 많고 키가 큰 나무 하면 경기도 양평 용문사 은행나무를 떠올린다. 키 42*m*, 밑동 둘레 15*m*, 나이 1100살로 추정한다.

은행나무는 2억 년 전 쥐라기 공룡시대부터 지구에 뿌리내리고 살아온 살아 있는 화석이다. 온갖 환경의 변화를 극복한 것과 더불어 은행나무는 대체로 수명이 길다. 은행나무가 수명이 긴 이유로는 지속적인 생장, 노화 방지 시스템의 작동, 외부 스트레스에 대한 강력한 저항력 유지 등을 꼽는다. 동물의 경우 노화는 줄기세포의 활력이 떨어지는 형태로 나타난다. 식물에서 동물의 줄기세포에 해당하는 것이 분열조직이다. 은행나무도 나이가 들면서 분열조직의 세포분열 속도가 느려진다. 하지만 유전자를 분석한 결과 노화와 관련한 유전자의 발현은 늘어나지 않는 것으로 나타났다. 세포분열의 속도만 느려질 뿐 은행나무는 사실상 늙지 않는다. 은행나무가 죽는 것은 노화가 축적돼

서가 아니라 가뭄과 같은 자연적 이유와 사람에 의한 훼손 등의 인위적 이유 때문이라는 뜻이기도 하다.

또한 은행나무는 늙어도 기후변화를 비롯한 외부 스트레스에 대응하는 저항력이 떨어지지 않는 것으로 나타났다. 저항력 유지 정도를 가늠하는 이차 대사물질인 플라보노이드flavonoid, 테르페노이드terpenoid 등의 합성능력이 끝까지 유지된다. 20살 청년 은행나무나 1000살의 나이 든 은행나무나 저항력 수준은 같다. 산다는 것만 생각할 때 식물은 어쩌면 동물보다 한 수 위에 있는지도 모른다.

3

식물의 생존전략

머리 위에서 뭔가 떨어지고 있다. 얼른 피하는 길이 있다. 그런데 움직일 수 없다면…. 4억 년에서 10억 년 전 사이, 삶의 문제에 있어 식물은 동물과 정반대의 길을 갔다. 스스로 몸을 움직여 생존의 길을 모색한 동물과 달리 식물은 땅에 뿌리를 내리고 움직이지 않기로 한다. 있는 자리에서 모든 환경의 변화를 스스로 감당하기로 한 것이다. 모진 비와 거친 바람, 어디로도 피하지 못하고 고스란히 맞아야 한다. 이글거리는 태양, 그늘로 갈 수 없다. 물, 뿌리 근처에 있는 것이 전부다. 추위, 모든 것이 꽁꽁 얼어붙어도 덜 춥거나 따뜻한 곳으로 옮길 수 없다. 게다가 먹고사는 문제도 정해진 자리에서 해결해야 한다. 어찌 보면 이해하기 어려운 길을 선택하지만 식물은 보란 듯이 잘 살아가고 있다.

대부분의 식물은 생각보다 열악하거나 그도 넘어 혹독한 환경에

엉겅퀴
식물은 움직일 수 없다. 한자리에서 모든 환경의 변화를 감당한다. 움직일 수 없어 더 강한 생명이다. 추위가 오면 엉겅퀴는 더 살려 하지 않는다. 땅 위는 포기하고 뿌리만으로 겨울을 견디며 여러 해를 꿋꿋이 살아간다.

서 살아간다. 식물 또한 빛, 온도, 수분과 양분을 비롯한 환경조건이 알맞은 곳에서 잘 살 수 있다. 하지만 자연환경은 언제라도 급격히 변할 수 있으며 장소에 따라 그 차이도 크다. 결국 식물이 살아가기에 최적의 조건을 갖춘 곳은 그리 많지 않다. 어떤 곳은 빛은 넉넉하나 물이 부족하고, 어떤 곳은 빛과 물은 충분하나 기온이 너무 낮으며, 빛과 물과 기온은 알맞으나 양분이 부족한 곳도 있다. 어느 하나가 부족하든가 반대로 지나친 경우가 대부분이며 모든 조건이 최악인 경우도 흔하다. 그럼에도 식물이 살지 않는 곳은 없다.

사막은 강한 광선, 높은 온도, 큰 일교차, 물 부족 등을 비롯하여 환경요소 하나하나가 식물이 서식하기에 지극히 힘겨운 조건들뿐이다. 따라서 사막에서 살아남으려면 이러한 극한의 조건을 넘어설 수 있는 특별한 대책을 갖춰야 한다. 식물은 끝없이 그 길을 찾았고 마침내 찾아내 사막에서도 당당히 살아간다. 툰드라 지역의 식물도 마찬가지다. 툰드라는 수목한계선 너머의 평원을 말한다. 시도 때도 없이 휘몰아치는 강풍, 혹독한 추위와 눈보라, 모든 것을 무참하게 짓이겨 버리는 밤톨 크기의 우박, 느닷없이 하늘을 뒤덮는 먹구름과 안개는 끊임없이 식물의 생존을 위협한다. 그럼에도 그나마 환경이 양호한 두세 달 사이에 부지런히 꽃을 피우며 끊임없이 세대를 이어 가는 식물이 많다. 심지어 1년 내내 살며 종을 유지하는 식물도 있다.

전략 1 – 경쟁

좋은 환경조건을 지닌 서식처에 생물종이 모여드는 것은 당연하다. 식물도 다르지 않다. 물, 빛, 온도 조건이 알맞은 곳에 뿌리를 내리려 한다. 한정된 공간으로 많이 모여드니 피할 수 없는 것이 경쟁이다. 경쟁에서 이기면 최고의 조건에서 사는 것이고, 경쟁에 밀리면 열악한 환경을 맞아야 하고, 더 밀려나면 극한의 환경에서 살아야 한다. 이러한 생각을 바탕으로, 영국의 생태학자 그라임John Philip Grime은 그의 대표적인 저서《식물의 전략과 식생 과정Plant Strategies and Vegetation Processes》에서 식물의 생존전략을 C-S-R 삼각형으로 설명한다.

C 전략은 경쟁형competitive으로 치열한 종간 경쟁을 이겨 낸 식물, 즉 강한 식물이다. 경쟁식물은 환경 요인이 일정하고 예측 가능한 곳에서 산다. 가장 좋은 서식환경이다. 서식환경이 좋은 곳이니 많은 식물이 공간을 차지하려 하고, 그러니 경쟁은 심할 수밖에 없다. 경쟁형 식물은 대체로 크기가 크고, 생장이 빠르며 수명이 길다. 서식환경으로 으뜸이니 당연한 결과다. 경쟁형보다 약한 식물들은 경쟁에서 밀려나거나 아예 강한 식물을 피해 악조건으로 찾아 들어가 S 또는 R 전략을 사용한다.

동물만 스트레스를 받는 것은 아니다. 식물에서도 실제로 스트레스라는 같은 용어를 사용한다. 빛이 너무 강하거나 적음, 기온이 너무 높거나 낮음, 물이 너무 많거나 없음, 염분이 너무 높거나 낮음, 모두 식물에게는 스트레스로 작용한다. S 전략은 스트레스내성형stress tolerant으로, 스트레스 환경요소를 견디는 힘을 갖추고 가혹한 환경을 거처로 삼아 살아가는 식물을 말한다. 대표적으로 사막에 사는 선인장과 툰드라 지역의 고산식물을 들 수 있다. 생활사 측면에서 스트레스내성식물은 느리게 생장하고 생활사 후기에 생식을 하는 경우가 많다.

R 전략은 교란내성형ruderal propagation이다. 교란은 산불이나 산사

태와 같이 자연에서 발생하는 것이 있다. 또한 도로, 빌딩 및 광산 건설, 농사를 짓다 방치된 묵밭, 벌목, 관개 등 인위적으로 발생하는 것들이 있다. 교란내성식물은 교란이 발생하여 개방된 척박한 상태의 나대지나 생물다양성이 파괴된 곳에서 개척자식물로 발생한다. 언제 어떤 일이 벌어질지 모르는 곳이며, 교란 지역조차 시간이 지나면 경쟁식

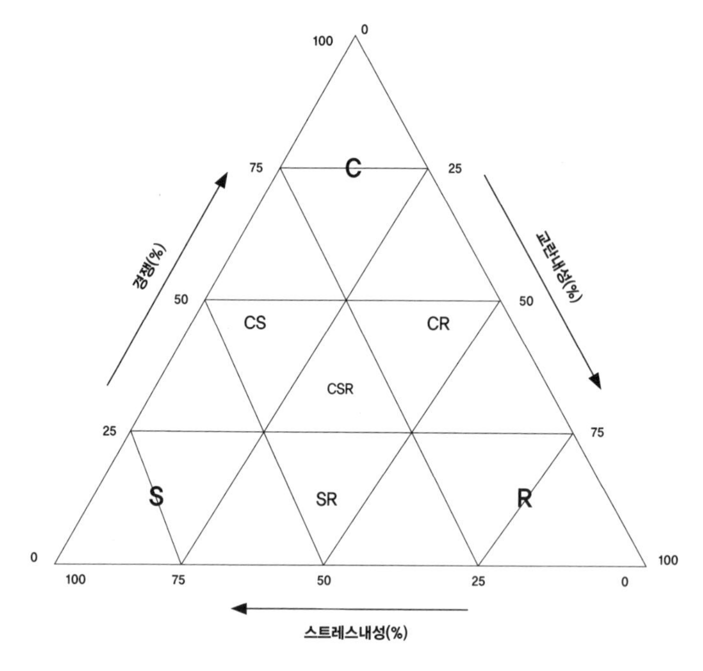

그라임의 식물 생활사 삼각형 모델

C(**competitve**) 경쟁형
S(**stress tolerant**) 스트레스내성형
R(**ruderal propagation**) 교란내성형

화살표 방향은 교란내성, 스트레스내성, 경쟁이 심한 방향이다. 따라서 삼각형의 모서리 부분에 교란내성식물, 스트레스내성식물, 경쟁식물이 분포한다. 그리고 중앙을 중심으로 교란내성식물, 스트레스내성식물, 경쟁식물의 중간형 식물이 분포한다.

물은 또 밀고 들어온다. 언제 어떤 일이 벌어질지 모르는 느긋할 수 없는 지역에 서식하기에 생장 속도가 상당히 빠르다. 생식에 많은 에너지를 투자하기 때문에 성공률이 높으며 생활사 초기에 생식을 완성한다. 환경변화에 대한 인식과 대처가 빠르고 환경 예측이 어렵거나 돌발 상황이 발생해도 탄력적으로 반응하는 식물이다. 보통 말하는 잡초가 이에 해당한다. 교란내성식물은 천이succession의 초기 단계에 나타나 교란 지역을 지배하며 선구군집 또는 개척군집을 형성한다. 하지만 점차 다른 종과의 경쟁에서 밀려난다. 결국 교란내성식물은 수년간 교란된 지역에서 번성하다가 다른 경쟁 종에게 자리를 내어 준다. 이것이 천이가 진행되는 과정이다.

전략 2 – 순응과 적응, 저항과 극복

식물은 정해진 자리에 있지만 그렇다고 정해진 것은 없다. 작은 씨앗 하나가 얼어붙은 땅을 헤집고 싹을 틔우는 일에서부터 잎을 만들고, 줄기를 키우고, 뿌리를 키우고, 꽃을 만들고, 열매를 만드는 어느 것 하나 거저 되는 법이 없다. 식물은 매 순간 살기 위해 몸부림친다. 그 몸부림은 순응일 때가 있고, 적응일 때가 있으며, 극복일 때도 있다.

지구상에 사는 식물들은 환경조건에 따라 겉모양과 생활방식이 다르다. 저지대식물과 고지대식물, 저위도식물과 고위도식물과 적도식물, 습지식물과 사막식물, 음지식물과 양지식물을 포함하여 환경에 따라 식물의 겉모양과 사는 방법은 많은 차이가 있다. 식물의 겉모양과 사는 방법의 차이는 그 서식지의 환경조건들이 식물의 삶에 어떠한 영향을 미쳤는가에 대한 누적된 기록이라고 할 수 있다.

내려놓기, 놓아주기, 버리기 그리고 미리미리

언 땅이 녹고 따스한 봄기운이 번지면 잎눈이 터지고 잎이 크며 광합성을 시작한다. 좋은 의미의 순환이 일어난다. 잎이 커지니 광합성 능력이 커지고 광합성 능력이 커지니 그 양분으로 잎은 또 커진다. 그래서 잎이 크는 속도는 엄청 빠르다. 하루에 꼭 전날의 크기만큼씩 크며 두 배가 된다. 잎눈이 터진 날로부터 잎이 최고의 크기까지 크는 데에는 보름 남짓이면 충분하다. 그 크기 그대로 가다가 가을이 되어 싸늘한 기운이 감돌면 이제는 내려놓을 준비를 한다.

가을. 빛의 양이 줄기 시작한다. 광합성을 치르기 버거운 계절의 시작이다. 여름처럼 땅속에 있는 물을 쭉쭉 빨아올린다면 양분은 만들지 못하면서 귀한 물만 소비하는 꼴이 된다. 그래서 나무는 잎을 떨어뜨리려고 가지와 잎자루 사이에 '떨켜'라는 세포층을 만들어 물과 양분이 잎으로 가는 길을 막는다. 물과 양분의 공급 차단으로 엽록소가 파괴된다. 원래 잎에는 녹색 색소인 엽록소 말고도 다른 색을 띠는 색소들 또한 많다. 하지만 여름에는 엽록소가 잎에 있는 색소의 대부분을 차지하기 때문에 엽록소에 다른 색소들이 가려 잘 보이지 않았던 것이다. 초록빛을 띠는 엽록소가 파괴되고 그동안 드러나지 않던 다른 색소들이 나타나면서 잎은 단풍으로 물들다 낙엽으로 떨어진다. 결국 놓아주고, 줄이고, 버리며 겨울나기 준비에 들어간다.

떨어진 잎은 뿌리 주변을 덮는다. 나도 덮지만 남도 덮어 준다. 내가 그랬듯 남의 잎이 나를 덮어 주기도 한다. 결국 서로서로. 추운 겨울을 거리에서 나는 노숙자들은 신문 한 장의 힘이 얼마나 큰지 잘 안다. 두터운 낙엽의 보온효과는 신문보다 뛰어나다. 그렇다고 잎이 떨어

사람주나무
주로 중부 이남의 산지에서 자라는 활엽성의 낙엽소교목이다. 사람주나무가 단풍으로 물들었다. 단풍은 겨울나기 준비의 시작이다.

진 자리에 아무것도 없는 것이 아니다. 이미 다음 해 봄을 준비하는 겨울눈이 자리 잡고 있다. 나무는 봄에 싹 틔울 잎을 봄이 닥쳤을 때 준비하지 않는다. 겨울눈 속에 미리미리 준비한다. 낙엽이 진 목련이나 동백나무를 잘 살펴보면 봉오리처럼 생긴 겨울눈이 있음을 알 수 있다. 추운 겨울을 지내는 동안 마르거나 얼지 않게 하기 위해 목련은 가느다란 솜털이 잔뜩 달린 껍질로 겨울눈을 보호하고, 동백나무는 여러 개의 단단한 비늘이 겨울눈을 감싼다.

겨울눈이라 불러 겨울에 만들어지는 것으로 생각하기 쉽지만 겨울눈을 만드는 시기는 잎이 떨어지기 전인 여름이다. 더 일찍 만들기도 한다. 나무는 내년 봄 준비를 초여름부터 하는 것이다. 개나리는 5월에 겨울눈을 만든다. 겨울눈 속에는 온전히 다 큰 잎의 축소판이 자리 잡고 있다. 나무는 모든 여건이 풍요롭고 여유 있는 계절에 이듬해 봄을 준비한다. 미리미리. 겉으로 잘 드러나지 않을 뿐 새로운 생명으로 이어질 준비는 언제든 단절 없이 이어진다. 한 해 한 해 그렇게 삶을 헤쳐 나간 기록은 나무의 경우 나이테에 온전히 기록된다.

낮게 낮게

산림 지역과 고산 툰드라 지역을 가르는 경계지역을 수목한계선이라고 한다. 수목한계선 위로는 키가 큰 나무, 곧 수목은 살 수 없다. 모진 추위, 강한 바람, 물 부족 때문이다. 툰드라 지역에 수목은 없지만 그렇다고 나무가 없는 것은 아니다. 키가 작을 뿐이다. 물론 풀도 있다. 툰드라 지역에 사는 식물들은 저지대에서 사는 식물들과는 달리 10㎝ 이하로 키가 작다. 줄기는 땅 표면에 붙어 옆으로 기어가듯 뻗는다. 얼기설기 엉겨 있는 가지와 빽빽하게 붙어 있는 작고 가는 잎이 어우러져 카펫 모양의 군락을 이루는 경우가 많다. 키 작은 식물 여럿이 뭉쳐서 쿠션 모양의 집단을 이루기도 한다. 모진 바람에 춥기까지 한데 어쩌겠는가.

키가 크면 강한 바람에 잎이 떨어지거나 찢긴다. 가지가 꺾이거나 뿌리째 뽑힐 수 있다. 꺾이거나 뽑히지 않더라도 거친 바람은 수분을 빼앗아 식물을 건조하게 만든다. 몸을 작게 하고 게다가 몸을 낮추는 것이 길인데, 식물은 결국 그 길을 간다. 위를 향해 자라는 대신 옆으로 자라며 몸을 낮추니 거저 오는 이득이 또 있다. 눈도 많은 지역이다.

눈 속에 파묻혀 추위를 피할 수 있다. 눈은 지열의 방출을 차단하기 때문에 마치 이불 같은 보온효과를 낸다. 뿐만 아니라 적절한 수분을 공급하여 건조를 방지하고 강한 바람을 막아 줘 혹독한 추위를 견디고 살아남을 수 있게 한다.

한해살이, 두해살이, 여러해살이

풀은 어떤가. 풀, 초본은 한해살이풀(일년생초본), 두해살이풀(이년생초본), 여러해살이풀(다년생초본)로 나뉜다. 한해살이풀은 두 길 중 하나를 간다. 봄을 시작으로 한 해를 살다 힘겨운 계절 겨울이 오기 전에 씨를 뿌리고 죽는다. 씨로 추운 겨울을 나다가 이듬해 봄이 되면 씨에서 싹이 터져 나와 다시 새로운 한살이를 시작한다. 수명이 짧을 뿐 종의 보전에는 아무런 문제가 없다. 또 하나는 가을에 시작해서 다음 해 여름 무렵 죽는 길이다. 한해살이풀이지만 겨울을 넘기기 때문에 해넘이살이한해살이풀(월동형일년초)이라고 한다. 해넘이살이한해살이풀은 시련의 시간 겨울을 넘겨야 한다. 어찌하는가. 지상부를 포기한다.

잎과 줄기는 포기하고 영양분을 많이 저장해 둔 알뿌리와 같은 땅속 지하부만 살아남아 있다 봄에 다시 줄기와 잎을 키운다. 또 하나의 방법이 있다. 잎과 줄기를 포기하고 싶지 않은 경우다. 몸을 낮춘다. 겨울에 논둑, 밭, 들녘, 산비탈을 살펴보면 잎을 펼쳐 땅바닥에 붙이고 있는 식물들을 볼 수 있다. 잎을 쫙 펼치고 있으니 겨울에도 햇빛을 더 많이 받을 수 있다. 잎이 바닥에 붙어 있으니 지열도 얻기 쉬우며 겨울의 강한 바람과 모진 추위도 견딜 수 있다. 태양열과 지열

뚜껑덩굴
박과의 한해살이풀. 물가에서 자라는 덩굴식물로 꽃은 8~9월에 피고, 열매는 9~10월에 익는다. 열매가 익으면 뚜껑처럼 가운데가 갈라진다. 안에는 두 개의 검은색 씨가 있다.

을 더 이상 누릴 구조는 없어 보인다. 민들레, 엉겅퀴, 질경이, 달맞이꽃, 뽀리뱅이, 고들빼기, 망초, 냉이를 비롯한 많은 식물이 택한 길이다. 장미꽃을 펼친 모양이라 하여 로제트Rosette라고 한다. 로제트는 24면으로 된 장미 모양의 다이아몬드를 말한다. 주로 가을에 싹이 터서 겨울을 지내는 경우다. 긴 겨울을 지나 봄이 오면 몸을 일으켜 세우고 본격적으로 자라기 시작한다.

두해살이풀은 첫해는 발아하고 이듬해 2년째에 꽃이 피고 열매를 맺어 한살이를 2년에 걸쳐서 완성하는 풀이다. 첫해에 식물체 지상

수리취
국화과의 여러해살이풀. 산지의 빛이 잘 드는 곳에서 자란다. 8~9월에 자갈색 꽃이 핀다.

부가 완성되나 생식을 하지 않으며, 겨울에 지상부는 죽는다. 이듬해에 뿌리로부터 새로운 줄기가 생겨나서 생식하는 경우다.

여러해살이풀은 여러 해 산다. 그러면 여러 해는 얼마 정도인가? 우선 두해살이풀이 있으니 3년 이상 잇따라 사는 풀을 말한다. 하지만 여러해살이풀 종별로 수명이 얼마나 되는지는 몇 종을 제외하고는 알지 못한다. 자연 상태에서 한 종의 수명을 알기 위해 오래도록 지켜본다는 것이 쉬운 일이 아니거니와 실제로 그 길을 묵묵히 간 사람도 없다. 산삼의 경우 200년 나이 든 것이 발견된 바 있으니 적어

보리
볏과의 두해살이풀. 꽃은 5월에 달리는데 이삭에는 까끄라기가 있다. 두줄보리와 여섯줄보리가 있으나 우리나라에서는 주로 두줄보리를 재배한다.

도 종에 따라 꽤나 오래 산다는 정도다. 여러해살이풀은 겨울을 적어도 세 번 나야 한다. 해넘이살이한해살이풀, 두해살이풀, 여러해살이풀은 한 번이든 두 번이든 여러 번이든 모두 겨울을 나야 한다는 공통점이 있다. 어떠한 살이를 하든 겨울을 건너가는 기본 방법은 같다. 줄기와 잎을 포함한 지상부는 죽는다. 땅속 지하부가 살아서 이듬해 봄에 다시 새싹이 돋는다.

밟히는 것쯤이야

예전에 겨울방학 숙제 중에 아주 이상한 것이 있었다. 농촌 지역에 한정된 특별한 숙제였을 것이다. 어느 겨울날, 외가의 형이 숙제를 같이하자고 하여 그러자고 했는데 밖으로 나가는 것이었다. "왜 숙제를 밖에서 하지?" 했으나 밖에서 하는 숙제가 맞았다. 보리밟기가 숙제였으니까. 지금은 보리농사를 거의 짓지 않지만 그때는 집마다 보리농사를 지었다. 늦가을에 뿌린 보리 씨앗에서 겨울방학이 끝날 즈음이면 제법 파릇하게 싹이 돋아난다. 겨울 끝자락이라 하루에도, 한 주에도 기온차가 크다. 아침과 저녁은 무척 춥지만 낮에는 포근하며, 며칠은 엄청 추웠고 또 며칠은 포근했다. 흙도 정신없다. 꽝꽝 얼었다가 다시 풀리고 또 어는 것을 반복한다. 결과적으로 흙이 부풀어 오르며 틈이 많이 생긴다.

우선 보리밟기는 부푼 흙을 밟아 다져 추위로부터 뿌리를 보호해 주는 효과가 있다. 또한 보리밟기는 실제로 보리 줄기를 밟아서 꺾는 행위다. 묘하게도 결과적으로는 줄기가 키만 훌쩍 웃자라는 것을 막아 준다. 게다가 줄기가 꺾이면 여러 개의 줄기가 새로 움튼다. 쑥쑥 키가 크는 것은 따뜻한 봄날로 충분하다. 이처럼 보리는 밟아 줘야 오히려 더 건강하게 잘 크는 것이 사실이다.

친숙한 풀 중에 질경이가 있다. 밟아도 밟아도 다시 일어선다. 질경이는 아무리 밟아도 죽지 않는다. 지렁이는 밟으면 꿈틀한다. 제대로 밟으면 죽는다. 질경이는 소나 말, 사람에게 아무리 제대로 밟혀도 모습만 흐트러질 뿐 죽지 않는다. 얼마나 생명력이 강하면 이름마저 '질경이'다. 질경이의 학명은 *Plantago asiatica*로 '발바닥으로 옮긴다'는 뜻을 가지고 있다. 질경이 씨앗에는 젤리 성분의 물질이 있어 무엇에 닿으면 부풀어 오르며 달라붙는 특성이 있다. 질경이는 이 성질을 이용하여 밟히며 씨앗을 퍼뜨린다. 사람이나 동물의 발에 붙어 새로운 거처를 찾아가는 것이다. 독일에서는 '길의 파수꾼'이라고 부르는데, 질경이가 등산로를 따라 산에 올라가며 퍼지기 때문이다. 번식의 한 방법이 이름으로 고착된 것이다. 길이 있는 한 질경이는 밟혀서 자라고, 밟혀서 자기 씨앗을 옮겨 번식한다. 생명력으로 본다면 세상의 모든 식물이 질경이다.

기발한 생존방식

서지중해 지방에 서식하는 난초 중 오프리스난초*Ophrys*가 있다. 키는 약 30㎝. 꽃의 모양은 꽃받침 가장자리에 검붉은 털이 나 있고 양쪽으로 곤충의 펼친 날개 모양의 작은 두 장의 꽃잎을 가지고 있다. 이 모습은 마치 호박벌 암컷이 머리를 위로 향한 채 수컷을 맞아 교미할 준비가 되어 있는 모양과 같다. 게다가 실제 암컷이 내뿜는 것과 흡사한 페로몬을 분비하여 수컷을 유혹한다. 수컷은 꽃잎 위에 올라 짝짓기를 시도한다. 결국 수컷은 아무 반응도 없는 암컷이 진짜가 아니었다는 것을 알아차리고 꽃을 떠나지만 이미 꽃가루받이는 완성된 뒤다. 이렇게 성적으로 속은 수컷이 암컷 흉내를 내는 다른 오프리스난초를 다시는 찾지 않을 수 있다.

오프리스난초는 개체마다 조금씩 차이가 나는 페로몬을 발산한다. 그 미세한 냄새의 차이로 수컷은 계속해서 오프리스난초와 사랑에 빠진다. 식물의 세계에서 매개 곤충을 유인하기 위한 이와 유사한 경우는 수없이 많다. 남아프리카에 사는 리톱스*Lithops*라고도 부르는 생석화는 주변의 돌과 구별이 안 될 정도로 똑같다. 돌과 모양과 색이 같아 초식동물로부터 자신을 지킬 수 있다. 식물의 강한 적응력, 끈질긴 생명력. 식물 세계의 깊이는 그 생명체의 유구한 역사가 말해 주듯 아주 오랜 세월 동안 다양한 환경에 적응해 낸 결과다. 그리고 그 양태는 상상 이상이다.

내 몸은 내가 지킨다

식물은 움직이지 못한다. 누가 공격하더라도 피하거나 숨을 수 없다. 동물의 공격 대상이 되기 쉽다. 아무리 느릿느릿한 애벌레라도 잎이 어디로 도망칠 걱정은 하지 않아도 된다. 그렇다고 식물도 당하고만 있는 것은 아니다. 식물도 나름 곤충에 저항한다. 곤충이 좋아하지 않거나 싫어하는 물질을 분비한다. 박하의 허브 향기, 담배의 니코틴, 시금치의 옥살산, 고추냉이의 시니그린, 양파의 알리신 등이 모두 그 예다.

더 적극적으로 곤충의 한살이를 조절하며 저항하기도 한다. 쇠무

륲(우슬)은 박각시 애벌레의 탈피를 촉진하는 물질을 분비한다. 애벌레가 자신의 잎에서 머무는 시간을 줄이는 전략이다. 떫은맛이 나는 탄닌도 곤충의 식욕을 억제한다. 나뭇잎은 곤충에 먹힐 때 테르펜terpene을 비롯하여 다양한 휘발성 물질을 발산한다. 박각시애벌레에 공격을 받은 식물은 휘발성 물질을 내뿜어 박각시의 천적인 기생벌을 부른다. 또한 전투력 면에서 누구에게도 뒤지지 않는 개미를 호위 무사로 활용하기도 한다. 누에콩, 살갈퀴, 벚나무, 예덕나무 등은 유사시 개미를 부르는 꿀샘을 따로 가지고 있다. 개미는 꿀도 먹지만 식물 위에 머무는 다른 곤충을 몰아낸다.

식물의 특징 중 빼놓을 수 없는 하나가 향기다. 그런데 인간에게 향기로운 냄새가 곤충에게도 그런 것은 아니다. 식물은 향기로 곤충을 불러들이기도 하고 내쫓기도 한다. 뿐만 아니라 식물은 움직일 수 없는 몸체를 스스로 지키기 위해 독성분을 가지고 있는 경우가 많다. 초식동물은 식물의 독성에 대한 방어체계가 발달한 편이다. 그러나 육식동물은 함부로 먹다가 탈이 날 때도 많다.

식물은 적을 속이고, 이용하고, 배신하고 끝내 동맹을 통해 공생하는 등 다양한 생존전략을 구사한다. 자신이 생장하기 위해 뿌리에서 화학물질을 분비하여 주변에서 다른 식물은 자라지 못하게 하는 화학전을 벌이는가 하면, 해충의 습격으로부터 자신을 보호하기 위해 또 다른 곤충을 경호원으로 고용하는 식물도 있고, 병원균의 확산을 막기 위해 최후의 수단으로 자폭을 선택하는 식물도 있다.

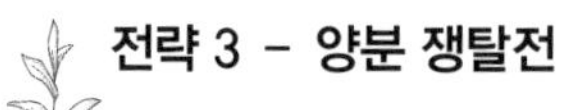

전략 3 - 양분 쟁탈전

동물과 달리 정적이고 수동적으로 보이는 식물의 세계, 과연 보이는 것처럼 평화로울까? 종내·종간 경쟁이 동물의 몫만은 아니다. 식물도 살아남기 위해 끊임없는 경쟁을 벌인다. 경쟁은 광선·물·공간·무기양분을 차지하기 위한 것이며, 꽃을 피우고 종자를 남기는 것도 경쟁의 수위가 높다. 경쟁은 대상이 없어질 때까지 계속되며, 같은 종이든 다른 종이든 가리지 않는다. 어떠한 경우라도 현재의 식물은 경쟁의 승리자인 것만큼은 틀림없다. 하지만 승리자의 자리를 언제까지 지킬 수 있느냐는 아무도 모른다. 언제든지 또 다른 경쟁자가 나타날 수 있으며 그 결과는 누구도 장담할 수 없다.

물과 양분 경쟁

물이 없으면 생명도 없다. 물 없이 살 수 있는 생명은 존재하지 않는다. 예외는 없다. 더군다나 식물은 물을 찾아 움직이는 것마저 불가능하다. 물을 얻을 수 있는 길은 오직 하나, 뿌리를 통하는 길뿐이다. 그리고 뿌리 주변에 있는 물이 이용 가능한 전부다. 식물은 뿌리를 통해 물뿐만 아니라 양분도 흡수한다. 그런데 양분은 거의 대부분 물에 녹아 있다. 결국 물의 흡수와 양분의 흡수는 같은 개념인 셈이다.

땅속 세상에서 물을 두고 벌이는 식물의 경쟁은 경쟁을 넘어 전쟁이라는 표현이 옳을 것이다. 우리 눈에 보이지 않을 뿐 땅속에는 다양한 식물의 뿌리가 얽히고설켜 있다. 물론 저마다 필요로 하는 물과 양분을 흡수하기 위해서다. 이웃의 식물이 같은 종이어도 또는 다른 종이어도 경쟁과 전쟁은 피할 수 없다. 이웃이 같은 종일 때와 다른 종일 때, 둘 중 어느 쪽의 경쟁이 더 심할까. 주변이 모두 같은 종일 때 경쟁이 더 심한 경우가 많다. 경쟁하는 식물의 종이 다르면 필요로 하는 물과 양분의 양과 종류가 달라 오히려 적절한 수준의 공존이 가능하다. 하지만 동종의 식물일 때는 필요로 하는 양분이 겹쳐 경쟁이 더 치열할 수 있다.

같은 장소에 동종 개체가 많이 모여 살 경우 최초의 경쟁은 토양 속에서 일어난다. 충분한 공간을 확보하고 확장하기 위한 뿌리 사이의 경쟁이다. 다음에는 넉넉한 물리적 공간을 확보하여 보다 많은 광선을 받으려는 줄기와 잎의 경쟁으로 이어진다. 경쟁 과정에서 물, 양분, 빛을 얻는 데 불리한 위치로 밀려난 개체는 도태한다. 그렇게 일정 시간이 지나 공존이 가능할 정도로 안정화되면 경쟁의 강도는 약해진다. 예를 들어, 대나무 숲에서 대나무 사이의 간격이 비슷해지고, 키와 굵기가 같게 되는 것은 공존이 가능할 정도의 균형이 이루어진 것이다. 그렇다고 하여 경쟁이 멈춘 것은 아니다.

뿌리에서 물을 흡수하는 것 이상으로 흡수한 물을 식물 전체로 보내는 과정 또한 중요하다. 잘 보내야 잘 흡수할 수 있기 때문이다. 지금까지 알려진 키가 가장 큰 나무는 미국 캘리포니아 레드우드 크리크 지류에 서식하는 미국삼나무redwood, *Sequoia sempervirens*로 2006년 발견 당시 수령은 약 800년, 키는 115.55*m*였다. 나무 꼭대기까지 잎이 무성함은 물론이다. 꼭대기까지 물이 닿는다는 뜻이다. 식물은 오직 뿌리로만 물을 얻을 수 있다. 뿌리에서 흡수한 물은 줄기로 또 잎으로 흐른다. 물이 밑에서 위로 올라가는 꼴이다. 중력의 방향에 역행한다. 모터가 하기도 힘든 일을 식물은 어찌 해내는가.

뿌리에서 흡수한 물이 나무 꼭대기까지 올라가려면 몇 가지 힘을 함께 모아야 한다. 시작은 뿌리에서 일어나는 삼투현상이다. 세포의 농도는 대체로 바닷물 수준과 비슷하다. 뿌리털 세포 내부는 뿌리 주변의 물보다 농도가 높다. 자연계는 기본적으로 균형을 맞추려 한다. 세포 밖은 농도가 낮고 세포 내부는 농도가 높은데, 둘 사이의 균형을 맞추는 길은 두 가지다. 세포 내부의 물질이 밖으로 나가는 방법과 밖에서 세포 안으로 물이 들어가 희석하는 방법이다. 세포를 둘러싼 세포막은 후자의 길을 택한다. 물질보다는 물이 쉽게 움직일 수 있는 구조이기 때문이다.

흙 속의 물이 뿌리털로 밀고 들어온다. 이때 생기는 압력, 곧 뿌리압(근압)이 물이 뿌리로부터 줄기를 통해 꼭대기의 세포 하나하나까지 통과하도록 물을 위로 밀어 올리는 수분 상승의 시작이다. 밑에서 밀어 주는 힘에 위에서 당기는 힘이 보태진다. 잎에서 일어나는 증산작용이 당기는 힘이다. 성장기의 나무는 잎의 기공을 통해 물을 대기로 방출한다. 이 양은 뿌리에서 흡수한 물의 99%에 달한다. 이 같은 증산작용으로 식물 내부에 부분적인 진공 상태가 생기며, 뿌리의 물이 밀려 올라가 진공 상태를 신속하게 채워 준다. 물 분자 자체도 수분 상승을 가능하게 하는 중요한 요소다. 물 분자는 수소결합을 통해 서로 손을 잡고 있는 구조다. 응집력이 있어 잎을 통해 수분이 방출되면 물을 계속 끌어올리는 힘으로 작용한다.

식물의 구조 또한 수분 상승을 돕는다. 식물체에서 물이 지나는 물관은 아주 가느다란 모세관 구조다. 모세관 현상까지 보태지면 아무리 높은 나무 꼭대기라도 물은 중력에 역행하여 오를 수 있다. 물만 있다면 높은 꼭대기까지 올리는 것은 문제가 아니다. 끌어올릴 물 자체가 있느냐 없느냐가 중요할 뿐이다.

빛 경쟁

식물은 생존에 필요한 에너지를 태양으로부터 얻는다. 우선 식물의 모습을 보자. 줄기는 하늘을 향해 높게 자란다. 가지는 옆으로 넓게 펼친다. 높게 넓게, 다양하지만 기본은 그렇다. 식물의 지상부, 땅 윗부분은 어찌하면 잎 하나하나가 빛을 조금이라도 더 많이 받을 수 있는가를 향해 간다. 물론 모든 식물의 빛에 대한 요구가 똑같이 강한 것은 아니다. 소나무와 전나무는 비슷한 모습이지만 빛에 대한 요구 정도는 사뭇 다르다. 소나무는 양지를 좋아하는 나무며, 전나무는 음지를 좋아하는 나무다. 그렇더라도 양지나무와 음지나무에 관계없이 나무의 구조 자체는 가능한 한 많은 빛을 흡수하도록 설계되어 있다.

게다가 기본 설계가 탄력성까지 갖추었다. 상대적으로 빛을 많이 필요로 하는 나무는 키가 빨리 크는 쪽을, 그 반대의 나무는 가지를 빨리 키우는 쪽을 택한다. 경쟁해야 하는 나무가 이웃에 많을 때는 옆으로 자라는 가지 생장을 억제하고 위쪽으로 자라는 줄기 생장을 촉진하여 위쪽 공간을 확보하는 쪽을 선택한다. 식물이 태양광선을 이용할 수 있는 것은 잎의 엽록체에 들어 있는 엽록소라는 정교한 화합물이 있기 때문이다. 엽록소가 태양광선을 이용하여 유용한 에너지 물질을 만들기 위해서는 광선을 가장 잘 받을 수 있도록 잎이 위치해야 한다. 줄기가 하늘을 향해 높게 자라고 가지를 넓게 펼치는 것은 잎 하나하나가 광선을 가장 많이 받을 수 있는 공간을 확보하기 위한 최선의 선택인 셈이다.

보다 많은 빛을 만나기 위해 나무가 키를 키우는 것과 가지를 뻗는 것은 똑같이 중요한 일이다. 키를 먼저 키우면 옆의 나무가 공간을 차지할 틈을 주는 것이고, 가지를 먼저 키우면 이웃의 나무가 먼저 키를 키워 위로 올라간다. 할 수 없다. 둘 중 하나를 선택하거나 둘 중 어느 지점에서 타협할 수 있다. 그래서 나무 종류마다 줄기와 가지가 뻗은 모양이 특별한 모습으로 굳어진다.

우리 주변에서 볼 수 있는 나무 중에는 소나무, 전나무, 잣나무와 같은 침엽수처럼 줄기가 곧게 자라 거목이 되는 나무가 있는 반면 단풍나무나 느티나무와 같은 낙엽활엽수처럼 줄기보다는 가지가 많이 자라는 나무가 있다. 수목의 뿌리·줄기·가지·잎 등이 종합적으로 나타내는 수목 고유의 형태를 수형樹形이라고 한다. 수목을 보는 데 익숙한 전문가는 멀리 떨어져 있는 나무라도 줄기와 가지가 뻗은 모습으로 수종을 구분할 수 있다.

수형은 유전되지만 환경요인에 따라 변한다. 수형의 변화를 일으키는 주요 인자는 빛과 수분인데, 눈이나 바람에 따라서도 수형이 많이 달라진다. 또한 수형은 나무의 나이를 따라 변하며, 같은 종이라도 무리 지어 빽빽이 서 있는 나무와 따로 떨어져 홀로 서 있는 나무의 형태는 다르다. 허허벌판에 홀로 선 침엽수나 활엽수는 이웃 나무와 빛을 두고 경쟁할 필요가 없다. 따라서 위로 높게 자라기보다는 옆으로 가지를 많이 뻗는 둥근 모양의 수형을 만드는 경우가 많다. 일반적으로 수형을 말할 때는 홀로 서 있는 나무, 고립목의 수형을 말한다.

잎이 무성한 나무 하나를 떠올려 보자. 그리고 잎 하나하나를 생각해 보자. 잎의 가장 큰 기능은 빛에너지를 흡수하는 것이다. 잎끼리 빛을 가리지 않는 것이 필요하며 적어도 최소화할 필요가 있다. 어떠한 나무든 그런 구조로 되어 있다. 줄기와 가지가 뻗은 모양이 그 바탕이다. 결국 나무의 줄기와 가지 중 어느 것이 많이 자라느냐에 따라 나무의 수형이 결정된다. 침엽수에 속하는 나무가 곧바로 뻗는 수형을 만드는 것은 줄기 끝 생장이 가지의 생장보다 우세하기 때문이다. 이것을 끝눈 우세 현상이라고 한다.

경쟁을 해야 하는 나무가 곁에 많을 때는 우선 위쪽 공간을 확보하는 경쟁을 할 수밖에 없다. 그러기 위해서 나무는 옆으로 자라는 가

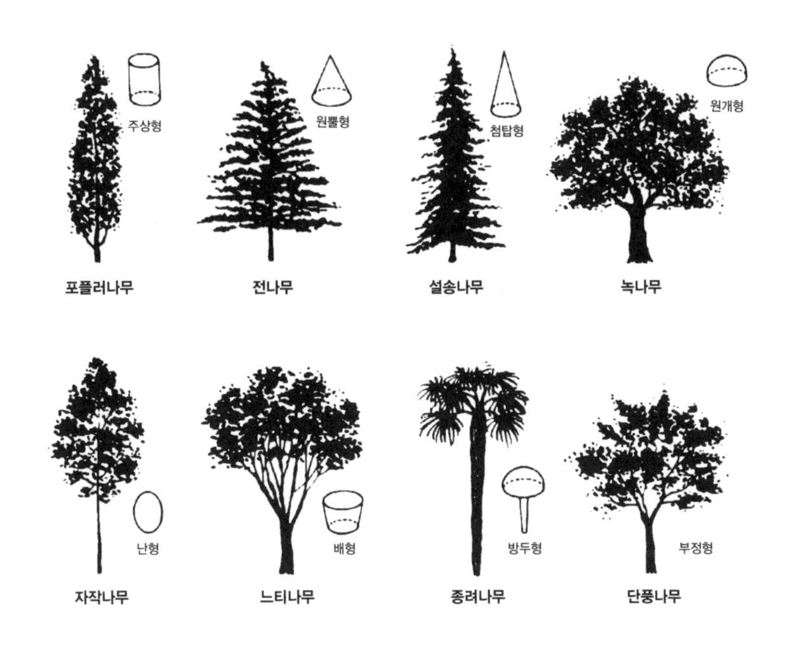

수형의 종류

지의 생장을 억제하고 위쪽으로 자라는 줄기의 생장을 촉진함으로써 문제를 해결한다. 키가 위쪽으로 자라는 나무는 줄기를, 옆으로 가지를 많이 펼치는 나무는 가지를 빨리 자라게 하는 방법을 택한다는 것이다. 수형을 결정하는 것은 줄기의 끝눈(정아)과 가지의 끝눈(측아)에서 나오는 식물호르몬과 관계가 있다. 줄기의 끝눈은 키, 가지의 끝눈은 옆으로 얼마나 세력을 펼치는가를 결정한다. 정원수나 과수의 줄기 끝을 잘라 수형을 인위적으로 조절하는 것은 끝눈을 제거함으로써 곁눈의 생장을 촉진하려는 것이다. 나무의 밀도를 높게 심으면 나무는 위로 곧게 자란다. 줄기 끝과 가지 끝 생장점의 배타작용 때문이다. 끝눈이 왕성하게 자랄 때는 곁눈은 양분이 결핍되어 생장이 되지 못한다. 곁눈으로 운반되는 양분의 양이 많아져야 가지가 잘 자란다. 가지를 많이 자라게 하는 것은 빛이 많은 쪽으로 잎을 내기 위한 것이다.

이처럼 수형은 나무 종류에 따라 독특하다. 하지만 같은 수종이라 하여 수형이 같지 않다. 정확히는 수형이 똑같은 나무는 없다. 주변에서 쉽게 만나는 나무 중 소나무가 있다. 가지가 뻗은 모양이 완전히 같은 소나무가 있던가? 없다. 이 세상에 수많은 사람이 있지만 똑같이 생긴 사람이 없는 것과 같다. 세상에 똑같은 모습의 나무는 없다. 조금이라도 다르다. 이웃과의 관계가 모두 다르기 때문이다. 경쟁이 있지만 배려가 있다. 양보도 있다. 나무 역시 저마다 고유의 하나뿐인 꼴로 살아간다.

화학 전쟁과 소통

식물의 천적은 기본적으로 곤충과 초식동물이다. 식물을 갉아 먹거나 뜯어 먹는 생명들이다. 천적으로부터 자신을 지키기 위해 식물이 선택한 길은 크게 두 가지, 물리적 방어와 화학적 방어다. 어느 것도 독자적으로는 완벽한 방어 시스템으로 부족함이 있어 두 가지를 모두 갖추고 함께 사용하는 식물도 많다. 물리적 방어의 대표적인 것이 가시다. 날카로운 가시가 돋은 줄기나 잎으로 치장하여 천적의 섭식을 피하는 방법이다. 화학적 방어는 말 그대로 화학물질을 분비하여 천적의 섭식을 피하거나 줄이는 방법이다.

약(물)이나 음식의 향료 등으로 쓰이는 식물의 다양한 화학물질은 사실 식물이 자신을 보호하기 위해 만든 것이다. 커피 속에 들어 있는 카페인은 커피나무가 자신을 공격하는 애벌레를 퇴치하기 위해 만든 것이다. 마늘이나 양파는 가만히 둘 때와 달리 껍질을 벗기거나 칼로 자르는 등의 상처를 입으면 눈물이 날 정도로 매운 냄새를 낸다. 매운 냄새는 알리인alliin이라는 황을 포함한 화합물에서 비롯한다. 알리인 자체로는 특별한 냄새가 없으나 씹거나 으깨는 등의 물리적 상처를 입으면 효소 알리나제allinase가 알리인을 알리신allicin으로 변화시키며, 알리신이 바로 무척 강한 냄새와 매운맛의 정체다. 마늘이나 양파가 칼을 대신하여 자연 상태에서 받을 수 있는 상처는 곤충이 갉아 먹는 것이다. 박주가리의 줄기나 잎을 꺾으면 우유처럼 하얀색 액체가 나온다. 맛이 씁쓸한 이 액체 속에 들어 있는 화학물질은 작은 곤충이 죽을 정도로 독성이 강하다. 그래서 벌레는 물론 초식동물도 가까이 오지 않는다. 고추가 내는 매운맛의 정체는 캡사이신capsaicin이다. 동물들이 자기를 해치는 것을 막기 위해 만든 화학물질이다. 사람도 무척 매운 고추를 먹으면 속이 쓰린 것처럼 캡사이신이 동물의 몸속으로 들어

가도 고통스럽기는 마찬가지다.

식물은 자신을 먹을거리로 삼는 천적으로부터 살아남기 위해 오히려 어느 정도의 긴장관계를 유지하며 살아가기도 한다. 진화과정에서 체득한 나름의 방어기작을 이용해 초식동물의 식욕을 적절히 조절하는 것이다. 많은 식물이 타닌tannin을 화학적 보호막으로 사용한다. 타닌은 잎과 열매의 맛을 쓰고 떫게 해서 초식동물들이 한번 맛보면 다시는 거들떠보지 않게 한다. 곤충에게도 비슷한 일이 벌어진다. 타닌이 곤충의 몸속에 들어가면 장을 상하게 하고 소화를 방해한다. 곤충들은 맛도 없고 소화도 되지 않는 잎을 멀리하게 된다. 하지만 식물이 타닌을 만들어 전방에 배치하려면 매우 복잡한 대사 과정을 거쳐야 한다. 에너지, 곧 비용이 엄청 많이 드는 과정이다. 식물은 타닌의 합성 시기와 합성 정도를 두고 천적 사이에서 알맞게 조율 및 조절한다.

동물 역시 식물의 방어 전략에 굽히지 않고 끊임없이 변신을 시도한다. 식물 주변에 서식하는 초식동물들의 독특한 생김새와 놀라운 성능의 감각기관은 식물을 먹이로 섭취하기 위한 진화의 산물인 셈이며 그 진화는 지금도 진행 중이다. 식물은 어떤가. 식물도 끝없이 진화하며 살아남을 길을 찾는다. 또한 식물은 자신의 방어뿐만 아니라 이웃에게 위험 상황을 신속히 알리는 경계경보로 화학물질을 분비하기도 한다. 아프리카 초원에 사는 가시주엽나무*Gleditsia caspica*에는 거친 가시가 많이 나 있다. 잎을 뜯어 먹으려는 동물들이 가시 때문에 포기하곤 한다. 하지만 키가 큰 기린은 이에 아랑곳하지 않고 위에 있는 비교적 연한 잎들을 뜯어 먹는다. 가시주엽나무는 기린이 잎을 뜯어 상처를 입으면 고약한 냄새가 나는 에틸렌 가스를 방출하여 기린의 식욕을 떨어뜨린다. 뿐만 아니라 에틸렌은 이웃 나무에게 위험이 닥쳤음을 알리는 신호로도 작동한다. 이웃 나무들은 아직 기린의 공격을 받지 않았음에도 에틸렌을 방출하여 기린은 결국 가시주엽나무의 합동 공격을 견디지 못하고 다른 먹이를 찾아 나선다. 초식동물의 공격에 대한 일종의 경고 시스템이 작동하는 것인데, 적어도 같은 종끼리는 소통한다.

식물은 천적뿐만 아니라 가뭄, 질병 등의 스트레스에 대해서도 다양한 화학적 방법으로 서로 소통하며 대응한다. 동물세포의 수용체가 맛이나 냄새와 같은 화학적 메시지를 받아들이듯 식물도 비슷한 방식으로 외부 자극에 반응한다는 사실이 밝혀지고 있다. 더 나아가 어쩌면 식물과 동물이 직접 화학적 소통을 하고 있는지도 모를 일이다.

전략 4 – 경쟁을 넘어서는 공존

식물은 살기 위해, 살아남기 위해 치열하게 경쟁한다. 같은 종과도 경쟁하며, 다른 종과도 경쟁하고, 동물과도 경쟁한다. 하지만 살길에 경쟁만 있는 것은 아니라는 것까지 알아차린다. 경쟁을 넘어서는 무엇에도 눈을 돌린다. '너 죽고 나 죽고' 또는 '너 죽고 나 살고' 식이 아닌 무엇이다. 마침내 찾은 길이 공존이 아닐까 싶다. 근본적으로는 너도 살고 나도 사는 공존 방식이지만 접근 방식이 독특하다. 식물은 다른 생물과 공존관계를 구축할 때 상대의 이익을 먼저 챙겨 줌으로써 서로 이익을 가져오는 전략을 택한다. 어찌 보면 기다릴 줄도 알고 멀리 내다볼 줄도 안다.

동맹과 연대

볏과 식물인 가라지조*Setaria viridis* var. *major* Gray는 아주 오래전부터 사상균에 감염된 채로 진화를 했다. 균과 공생을 하며 동물에게 먹히지 않으려는 전략인 것이다. 4400년 전 파라오 무덤의 가라지조 씨에서조차 균과의 공생이 확인된 바 있다. 물속에서 서식하던 식물은 땅 위로 진출할 때 수지상 균근균의 도움을 받는다. 덕분에 인산의 흡수가 가능해졌다. 인산(P), 칼륨(K)과 더불어 식물의 3대 필수 영양소 중 하나인 질소(N)는 지구 대기의 78% 정도를 차지한다. 대기의 대부분이 질소라고 해도 좋을 정도다. 그렇다면 식물은 그 질소를 원 없이 이용할 수 있을까? 불가능하다. 대기에 있는 질소는 바로 이용하지 못한다. 말 그대로 그림의 떡이다. 질소는 무척 복잡한 과정을 통해 토양으로부터 흡수한다. 콩과 식물은 이러한 문제를 지혜롭게 해결한다. 공기 중의 질소를 고정할 수 있는 뿌리혹박테리아와 공생해 질소를 얻는다. 원래 식물과 세균은 적대관계인 경우가 흔하지만 콩과 식물은 상생의 길을 찾은 셈이다.

세균과 끝없이 싸우는 식물이 있다. 세균과 손잡은 식물이 있다. 살아남는다는 점에서 누구의 선택이 옳았는지를 내 생전에 확인할 길이 없는 것이 아쉽다. 꽃가루를 노리는 곤충을 꽃가루의 운반책으로 쓰며 상리공생의 협력 관계를 구축했다. 씨방을 비대하게 하여 열매를 만들고 그것을 동물과 새에게 먹이로 주는 대가로 씨를 옮기도록 했다. 냉혹한 자연계에서 식물은 자신의 삶을 위해 투쟁하지만 때로 투쟁을 접고 동맹하고 연대함으로써 적과 함께 승리하는 모습도 보여 준다.

선택과 집중

곤충 중에는 특정 식물만 편식하는 종이 많다. 배추흰나비 유충은 배추를 비롯한 십자화과 식물만 먹는 식이다. 왜 곤충은 편식을 하는 것일까? 식물은 곤충에게 먹히지 않으려고 독성분을 만든다. 곤충이 식물의 방어벽을 뚫으면 식물은 다시 새로운 독성분을 만들고, 곤충은 그 독성분에 또다시 대응하는 과정이 반복된다. 이 과정에서 곤충은 새로운 식물에 손을 대어 다시 처음부터 독성분을 돌파하는 방법을 찾아내기보다는 조금 궁리하여 지금까지 먹어 온 식물을 먹는 방법을 찾는다. 식물 역시 특정 곤충에 대한 매우 진화한 방어체계를 구축함으로써 자신에게 가장 큰 피해를 입히는 적어도 하나에 대해서는 확실한 대응체계를 마련하려 한다. 저들도 살기 위해 할 수 있는 모든 것은 다 해 본다.

식물이 지닌 독성분은 천적으로부터 자신을 지키는 가장 강력한 무기다. 하지만 이 독마저 누구에게는 무의미하다. 호모 사피엔스 *Homo sapiens*, 인류다. 어찌 보면 자연계에서 유약하기 짝이 없는 인간은 거대한 사냥감을 쓰러뜨리고자 식물의 독을 바른 독화살을 사용한다. 또한 식물의 독성분을 강에 흘려보내 물고기를 잡고 방충제와 살충제로 사용하기도 한다. 특정 독성분은 잘 가려 약으로 사용한다. 이용만 하지 않는다. 식물이 모처럼 준비한 독성분마저 먹을거리로 즐긴다. 봄나물은 연약한 새싹을 지키고자 쓴맛을 내는 물질을 지니는데 인간은 이를 즐겨 먹는다. 양파, 파, 마늘, 고추, 고추냉이 등의 매운맛도 병해충이나 포유류 동물로부터 자신을 지켜 내고자 하는 것이나 인간에게 없어서는 안 되는 맛이다. 담배의 니코틴도 독성물질로 식물이 다른 식물, 곤충, 동물의 공격에서 벗어나 자신을 지키려는 수단이나 이 역시 인간은 즐기고 있다.

식물의 입장에서는 자신을 지키고자 하는 수단을 오히려 즐기는 인간이 얼마나 기가 막힐까. 까짓것 좋다. 인간도 살아야 하니까. 하지만 인간이 고려하지 않는 하나가 있다. 저들이 영원할 것이라는 생각이다. 이용만 한다. 더불어 살려고 하지 않는다. 이는 곧 우리도 죽는 길이다.

멀리 멀리

자연에 깃든 생명체들의 생물학적 존재 이유는 번식이며, 번식은 선택이 아니라 당위다. 생물이 번식이라는 과업을 성공적으로 달성하기 위하여 짜내는 묘책은 정말 대단하다. 그중에서도 더군다나 공간 이동을 할 수 없는 식물이 어떻게든 씨를 퍼뜨리려는 몸부림을 가만히 들여다보고 있으면 숙연해지기까지 한다. 식물이 씨를 만들고 그 씨를 자신의 발밑에만 떨어뜨린다면 그것은 씨가 싹을 틔워 생장하기를 바라지 않는다는 것과 같다. 식물에 있어서 어미의 품은 아늑하고 안전한 곳이 아니다. 어미 식물의 발아래 떨어진 씨는 발아와 생장에 꼭 필요한 물, 햇빛, 그리고 영양분을 어미 식물에 빼앗겨 씨의 상태를 벗어나 온전한 식물로 거듭날 수 없다. 어미 식물 또한 이러한 이치를 너무도 잘 알기에 씨나 열매가 자신을 떠나 더 좋은 환경을 찾아 가능한 한 멀리 퍼질 수 있는 산포 방법을 끝없이 모색하며 오랜 진화의 길을 걸어왔다.

효율적인 산포를 위해 바람을 이용하는 식물이 있다. 모든 난초

용담
용담과의 여러해살이풀. 8~10월에 푸른빛을 띤 자주색 꽃이 줄기 끝이나 잎 사이에서 핀다. 식물의 생물학적 존재 이유는 번식이며, 그 시작은 꽃이다.

솜나물
국화과의 여러해살이풀. 솜처럼 가벼운 씨는 바람을 타고 날아가 어미 품보다 더 좋은 환경에서 뿌리내릴 준비를 한다.

과 식물의 씨는 먼지처럼 아주 작다. 바람에 쉽게 날려 퍼지겠다는 뜻이다. 바람을 이용해 산포할 경우 바람에 잘 날릴 수 있도록 적극적으로 보조 장치를 두는 것이 일반적이다. 씨 또는 열매에 깃털이나 날개를 다는 방법이다. 식물은 물의 흐름을 통해 씨나 열매를 먼 곳으로 퍼뜨리기도 한다. 물의 흐름을 이용하여 산포되는 열매는 크고 무거운 경우가 많다. 그래서 물의 흐름을 이용하려 했을 것이기도 하다. 하지만 물에 가라앉아서는 멀리 이동할 수 없으므로 구조적으로 부력이 크도록 고안되어 있다. 또한 물에 오랜 시간 있어야 하므로 부패에 대한 저항력도 갖추고 있다. 비 또한 흐르는 물과 다르지 않기 때문에 열매와 씨를 산포하는 수단으로 이용되기도 한다. 누구의 도움을 받지 않고 스스로 강력한 분사 방법으로 산포하는 식물 또한 많으며 이러한 기작의 배경은 팽압이다. 높은 팽압에 의해 강한 장력 상태를 유지하고 있다가 누군가 건드려 주기만 하면 열매는 터지며 튕겨 나간다. 물론 누가 건드리지 않더라도 때가 차면 스스로 터진다. 팽압으로 튕겨 나가니 실제 벗어나는 거리는 얼마 되지 않는다. 하지만 얼마 되지 않는 그 거리조차 식물에게는 간절한 소망의 거리다.

씨나 열매가 가장 확실하게 어미 식물을 떠나 산포할 수 있는 방

박주가리
박주가릿과의 여러해살이 덩굴풀. 땅속줄기로 번식한다. 10*cm* 남짓의 길둥근 모양의 열매가 맺고, 씨에는 흰 털이 나 있어 바람에 날려 산포한다.

법은 동물을 이용하는 것이다. 수많은 속씨식물의 열매와 씨는 동물의 털이나 깃털에 붙어서 운반된다. 이러한 열매와 씨는 갈고리, 낚싯바늘, 가시, 털 등의 여러 모양으로 동물의 몸에 잘 달라붙을 수 있는 구조를 마련하고 있다. 또한 끈끈한 점성물질을 분비하여 동물에 달라붙어 자신의 힘으로는 도저히 옮길 수 없는 먼 거리를 옮겨 가기도 한다. 살신성인의 방법도 있다. 동물에게 아예 먹히는 것으로 식물이 가장 많이 사용하는 방법이다. 덜 익은 열매는 흔히 푸른색이어서 식물의 잎 색깔과 비슷하기 때문에 새와 포유류를 비롯한 척추동물의 눈에 잘 띄지 않는다. 또한 이런 미성숙 열매들은 주로 떫거나,

배풍등
가짓과의 덩굴성 여러해살이풀. 열매가 붉은색으로 변하는 것은 열매 속 씨앗이 산포될 준비를 마쳤다는 뜻이다.

쓰거나, 신맛이 나며 단단하기까지 하여 동물들이 잘 먹을 수 없고 먹지 않는다. 열매가 익지 않았다는 것은 그 안에 있는 씨 또한 제대로 영글지 않아 산포될 준비가 되지 않았다는 뜻이기도 하다. 따라서 식물은 자신의 열매가 익기 전에 동물에게 먹히는 것을 이런 식으로 피하는 것이다.

열매가 익으며 그 안에 있는 씨도 산포될 준비를 마치면 열매는 변신한다. 색깔이 붉은색으로 변하고 육질이 부드러워지며 당도 또한 높아진다. 이제는 오히려 동물에게 자신의 열매를 먹어 달라는 신호를 보낸다. 동물 중에서도 대상은 가려야 한다. 강한 어금니를 가진 거대한 초식동물은 열매의 씨까지 부숴 버려서 번식에 도움이 되지 않는다. 따라서 식물은 장이 짧고, 어금니가 없는 조류를 씨를 옮겨 줄 상대로 삼는다. 식물의 씨가 담긴 과일은 붉은 계통이 많다. 적색은 파장이 길어 가장 멀리까지 가며 시력이 좋은 새가 가장 잘 볼 수 있는 색이다.

상생의 열쇠

숲길을 걷고 오면 온몸에 다닥다닥 열매가 붙어 있다. 숲길을 지나며 만난 들꽃의 목록이 옷에 기록된 셈이다. 발목 근처에는 끈끈한 점성을 가진 주름조개풀의 열매가 알차게 붙어 있다. 숲길에서 인연이 닿은 친구 중 가장 키가 작은 것은 주름조개풀이었다는 뜻이다. 그 다음 키의 주인공은 짚신나물이다. 무릎 쪽으로 끈끈한 짚신나물의 열매가 우르르 몰려 있다. 무릎과 허리 사이에는 가는도깨비바늘이라고도 불리는 까치발의 열매가 박혀 있고, 허리 쪽으로는 쇠무릎과 도둑놈의갈고리가 붙어 있다. 허리에서 가슴 높이로는 멸가치의 곤봉 모양으로 생긴 끈적끈적한 열매와, 한번 박히면 잘 빠지지 않도록 바늘에 미늘까지 갖춘 도깨비바늘이 꽂혀 있다. 숲속을 이동하는 동물의 키 또한 다 다를 텐데 그에 맞춰 열매를 맺는 높이를 서로 달리하는 것이 신기하기만 하다. 식물은 애써 맺지만 맺은 것을 망설이지 않고 떠나보낼 때가 많다. 그러지 않고서는 매서운 겨울을 이겨 낼 수도 없고 종 자체도 지켜 낼 수 없다는 것을 저들은 잘 아는 듯하다.

동물은 식물을 먹고, 식물은 동물에 먹힌다. 분명한 사실이다. 그렇다 하여 식물과 동물의 관계를 먹고 먹히는 관계로만 볼 것은 아니다. 서로 다른 길을 간 동물과 식물이지만 결국은 서로 의지한다. 저들은 이미 공존의 길을 찾았다. 세상에 소비자인 동물만 있다 치자. 얼마나 갈 것인가? 세상에 생산자인 식물만 있다 치자. 또한 얼마나 갈 것인가? 어쩌면 서로 다른 길을 선택한 것이 상생의 열쇠였는지도 모른다. 광합성의 결과로 식물은 동물의 호흡에 필요한 산소를 발생한다. 동물은 그 산소로 호흡하며 이산화탄소를 배출하고, 그 이산화탄소는 다시 광합성의 원료가 된다. 식물은 생산하고 동물은 소비하지만 생산과 소비 또한 일방적이지 않고 순환의 고리를 따라 돌고 돈다. 결국 동물이 식물이며, 식물이 동물이다.

4
•
위기의 식물

지금 우리 곁에 있는 육상식물은 약 4억 5000만 년 전 지구에 최초로 출현한 것으로 추정한다. 4억 5000만 년…. 말이 쉽지 실제는 가늠조차 할 수 없는 긴 시간이다. 그 오랜 시간 식물은 어마어마한 생명력을 바탕으로 꿋꿋하게 잘 살아왔다. 그런데 최근 50년 남짓의 시간, 식물의 역사로 보면 티끌보다 짧은 시간에 식물이 위기를 맞고 있다.

지금도 외가에 자주 간다. 어린 시절을 지낸 들녘의 집은 아니지만 산기슭이어서 예전 집터가 내려다보인다. 일종의 표시로 작은 창고 하나가 남아 있다. 외가에 가면 언제나 옛 집터로 발길이 향한다. 많은 기억이 또렷하다. 5일 전에 있었던 일보다 50년 전의 기억이 더 또렷한 이유는 나도 모르겠다. 그사이 무엇이 남았고 무엇이 사라졌는가? 무엇이 사라졌다면 대신할 무엇이 새로 생겼다는 뜻이다. 그 바뀜으로 얻은 것은 무엇이며 또한 무엇을 잃었는가?

순환의 단절

예전에는 무엇이라도 모두 쓸모가 있었다. 그 무엇도 버려져 쌓이는 일이 없었던 까닭이다. 벼를 예로 들어 보자. 벼를 키우는 것은 쌀을 얻기 위함이다. 그러나 쌀로 그치지 않는다. 쌀을 얻고 남은 볏짚의 쓰임새는 무궁무진했다. 새끼줄을 시작으로 멍석과 가마니를 비롯하여 생활에 필요한 거의 모든 물건을 만드는 재료였다. 지붕을 엮는 재료가 되고, 토담을 쌓는 벽돌에도 들어가 힘을 보탰고, 하루 세 끼 밥을 짓는 것은 물론이고 추위를 견디게 해 준 고마운 땔감이었다. 땔감으로 끝이던가. 까맣게 타고 남은 재는 그 자체로 좋은 거름이어서 벼를 키워 내느라 지친 땅을 다독이는 데 다시 쓰였다. 돌고 돌며 모습만 바뀔 뿐 소중함은 이어졌다.

지금은 어떤가. 시골도 도시와 똑같다. 모든 것이 버려져 쌓인다. 외가의 큰외삼촌께서는 아직 논농사를 지으신다. 하지만 벼를 키우고 수확하여 판매하는 것으로 끝이다. 벼를 거두고 남은 볏짚조차 축산회사에서 수거한다. 볏짚은 더 이상 밥을 짓거나 방을 덥히는 땔감이 아니다. 지붕을 엮는 재료로 삼지 않으며, 토담을 쌓기 위해 황토 벽돌을 만들 때 넣지 않는다. 이제 그 누구도 볏짚으로 새끼를 꼬아 새끼줄을 만들지 않는다. 새끼줄을 만들지 않으니 멍석, 삼태기, 망태기, 구럭도 없다. 볏짚 하나조차 갈 수 있는 길이 수없이 많았는데 이제는 사료로 쓰이거나 버려지는 것 말고는 딱히 갈 곳이 없다. 다양한 관계 맺음이 단순해지고 거의 끊어졌다. 관계의 단절이다. 단절은 순환의 반대 의미다. 잘 맞물려 돌아가던 톱니바퀴가 어느 날 멈춘 꼴이다.

1970년 중반에 들어서면서 농가의 보물이었던 소가 설 자리를 잃게 된다. 경운기가 농촌의 주인공이었던 소를 무대에서 끌어내린 것이다. 경운기의 위력은 엄청났다. 할아버지와 소만이 할 수 있는 특별한 공연이라 여겼던 땅 갈기와 흙 뒤집기, 그리고 써레질까지 경운기가 뚝딱 해치웠다. 마을 전체가 품앗이로 돌아가며 했던 모내기도 경운기가 이앙기를 이끌며 순식간에 끝냈다. 열 명쯤은 온종일 부엌에서 식사와 새참을 마련하고, 스무 명 남짓은 허리가 끊어질 정도로 종일 심어야 했던 모를 경운기 혼자 반나절에 해결했다. 그야말로 혁신이다. 품앗이가 모두 끝나는 3주 남짓 동안, 열 명이 종일 부엌에서 식사와 새참을 마련하느라 고생할 일이 없어졌다. 스무 명이 역시 3주 동안 종일 허리가 끊어질 정도로 모를 심어야 할 일도 사라졌다. 고생이 사라지는 것과 동시에 사람과 사람 사이의 관계도 사라졌다. 일종의 마을 축제가 사라진 셈이다.

더불어 살다 점점 홀로 사는 세상으로 들어섰다. 사람 사이의 관계만이 아니다. 사람과 식물 사이의 관계도 단절된다. 봄에서 초가을까지는 식물의 생장이 가히 폭발적이어서 논두의 풀은 하루가 다르게 쑥쑥 큰다. 할아버지께서 한번 벤 곳을 열흘 남짓 지나서 가면 고맙게도 다시 베어야 할 만큼 커 주었다. 그런데 쑥쑥 커 주는 식물이 달갑지 않아졌다. 풀의 쓰임새가 사라진 탓이다. 논두의 풀을 베는 것은 두 가지 의미가 있다. 소를 키우는 양식을 얻는 것과 사람 다닐 길을 열어 주는 것. 소를 키우지 않으니 풀을 벨 일이 없어졌다. 풀을 베지 않으니 길이 막힌다. 다니기도 힘들거니와 수북한 풀 아래 보이지 않는 곳에 독사가 웅크리고 있을 수 있다. 풀을 베자니 힘들고 힘들게 베어도 쓸 곳이 없다. 역시 순환이 되지 않고 쌓인다. 그 귀한 풀조차 이제는 쓰레기다. 방법은 하나, 풀이 나지 않게 하는 것이다. 결국 강력한 제초제로 식물을 죽이기 시작한다.

순환의 단절은 질서의 파괴로 이어지며 그 끝은 깨지거나, 다치거나, 아프거나, 죽는 것이다. 집마다 한 마리씩 키우던 소를 이제 한 사람이 몰아서 키우는 방식으로 바뀐다. 대형 우사에 가두어 키우거나 대규모 공장식 목장이 생긴다. 소는 더 이상 농사를 돕는 귀한 일손이 아니며, 오로지 인간의 먹을거리를 위해서만 존재한다. 우리 고유종 소는 새끼를 낳은 뒤 새끼를 키울 만큼의 젖만 나온다. 사람까지 줄 여유가 없다. 사람의 입맛에 맞지도 않는다. 농사일 잘하는 듬직한 우리 소가 우유를 얻는 소와 고기를 얻는 소로 바뀐다. 고유종, 흔히 말하는 토종이 아니다. 외국 소라 우리 풀을 모른다. 어떤 풀은 먹을 수 있고 어떤 풀은 먹지 말아야 하는지 구분하지 못한다. 결국 먹지 말아야 할 풀까지 뜯어 먹어 탈이 난다. 할 수 없다. 아는 것, 먹던 것을 심어 줘야 한다. 이 최악의 대목에서 효율성까지 고려하다 보니 제초제를 흠뻑 뿌려 이미 있는 우리 풀을 모조리 죽이고 시작한다.

그다음 순서는 외국산 목초, 곧 외래식물의 도입이다. 그런데 도입한 식물이 얌전히 목장에서만 크지 않는다. 남의 나라까지 와서도 제대로 자리 잡고 크는 친구들이니 생명력 또한 얼마나 단단하겠는가. 들불이 번지듯 번지고 또 번져 전에는 없던 오리새orchard grass, 큰김의털tall fescue, 넓은김의털meadow fescue, 호밀풀perennial ryegrass, 쥐보리italian ryegrass, 왕포아풀kentucky bluegrass, 갈풀reed canarygrass, 큰조아재비timothy, 아기겨이삭red top 같은 볏과의 목초와 자주개자리alfalfa, 토끼풀white clover, 붉은토끼풀red clover, 진홍토끼풀crimson clover, 서양벌노랑이birdsfoot trefoil를 비롯한 콩과의 목초가 전국의 산야를 덮고 있다. 외래식물이 덮고 있는 그만큼 우리 땅의 고유종과 자생종의 터전은 사라진 셈이다.

우리 땅의 식물이 오랜 시간 경쟁과 양보와 전쟁과 화해를 거듭하며 마련한 더불어 삶의 틀이 있다. 인위적으로 관리하는 곳이 아니라면 어느 한 종이 일정 지역을 독점하는 일은 거의 없다. 논둑이나 밭둑조차 수많은 종류의 들꽃이 나름의 꼴로 함께 살던 공간이었다. 언제나 어느 곳이나 다양함이 유지되고 있었다. 그런데 지금은 지극히 단순해지거나 외래종 한두 종만 사는 경우가 대부분이다. 순환의 단절로 발생한 새로운 선택 중 식물에 유익한 것은 하나도 없어 보인다.

서식지 감소

식물은 환경변화에 순응하고, 적응하며, 때로 극복하며 살아간다. 살아야 하기에 순간순간 경쟁하고, 전쟁도 하고, 그 모두를 뛰어넘어 공존의 길을 모색하기도 한다. 순응·적응·극복·경쟁·전쟁·공존의 중심과 사이와 둘레를 넘나들며 식물은 세상 그 어디에서라도 살아간다. 그런데 그러한 식물조차 도무지 뿌리를 내릴 수 없는 곳이 있다. 인간이 발붙이고 사는 곳이다. 내가 지금 발 디딘 곳에 식물이 없다면, 원래 저들이 있어야 할 곳을 내가 빼앗은 것이다.

어린 시절, 아침에 눈을 뜨면 바로 마당으로 나가 탁 트인 들판과 인사하는 것이 하루의 시작이었던 시간이 있었다. 더군다나 여름방학이면 나의 하루는, 나의 나라는 온통 녹색이었다. 지금은 어떤가. 우선 들녘. 녹색이 무척 줄었다. 녹색이 줄어든 까닭은 식물이 뿌리를 내릴 공간이 준 탓이다. 흙. 흙도 식물이 살 수 있는 흙이 있고, 살 수 없는 흙이 있다. 식물이 살 수 있는 흙은 줄었고, 식물이 살 수 없는 흙은 늘었다. 식물이 살 수 없는 흙은 딱 하나다. 사람이 다니는 길이다. 사람이 하도 밟고 지나 반질반질한 흙에서는 식물이 뿌리를 내리지 못한다. 밟히는 것쯤은 아무것도 아닌 식물이라도 숨 돌릴 틈도 없이 밟고 지나는 것마저 넘어서지는 못한다. 좁은 길이 넓어졌고, 없던 길도 생겼다. 구불구불 논을 따라 이어지던 녹색의 좁은 둑길은 반듯해지며 넓어졌다. 예전에는 끊어진 길, 막힌 길도 많아 되돌아와야 했는데 이제는 모든 길이 연결된다. 그만큼 새로운 길이 생겼다는 뜻이다. 게다가 길 또한 흙길이 아니다. 농로는 모두 콘크리트가 덮고 있다. 식물이 끼어들 틈이 없다.

야트막한 산비탈 쪽도 적잖게 변화가 일어난 곳이다. 규모 있는 교회가 생겼고, 널찍한 마을회관이 생겼으며, 외가를 포함하여 집도 늘었다. 버스를 타려면 한 시간은 걸어 나가야 했었는데 지금은 외가 바로 앞으로 군내버스가 지나다닌다. 집마다 경운기와 차가 있고 트랙터를 마련한 집도 있다. 집 앞에 갖춘 주차장이 턱없이 부족해지자 결국 드넓은 마을 주차장까지 생겼다. 아득히 보이는 남쪽 들녘으로는 공단이 죽 늘어서 있다. 무언가 생길 때마다 적어도 그 자리만큼 녹색은 따박따박 정직하게도 사라진다.

이런 변화가 외가에만 있겠는가. 우리나라 전체, 또한 세계 전체에서 비슷하거나 더한 일들이 벌어진다. 농로가 생기고 구도, 군도, 시도, 지방도, 특별시도·광역시도·일반국도, 고속도로가 우후죽순으로 건설되었다. 1970년 7월 7일, 서울에서 부산을 오가는 경부고속도로가 개통되었다. 우리나라 첫 번째 고속도로다. 정확히 50년이 지난 2020년 7월 현재, 우리나라의 고속도로는 모두 45노선(도로공사 노선 29, 민자 노선 16)이다. 또한 16노선이 현재 건설 중이다. 50년 전 고속도로 지도에는 서울과 부산을 잇는 딱 한 줄만 있었는데 지금은 완전 거미줄이다. 건물은 또 얼마나 늘었나. 42년 전인 1978년, 내가 다니던 고등학교가 강북에 있다가 강남으로 이사를 했다. 3학년 때였다. 주변으로 큰 건물은 하나뿐이었다. 우리 학교보다 2년 앞서 이사한 다른 고등학교였다. 학교 북쪽에 있었다. 남쪽으로는 아득히 먼 곳에 아파트 단지가 가물가물 보였다. 학교를 중심으로 다른 학교와 아파트 단지 사이는 모두 논 또는 야트막한 산이었다. 지금은 학교가 다른 건물에 싸여 보이지도 않으며 어디에서도 녹색을 찾기 어렵다.

지금 눈에 보이는 것만, 직접적으로 드러나는 것만 이렇다. 더 심각한 것은 당장 눈에 보이지는 않으나 머잖아 몰려올 것들이다. 어디를 다쳐 피라도 흐르면 바로 처치할 수 있다. 특별히 드러나는 증상도 없이 시간이 흐르다 뭔가 이상한 듯도 하여 살펴보니 이미 손쓸 수 없는 지경에 이른 질병들이 문제다. 식물 역시 그러한 상황을 앞두고 있다. 전적으로 인간 스스로 선택한 변화, 기후변화다.

최근 몇 년 몽골에 다니고 있다. 안타깝고 아프지만 우리나라 식물의 미래를 앞당겨 보고 느끼기에 좋아서다. 최근 60년 동안 세계 평균 기온은 0.7℃ 상승했으나 몽골은 2.1℃가 올랐다. 정확히 세 배다. 악순환이라는 것이 그렇다. 한번 그 길로 들어서면 점점 속도가 빨라진다. 최근 30년 사이에 몽골 전체 면적의 40%를 차지하던 사막은 두 배로 늘어 80%에 가깝다. 같은 시기에 1166개의 호수, 887개의 강, 2096개의 샘이 사라졌다. 호수와 강과 샘물에 기대어 살던 모든 식물이 사라졌음은 물론이다. 온난화로 겨울에도 눈이 오지 않은 지 오래다. 기본적으로 물이 부족한 곳인데 눈까지 오지 않는다. 봄에 눈이 녹으며 그마나 땅을 적셔 주면 키 작은 풀이라도 자라 주었건만 이제 모래 먼지만 날린다. 식물이 아무리 강해도 물은 있어야 산다. 정확히 우리의 미래다.

종 다양성의 감소

외가 근처에 드넓은 저수지가 있었다. 마을에서는 '보짱'이라 불렀다. 왜 그리 불렀는지는 모른다. 말해 주는 사람이 없었다. 생각해 보니 묻지 않아 말해 주는 사람이 없었던 것 같기도 하다. 보짱은 어류, 양서류, 파충류, 수서곤충, 육상곤충, 조류, 수변식물, 수생식물을 비롯한 생명의 보물창고였다. 직사각형 모양이었는데 외가에서 보면 가로 쪽이 길었다. 저수지 둑길을 따라 가로 한쪽만 걷는 것도 힘들 정도로 엄청 큰 저수지였다. 여름방학이면 그 아득한 끝에서 끝까지 저수지 한가득 연꽃이 피어나고 지기를 거듭했다. 방학 내내 꽃이 피어 있는 셈이다. 날마다 서너 시간은 보짱에서 보냈으며, 직접 가서 놀지 않더라도 외가에서 훤히 보여 좋았다. 그중에서도 할아버지가 쓰시는 사랑채 툇마루에서 보는 풍경이 가장 아름다웠다.

중학교 3학년이던 1975년으로 기억한다. 엄청 슬펐다. 저수지를 메워 논으로 바꾸기 시작한 것이다. 그 드넓은 저수지에 깃든 수많은 생물을 흙으로 덮어 버린 이유는 딱 하나, 한 톨의 쌀이라도 더 얻기 위함이었다. 그만큼 먹고사는 것 자체가 간절하고 절실했던 시기이기는 했다. 하지만 "그래, 지금 당장 배가 고픈 것은 사실이다. 그렇더라도 생명은 지켜야 한다. 차라리 한 톨의 쌀을 각자 덜 먹자. 흙으로 덮어 버리는 것은 쉽지만 한번 덮으면 되돌리기 힘들다." 아니면 "정녕 같이 사는 길이 없다면 우리의 욕구를 조금 줄이는 길도 있지 않겠는가?"라고 말하는 사람이 없었던 것은 아쉽다. 지금 당장만이 아니라 앞을 내다보는 눈이 없는 사이, 생명을 진정 아끼고 사랑하는 마음보다는 배만 잔뜩 채울 것에 눈먼 사이, 수많은 저수지를 메웠고 심지어 바다까지 막아 버렸다. 그렇게까지 하며 넓히고자 했던 논, 그래서 넓어진 논의 형편은 어떤가.

논은 어린 시절 나의 놀이터였다. 논 안으로 들어가 놀지는 못했다. 벼꽃 때문이다. 여름방학이면 벼꽃은 이미 피어 있다. 논에서 천방지축 돌아다니면 쌀이 될 벼꽃이 떨어진다. 벼가 꺾이기도 한다. 어른들조차 논에 들어가야 할 때 조심조심 다니던 이유다. 논둑에 앉아 논에서 벌어지는 일을 지켜보는 것으로도 충분히 즐겁다. 물 표면은 온통 개구리밥 천지다. 그 작은 잎 사이로 무지하게 작은 꽃도 핀다. 이름은 개구리밥이지만 개구리가 밥으로 삼지는 않는다. 개구리는 곤충을 잡아먹으며 산다. 올챙이는 개구리밥을 먹는다고 하는데 보지는 못했다. 어찌 되었든 개구리밥이 많은 곳에 개구리가 많은 것은 사실이다. 개구리밥 사이로 참개구리가 점잖게 앉아 눈만 끔뻑끔뻑할 때가 많다. 몸 색깔도 녹색인 데다 머리에 녹색의 개구리밥까지 뒤집어쓰고 있어 잘 보이지 않는다. 물고기도 꽤 지나다닌다. 논이라 물이 얕다. 큰 물고기는 몸을 똑바로 세울 수가 없으니 옆으로 누워 파닥거리며 다녔다. 학교 앞에서 팔던 버들붕어도 많았다. 물방개를 비롯한 수서곤충까지 바글바글.

아무리 할아버지의 손이 부지런해도 날마다 고개를 내미는 논의 잡초를 다 뽑지 못했다. 게다가 벼가 조금 크면 벼가 상할 것을 걱정하여 논에 잘 들어가지 않는다. 잡초라고 했지만 논에는 벼가 아닌 다른 식물도 무척 많았다. 물론 논은 벼를 키우는 공간이다. 하지만 논에서 벼만 자랐던 것은 아니다. 논은 다양한 생물이 어우러져 함께 살아가는 완벽한 습지였다. 그도 그럴 것이 논의 물은 저수지에서 온다. 비가 많이 오면 논의 물은 보짱으로 흘러든다. 보짱이 논이고, 논이 보짱이다. 보짱 말고 멀리 있는 다른 저수지에서도 물이 왔다. 물이 오는 물길이 있었는데 도랑 수준의 작은 규모였지만 분명 자연 하천이었다. 도랑 또한 완전한 습지로서 저수지와 논의 생명을 연결하는 다리 역할을 했다. 그러니 논은 저수지와 도랑과 한 몸이었던 셈이다.

그런데 언젠가 모든 물길이 콘크리트로 바뀌기 시작했다. 도랑은 더 이상 자연 하천일 수 없었다. 빠른 속도로 물만 보낸다. 저수지, 도랑, 논의 생명이 서로 문을 닫는다. 논에서는 오로지 벼만 커야 한다. 그래야 한 톨이라도 더 얻을 수 있으니까. 벼를 제외한 모든 생명을 죽이기 위해 살충제와 제초제를 쏟아붓기 시작한다. 결국 수많은 논의 생명은 전에는 없던 화학물질의 독성을 견디지 못하고 논을 떠나고 만다.

보짱을 흙으로 덮은 지 45년의 시간이 흘렀다. 세상은 어찌 되었는가? 그렇게 지키려 했던 쌀은 남아돈다. 그렇게 덮으려 했던 곳들 중 간신히 사람의 눈을 피해 남아 있는 몇 군데가 지금의 '습지보호지역'이다. 보짱을 흙으로 덮은 것은 생명의 다양성을 덮은 것이다. 흙도 생명을 살리는 흙이 있고, 죽이는 흙이 있다. 논에서 사라진 생명의 문제도 다르지 않다. 생명의 다양성 문제다. 생명은 다양할 때 건강하다. 이제 우리 논에는 벼만 외롭게 서 있다. 바람대로 이루어졌다. 그러나 색깔만 녹색일 뿐 사막과 무엇이 다른가. 다른 생명체는 도무지 살 수 없는 공간에서 홀로 버티고 살아남아 맺은 나락, 그 얇은 껍질만 벗겨 낸 것이 우리의 주식인 쌀이다. 쌀이 늘어 배는 부를지 모르겠다. 하지만 우리는 배가 고플 때보다 건강하지 않다.

유전적 침식

식물의 위기는 서식지 감소에 그치지 않는다. 녹색의 면적만 준 것이 아니라 색깔의 내용이 달라졌다. 유전자 침식으로 인한 종다양성의 감소가 심각한 수준에 이르렀다. 빛깔도 좋고 겉으로는 그럴듯해 보이는데 속을 들여다보니 건강하지가 않다.

1970년대 중반까지도 우리나라는 쌀 부족 국가였다. 여전히 한 톨의 쌀이 귀했던 시절이다. 1970년 초등학교 4학년 때다. 토요일을 뺀 5일 내내 도시락을 가지고 다녔는데 선생님께서 날마다 도시락 검사를 했다. 쌀과 보리를 섞은 혼식을 장려했기 때문이다. 흰쌀밥만 가져온 친구는 꿀밤을 맞았고, 보리가 있기는 한데 살짝 부족하면 야단맞았다. 보리의 거친 식감을 싫어하는 친구도 많았다. 틀림없이 방귀도 잦아진다. 위만 살짝 보리로 덮어 오고 검사가 끝나면 보리만 걷어 내고 먹는 친구도 있었다. 선생님께서 그것까지 뭐라고 하시지는 않았다. 5일 중 한 번은 분식의 날이라 하여 아예 한 끼는 쌀에서 떼어 놓게도 했다. 불과 반세기 전이다. 쌀이 그토록 귀했던 시절이.

정부는 쌀을 통제하기 시작했다. 다수확 품종 '통일벼'를 보급한 것이다. 말이 보급이지 강제했다. 정부가 주도하여 개발한 만큼 정부의 지침을 따르지 않으면 제대로 자라지 못하는 품종이다. 못자리 만들기부터 거름 주는 시기까지 정부가 하나하나 지침을 내렸다. 따르지 않으면 지원금이 없었다. 통일벼를 키우지 않을 수 없는 이유가 또 있었다. 당시 정부는 통일벼의 쌀값을 높임과 동시에 추수가 끝난 가을, 통일벼에 한하여 정해진 가격으로 쌀을 사들이는 추곡수매제를 시행한다. 밥맛이 덜하다 하여 어찌 통일벼를 심지 않을 수 있었겠는가. 쌀 생산량을 늘려 백성이 두루 배부르게 하겠다는 선한 생각에서 시작한 일이라 여긴다. 그런데 생명에 손을 대는 일은 동기의 선함만으로는 부족하다. 혹독한 대가도 따른다. 품종의 획일화와 재래품종 벼의 소멸을 포함한 유전적 침식genetic erosion이 어떤 결과를 몰고 올지에 대해서는 무지했다.

일제 강점기 전, 우리 쌀은 1500품종에서 최대 3000품종이 있었던 것으로 추정한다. 국토 면적과 기후를 고려할 때 다양성이 어느 정도 확보되었다고 볼 수 있다. 강점기를 지나며 품종개량이라는 이름 아래 이미 고유품종이 대부분 사라졌는데, 거기에 벼의 유전적 침식에 일격을 가하는 일이 벌어진다. 바로 통일벼다. 생산량은 어떠했나. 통일벼는 기적의 쌀이라는 평가를 받았다. 1977년 세계 최고의 수확량을 기록하면서 우리나라는 드디어 쌀 자급을 선언한다. 더는 쌀 부족 국가가 아니라는 뜻이다. 축제 분위기는 이어진다. 쌀로 막걸리를 빚는 것도 다시 허용한다. 쌀 막걸리 제조가 금지된 지 14년 만의 일이었다. 녹색혁명의 달성이라고 했다.

이쯤 되니 다음 해인 1978년, 한껏 고무된 정부는 통일벼 신품종으로 야심작 '노풍'을 보급했다. 그리고 바로 이어 노풍 파동이 터진다.

노풍의 3분의 2, 결국 우리나라 벼의 거의 3분의 2가 도열병에 걸려 도열, 벼가 타들어 가고 말았다. 논에 도열병에 지극히 취약한 노풍만 있는데, 타들어 가는 것 말고 달리 길이 있는가. 이것이 품종 획일화의 문제다. 통일벼로 통일한 대가는 크다. 하나만 보고 가니 그 하나에 문제가 생기면 다 무너지는 구조다. 완벽한 하나면 된다. 하지만 생명에, 더군다나 인간이 손을 댄 품종에 완벽함은 있을 수 없다. 지금까지 그랬다. 이번에는 완벽하다고 했지만 완벽한 적은 없었다. 앞으로도 그러할 것이다. 완벽히 믿을 수 있는 것은 딱 하나, 다양한 것이 건강하다는 사실이다.

이후 우리 농업은 별다른 돌파구를 찾지 못하고 있다. 벼는 이제 100품종 남짓의 적잖은 육종품종이 재배되고 있으나 유전적 다양성으로 보면 지극히 단순하다. 근래 벼 고유품종에 대한 관심이 높아지고 있으며, 지역 특성에 알맞은 품종을 복원하려는 시도가 있는 것은 그나마 다행이다. 어쩔 수 없다. 다양성의 세상으로 돌아가는 길뿐이다.

벼만 그런가? 다른 농작물은 어떤가. 외가 텃밭은 여름이 결실의 계절이었다. 가을은 무나 배추만 있어 뭔가 맺는다는 결실의 느낌이 덜했다. 8월 초순이면 옥수수 알갱이가 탱글탱글 영근다. 잘 영근 옥수수는 찌지 않고 날로 먹어도 달달하다. 그중에서도 가장 잘 영근 옥수수는 누가 차지할까? 열일곱 명 가족의 가장인 할아버지? 때로 할아버지도 지휘하셨던 할머니? 아니다. 누구의 것도 아니다. 옥수수 자신의 것이었다. 가장 잘 영근 옥수수 서너 개는 사람의 입으로 들어가지 않는다. 껍질을 위로 젖혀 서로 묶은 다음 대청마루 문지방에 걸어 잘 말린다. 내년을 위한 씨앗이다. 옥수수뿐인가. 외가 처마에는 주렁주렁 달린 것이 많았다. 수수, 조, 귀리, 밀… 느낌도 좋았고 보기도 좋았다. 그런데 그것이 느낌만 또는 보기만 좋았던 것이 아니었다. 우리의 생명줄이었다. 곳간에는 벼, 보리, 콩, 팥, 녹두, 감자, 고구마가 있었다. 아무리 먹을 것이 떨어져도 설령 굶을지언정 그 곡물에는 손을 대면 안 된다. 그 벼는 씨벼였고, 그 감자는 씨감자였기 때문이다. 작물 그대로 보관이 어려운 호박, 늙은 호박, 오이, 수박, 참외, 토마토 등은 튼실한 개체에서 받은 씨를 따로 보관했다. 이러한 풍경은 집마다 다르지 않았다.

무엇을 뜻하는가. 농작물의 품종이 다양했다는 것이다. 우리 옥수수와 이웃 옥수수는 다른 옥수수다. 이웃이라도 땅이 다르고, 주는 거름이 다르며, 햇살과 바람결이 다르고, 가꾸는 손길도 다르다. 무엇보다 대청마루 문지방의 역사가 다르다. 그래서 생김새가 다르고 색깔이 다르며 맛도 다르다. 그런데 1980년대에 들어서며, 대략 할머니께서 세상을 떠나신 그 즈음부터는 우리 옥수수와 이웃 옥수수는 같은 옥수수가 된다. 지금은 우리나라의 모든 옥수수가 다 같다. '품종의 획일화'다. 그 하나뿐인 품종에 예상하지 못한 문제가 생기면 끝이다. 콩도 호박도 늙은 호박도 오이도 수박도 참외도…. 씨앗을 사기 때문이다. 사서 쓰니 편하다. 하지만 편리함 뒤에는 대개 늪이 숨어 있다. 허우적거리다 빠져나오지 못하고 죽음을 맞아야 하는 늪이다. 씨앗이 늪이 될 줄이야….

씨앗 전쟁

식물은 씨앗이 싹 터 생긴다. '씨', '씨앗' 하면 떠오르는 사람이 있다. 문익점. 고려 말기의 외교 기록관이었던 문익점은 1360년 중국 원나라에 갔다가 목화 씨앗을 가지고 들어온다. 목화 씨앗을 붓두껍에 몰래 숨겨서 들여왔다는 이야기가 전해지지만 《조선왕조실록》 태조 7년 6월 13일에는 길가에서 목면 나무를 보고 씨앗 10여 개를 따서 주머니에 넣어 가져온 것으로 되어 있으며, 태종 1년 윤3월 1일 기록에는 목면 종자 두어 개를 얻어서 가져온 것으로 기록되어 있다. 굳이 무엇이 옳은지를 가릴 필요는 없겠다. 목화가 없었을 때와 있을 때는 완전히 다른 세상이라는 것이 중요할 것이다. 거칠고 무겁고 추운 삼베에서 보드랍고 가벼우며 따듯한 무명으로 직물이 바뀐다. 이러한 업적으로 왕조가 바뀌어 조선 시대에 들어와서도 문익점이 백성을 크게 이롭게 했다는 칭송과 숭앙은 이어진다.

씨앗 하나의 힘은 실로 크다. 그리고 그 힘은 변함이 없다. 문익점이 우리나라에만 있는 것이 아니다. 예수의 탄생을 기념하는 크리스마스에는 모든 이의 마음이 들뜬다. 크리스마스의 상징물이 있다. 전나무를 비롯한 상록 침엽수를 집 안이나 야외에 설치하고 전등과 각종 장식품 등으로 꾸미는 크리스마스트리다. 상록 침엽수 중에서도 으뜸으로 꼽는 나무가 구상나무다. 구상나무는 유럽이나 미국의 나무로 생각하기 쉽지만 한라산, 지리산, 덕유산 등의 높은 산지에서만 자생하는 우리나라 고유종이다. 1915년, 유럽의 신부들이 선교를 위해 우리나라에 왔다가 구상나무 종자를 가지고 가서 지금의 크리스마스트리로 개량한 것이다. 크리스마스 시즌이 다가오면 구상나무에 대한 엄청난 수요가 발생하지만, 그 수익에 우리나라 몫은 없다.

대학 생활 내내 봄이면 혼자 신났다. 여럿이 함께 있는 것이 아니어도, 활기차게 움직이는 것이 아니어도, 그냥 가만히 앉아 있어도 신날 때가 있다. 수업과 수업 사이에 빈 시간이 넉넉히 생기면 이과대학 건물 앞 잔디밭에 혼자 앉아 봄과 놀며 시간을 보냈다. 정확히는 라일락 아래다. 참 좋았다. 꽃도 아름답지만 금세 취할 만큼 향기가 달콤하면서도 깊다. 라일락은 유럽 원산으로 정원수를 대표하는 식물이다. 그러면 라일락 중 가장 사랑을 받는 품종은 유럽산일까? 미국 품종이다. 그것도 우리나라에만 있는 고유종을 개량한 품종, 미스킴 라일락이다. 1947년 식물학자 엘윈 미더Elwin M. Meader가 우리나라의 깊은 산속에서 자라는 물푸레나무과 수수꽃다리 속 털개회나무 씨앗을 미국으로 가져가 관상용으로 개량한 것이다. 미국의 라일락 시장에서 최고 인기 품종이며 전 세계로 수출한다. 대학 교정의 라일락 또한 미스킴 라일락이었는지 모른다.

씨앗 전쟁. 정원수 정도로 멈춰도 좋으련만 씨앗 전쟁은 식탁에서도 벌어진다. 사실 씨앗 전쟁이 가장 치열하게 벌어지는 곳이 식탁이다. 고추. 고추는 우리나라 농산물의 자존심이라 할 수 있다. 현재 대세는 청양고추가 아닌가 싶다. 그런데 청양고추가 지금은 우리나라의 고추가 아니다. 우리나라의 종묘 회사가 개발한 것은 사실이나 1997년 IMF 외환위기 직후 멕시코의 종자 회사로 넘어갔고, 이를 다국적 농업기업 몬산토가 인수했다가 2018년에는 독일의 바이엘이 몬산토를 인수한다. 따라서 청양고추의 현재 주인은 바이엘이다. 우리 농민들은 청양고추를 심을 때마다 바이엘에 로열티를 지불하고 있으며, 만

일 바이엘이 씨앗을 팔지 않으면 우리는 청양고추를 재배할 수 없다. 고추뿐이겠는가. 무, 배추, 양파, 당근 등 토종 채소의 80% 정도는 재산권이 이미 해외에 있다.

2006년부터 2015년까지 10년간 우리나라가 해외로 지급한 농작물 관련 로열티는 약 1457억 원이다. 농사짓고 씨앗 받아 두었다가 내년에 다시 쓰면 되지 않느냐고 할 수 있다. 종사회사들이 그렇게 허술하지 않다. 유전공학을 이용해 한번 재배한 식물의 다음 세대는 씨앗이 싹 트지 않게 하는 터미네이터 종자를 개발해 적용하고 있다. 현재 세계의 종자 시장은 소수 다국적 기업들의 독식 체제로 운영되고 있다. 이미 오래전부터 총소리만 없었을 뿐 종자 전쟁은 벌어지고 있던 것이다.

미래는 종자에 대한 주권을 쥐는 국가가 세계를 지배할 가능성이 높다. 따라서 글로벌 씨앗 회사들은 막대한 자금을 투자하여 경제적 가치가 높은 씨앗을 수집하고 보존한다. 또한 유전자 조작을 통해 신품종 개발에 박차를 가하고 있다. 단순히 씨앗을 판매하는 데서 생기는 일차적 수익 외에도 종자 전쟁 안에는 또 다른 수익 구조가 다양하게 존재한다. 예로 유전자변형농산물의 경우 유전자 조작을 통해 그 작물에만 적용 가능한 농약을 제조할 수 있다. 씨앗 하나를 사는 것으로 끝나지 않으며, 관련된 모든 것에서 벗어날 수 없다는 뜻이다.

이러한 상황에 우리나라도 손 놓고 있지는 않았다. 2012년, 종자 관련하여 특별한 프로젝트를 시작한다. 골든 시드 프로젝트Golden Seed Project; GSP다. 골든 시드란 금값 이상의 가치를 가진 고부가가치 종자를 의미한다. 실제로 금값보다 비싼 종자도 많다. GSP는 미래 농축

수산업을 선도하는 종자강국 실현을 비전으로 농림축산식품부·해양수산부·농촌진흥청·산림청 공동의 국가 전략형 종자기술개발사업이다. 총 사업비는 4911억 원이며, 사업기간은 2012~2021년의 10년이다. 사업 내용은 채소종자사업단(고추, 배추, 무, 수박, 파프리카), 원예종자사업단(양배추, 양파, 토마토, 버섯, 백합, 감귤), 수산종자사업단(넙치, 바리과, 전복, 김), 식량종자사업단(벼, 감자, 옥수수), 종축사업단(돼지, 닭)을 비롯한 5개 사업단의 지원을 통해 수출 전략 종자를 스무 개 이상 개발하고 2020년에는 종자 수출 2억 달러, 2030년에는 종자 수출 30억 달러를 달성하는 것이 골자다. 골든 시드 프로젝트에 대한 소박한 바람이 있다. 올해에 종자 수출 2억 달러, 10년 뒤에 종자 수출 30억 달러 달성은 못하더라도 우리 고유종 작물, 우선 그것 먼저 다시 우리 것으로 돌려 오면 좋겠다.

생각해 보면 대청나무 문지방에 걸려 있던 옥수수 몇 자루가, 바람이 잘 통하는 광에 보물처럼 모셔 두었던 볍씨가 정답이었다. 하지만 이제 어쩌랴. 국가 경쟁력을 갖추기 위함 말고도 당장 먹고사는 문제를 해결하기 위해서도 씨앗은 지켜야 한다.

씨앗 은행과 씨앗 금고

식물품종의 유전적 침식에 가장 큰 영향을 미친 것은 육종이다. 아이러니다. 더 나은 품종을 개발하려고 시작한 육종이 오히려 품종을 벼랑 끝으로 몰아세운 것이다. 이런 식이다. 오랜 연구 끝에 아주 뛰어난 품종이 개발된다. 누구나 그리 몰리는 것은 당연하다. 그렇게 또 그렇게 흘러왔을 뿐인데 어느 날 새로운 품종에 문제가 생긴다. 돌아갈 곳이 없다. 그저 더 좋다는 선택만 따랐건만 결과는 최악이다.

무엇이 문제인가. 하나 놓친 것이 있어서다. 과거를 완전히 버리며 미래로 갈 것이 아니라 과거를 기록하며 미래로 가야 했다. 이제라도 알았으니 남기면 된다. 잎과 꽃이 달린 온전한 식물체 상태로 남길 수는 없다. 그럴 필요도 없다. 때로 먼지 크기까지 축약된 완전한 식물체가 있다. 씨앗이다. 종자는 완벽한 생명 저장소다. 있는 그대로 장기 보관이 가능하고, 특별히 관리할 것도 없으며, 넓은 면적을 필요로 하지도 않는다. 개개의 식물종 자체를 자연 상태에서 지키는 것이 우선이지만 혹 그럴 수 없더라도 씨앗은 지킬 수 있다. 그리고 씨앗을 지킨 것은 곧 그 식물을 지킨 것과 다르지 않다. 동물은 어떤 종이 절멸하면 다시 살릴 길이 없다. 하지만 식물은 자연 상태의 개체가 절멸해도 씨앗만 있다면 언제든 다시 살릴 수 있다.

세계의 인구는 증가하는데 기후변화를 비롯한 다양한 이유로 식물은 급격히 감소하고 있다. 지구의 기후변화가 특단의 조치 없이 이대로 지속하면 30년 뒤에는 세계의 10대 농작물조차 사라질 것이라는 전망이 나오고 있다. 자연계 식물의 형편도 다르지 않다. 이제 인류의 미래는 씨앗에 달려 있다. 씨앗이 경쟁력이다. 씨앗을 보존하는 것이 지구를 살리는 희망이며, 지구의 마지막 선택이지 않을까 싶다. 이러한 위기 상황에서 전 세계는 종자를 보관할 곳을 마련하기에 이른다. 종자를 보존하는 기관은 크게 은행과 금고 두 형태다.

종자 은행의 형태를 시드뱅크Seed Bank라고 한다. 시드뱅크는 씨앗을 보관하는 대형 냉장고다. 주로 식용 식물이나 멸종위기의 식물을 대상으로 한다. 전 세계에 1400여 곳의 종자 은행이 있다. 말 그대로 은행이어서 종자의 출입이 자유롭다. 영국의 밀레니엄 시드뱅크는 시드뱅크의 필수 조건을 처음으로 확립한 세계 최대 규모의 기관이다. 사막화가 심각한 파키스탄이나 이집트, 훼손된 마다가스카르섬 숲 등에 필요한 종자를 보내 복구를 돕는 일도 한다. 반면, 시드볼트Seed Vault는 은행보다 더 강력한 금고의 형태다. 식물 자원의 멸종에 대비한 영구 저장시설로 야생 또는 시드뱅크 내에 더 이상 종자가 존재하지 않을 시에만 종자를 꺼내 올 수 있고, 이외의 경우에는 종자를 이용할 수 없다. 이러한 까닭에 시드볼트는 현재 전 세계에서 단 두 곳, 노르웨이 스발바르제도와 우리나라 백두대간수목원에만 존재한다.

노르웨이의 스발바르 종자 금고는 지구의 가장 북쪽, 북위 90° 지점인 북극점으로부터 1300*m* 떨어진 곳 지하에 있다. 일명 '지구 최후의 날 금고Doomsday Vault'라 부른다. 2008년 2월 가동을 시작했으며, 목표치는 450만 종이다. 각 품종마다 평균 500개의 씨앗을 보존하며, 발아율을 유지하기 위해 20년마다 종자를 새것으로 교체한다. 금고의 소유권은 노르웨이에 있지만 보관된 종자에 대한 권리는 종자를 제공한 국가가 갖는다. 저장고의 위치는 지반은 물론 향후 200년간의 기후변화로 인한 해수면의 상승까지 고려해 선정한 것이다.

종자는 산소와 습기를 제거한 다음 밀봉하여 보관하는데 저장고의 온도는 영하 18℃로 유지해 종자의 발아를 막고 신진대사를 최대한 늦춘다. 만약 전기적 문제가 발생하더라도 영구동토층에 위치하여 보관에 아무런 영향이 없는 영하 3.5℃의 저온 상태를 유지할 수 있다. 또한 어떠한 충격에도 버티도록 내진설계가 되어 있으며, 그 모든 것이 무너져도 천연의 암반층이 최후의 보루로 금고를 지켜 주는 구조다. 금고의 출입구는 하나밖에 없으며, 문을 열기 위해서는 UN과 국제기구들이 보관한 열쇠 여섯 개가 모두 모여야 한다. 두 지역의 시드볼트는 차이점이 있다. 스발바르 시드볼트의 경우 식량난 대비를 위한 식용작물 위주의 종자를 보존하는 데 반해 국립백두대간수목원 시드볼트는 생태계 파괴를 대비해 야생식물 위주의 종자를 보관한다.

인간만이 식물의 영역, 곧 녹색의 세상을 짓밟는다. 직접적이든 간접적이든. 저들의 자리를 빼앗음으로 우리가 얻은 것은 편리함이다. 이제는 선택해야 한다. 조금 편하게 잠시 살다 식물을 잃고 나도 잃을 것이냐, 조금 불편하게 살며 모두 살 것이냐. 그나마 지금은 선택지라도 있지만 이대로 조금 더 시간이 지나면 우리는 선택조차 할 수 없을지 모른다. 모두 절멸이다. 그러니 지금 모습 이대로 계속 갈 수는 없다. 돌아가야 하는 것만큼은 틀림없다. 정확히 어느 시절로 되돌아가야 할지는 모르겠다.

애기꾀꼬리버섯
여름에서 가을까지 숲속 땅 위에서 자란다. 이름에서 말해 주듯 작고 노란색이다. 버섯은 곰팡이 종류 중 몸집이 커지며 일정 모양을 갖춘 생명이라고 할 수 있다. 강원도 고성 운봉산.

III

작은 것들을
대하는 마음

이제 눈에 보이지 않는 생명에 대한 이야기를 하려 한다. 보이지 않으면 없다고 생각하는 것이 당연하다. 그런데 지금부터는 보이지 않지만 있다는 이야기를 하려는 것이다. 눈에 보이지 않을 뿐 있으니까. 보이지 않아 보지 못했지만 그럼에도 있다고 믿는 것이 쉽지 않다. 하지만 시작한다.

보이지 않는 생명…. '눈에 보이지도 않는 것을 생명이라고 할 수 있나?' 하는 생각이 들 수 있다. 하여 "생명은 무엇인가?"로부터 시작하는 것이 좋을 듯싶다. 생명은 무엇인가? 오랜 시간 실로 수많은 사람이 수많은 말을 했다. 아쉽게도 아직 누구나 수긍할 만한 정의를 찾지 못하고 있다. 그렇다. 생명이 간단한 것이 아니지 않은가. 명쾌하게 정의를 내리고 시작하면 좋으련만 그러지 못하기에 말이 길어진다. 생명을 가진 생명체는 이런저런 특징이 있다는 식의 설명을 구구절절 늘어놓아야 한다. 이런 것들이다. "세포로 이루어져 있다. 화학반응이 쉬지 않고 일어난다. 크기든 부피든 둘 다든 생장한다. 자신과 똑같거나 닮은 자손을 만든다. 자극에 가만히 있지 않고 반응한다. 환경변화에 적응한다. 진화한다." 이런 모든 특징을 가지고 있다면 생명체라 본다.

그런데 이러한 특징을 빠짐없이 가지고 있지만 너무 작아서 인간의 눈으로는 구분할 수 없는 친구들이 있다. 눈에 보이는 것만 생명으로 인정한다거나 눈에 보이지 않으면 생명이 아니라고 정한 바 없다. 따라서 이들도 분명 생명이다. 그저 작을 뿐이다. 작은 생물, 미생물이라 부른다. 그리고 미생물의 세계 또한 참으로 다양하다.

1

•

세균

미생물 하면 가장 먼저 떠오르는 것은 세균이다. 세균을 처음 만난 것은, 얼핏이라도 보게 된 것은 대학 시절 미생물학 실험 시간이었다. 당시는 별 느낌이 없었다. 제대로 관찰할 수 없었기 때문이다.

얼마나 작을까

세균의 길이는 약 1㎛다. μ는 100만 분의 1을 뜻하니 1㎛는 1m를 백만 등분한 길이다. 자의 눈금 중 가장 작은 단위는 1㎜다. 1㎜를 천 등분한 길이 0.001㎜가 바로 일반적인 세균의 크기다. 우리 눈으로 볼 수 있는 크기보다 많이 작다.

눈으로 볼 수 있는 가장 작은 크기는 눈의 분해능과 연관이 있다. 분해능은 가까이 있는 두 점이나 선을 분별하는 능력이다. 분리능이라고도 한다. 인간은 눈앞 15㎝에 있는 두 선이 0.026㎜ 떨어져 있을 때까지 분리된 것으로 구분한다. 더 가까이 있으면 붙어 있는 것으로 보인다. 더 이상 분해 또는 분리할 수 없는 한계며 사람은 대략 그 최소 분해 간격 크기까지를 볼 수 있다. 사람의 머리카락 굵기는 0.040㎜ 정도다. 만약 머리카락이 그보다 반 정도의 굵기인 0.020㎜라면 머리카락을 눈으로 보고 집거나 쓸어 내기는 불가능했을 것이다. 세균은 어디라도 있다. 하지만 눈으로 볼 수 없다. 눈에 보이지 않는다. 일정 크기 이하는 볼 수 없게 만들어진 우리 눈이 오히려 축복이라는 생각이 든다.

세균을 보려면 어쩔 수 없이 현미경의 도움을 받아야 한다. 100배 확대하면 0.1㎜로 보인다. 작은 점 수준이다. 먼지인지 세포인지 구분하기 어렵다. 1000배로 확대하자. 이제 자의 눈금 중 가장 작은 단위 1㎜ 크기로 보인다. 뭔가 보이는데 이게 뭐지 싶다. 생물학과에서 학부 학생들의 실습용으로 비치된 현미경의 배율은 보통 500배를 넘지 못한다. 세균을 제대로 만난 것은 대학원 시절, 개인적으로 궁금하여 세균을 전공하는 동기의 도움으로 넉넉히 시간을 두고 한 관찰이었다. 책으로만 본 세균을 실제로 만나는 느낌은 특별했다.

세균의 발견

세균을 뜻하는 박테리아bacteria는 '작은 막대기'라는 뜻의 그리스어 baktērion에서 비롯했다. 세균은 눈에 보이지 않을 만큼 작다. 세균의 발견에는 현미경의 발명이 바탕에 있다. 현미경은 1590년대에 네덜란드의 안경사인 얀센과 얀센의 아들, 곧 얀센 부자가 공동으로 발명한 것으로 알려진다. 그러나 현미경을 과학에 본격적으로 활용하기 시작한 것은 70년이 더 지난 1660년대의 일이다. 당시만 해도 티 없이 맑은 유리 렌즈를 만들기 어려웠고 모양이 뒤틀려 보이기 일쑤여서 현미경을 통해 과학적 업적을 이루기에는 역부족이었다. 그러다 걸출한 인물이 등장한다. 렌즈 깎기의 달인, 레이우엔훅Anton van Leeuwenhoek이다.

당대의 과학자들이 대부분 귀족 출신이었던 것과 달리 레이우엔훅은 가난한 부모 밑에서 태어나 초등 교육밖에는 받지 못했다. 어린 시절부터 포목 상인으로 살아가며 네덜란드 전 지역과 인접 나라들을 떠돌면서 다양한 세상을 만나는데, 이때 렌즈에 특별한 관심을 가지게 된다. 렌즈를 직접 만들기 시작한 것은 20대 중반에 고향으로 돌아와 포목 점포를 열면서부터다. 그러다 시청에 근무하게 되면서 경제적 안정을 이루며 본격적으로 현미경 제작에 들어선다. 그의 현미경은 지금도 감탄할 정도로 최고 수준이며, 평생 제작한 현미경이 400대가 넘는다.

레이우엔훅이 처음부터 연구를 목적으로 현미경을 만든 것은 아니었다. 포목점을 했으니 올 하나하나까지 자세히 살펴볼 필요가 있었겠지만 세상의 그 무엇이라도 자세히 보고 싶은 마음이 무척 강한 사람이지 않았나 싶다. 실제로 레이우엔훅은 주변에 있는 모든 것을 있는 그대로 자세히 들여다보았다. 그러다 1670년대 중반 마흔쯤에 집 근처 호수에서 물을 떠 와 자신의 현미경 위에 올려놓는다. 그런데, 어찌 이런 일이! 아무것도 없을 줄 알았던 물 한 방울에서 수많은 생명체가 우글거리는 것을 확인한다. 놀란 가슴 안고 레이우엔훅은 관찰을 이어 갔다. 시궁창을 흐르는 구정물을 포함하여 세상의 물이란 물은 다 관찰하며, 그 안에서 '아주 작은 동물'을 쉼 없이 관찰한다. 이 정도의 관찰이면 확실하다 싶었을 때 레이우엔훅은 이들에게 '극미동물

animalcule'이라는 이름까지 붙여 준 뒤 그 결과를 런던왕립학회에 보낸다. 지금은 원생동물이라 부르는 생명을 만난 것이다. 엄청난 사건이었다. '눈에 보이지 않으니 없다'에서 '눈에 보이지 않아도 있다'로 생명체에 대한 시각을 바꿔야 하는 사건이기 때문이다.

'아주 작은 동물'의 발견으로 세상이 뒤집어지고, 그 충격이 채 가라앉기 전 레이우엔훅은 자신의 이 사이에 낀 음식물 찌꺼기까지 관찰한다. 뭔가 꼬물거리는 것이 있었다. 세균을 관찰한 것이다. 또한 세균은 막대기 모양(간균), 나선 모양(나선균), 공 모양(구균)의 세 형태가 있다는 것을 세밀화 수준의 그림과 함께 왕립학회에 보낸다. "여러분의 입속에는 전 세계의 인구보다 더 많은 수의 작은 벌레가 득실거린다."는 소감을 덧붙이며 말이다. 이러한 레이우엔훅의 관찰을 통해 인간은 비로소 세균의 세계에 눈을 뜬다.

세균의 생김새

세균은 단세포다. 하나의 세포로 살아간다. 하나의 세포여서 작지만 모든 생명현상을 온전히 드러낸다. 세균 세포는 원핵세포다. 원핵세포는 원시적인 핵을 가진 세포라는 뜻이다. 세균의 세포에는 핵막으로 둘러싸인 진정한 핵이 없다. 핵뿐만 아니라 다른 막 구조(미토콘드리아, 골지체, 소포체, 액포, 색소체 등) 또한 없다. 세포 안의 공간이 기능별로 나누어지지 않은 것이다. 동물과 식물은 핵막으로 둘러싸인 진정한 핵이 있는 세포여서 진핵세포라고 한다.

진핵세포와 원핵세포의 차이는 이렇다. 현재의 일반적인 집 구조를 떠올려 보자. 문을 열고 들어서면 신발을 벗는 공간이 있고 옆으로는 신발장이 있다. 식구들이 둘러앉아 이런저런 이야기를 나누는 거실이 있고, 식사를 마련하는 주방과 식사하는 공간이 있고, 두세 개의 침실도 따로 있다. 옷을 보관하는 옷장이 있으며, 욕실이 있고, 다용도실 공간도 따로 마련되어 있다. 공간이 쓰임새를 따라 세분화되어 있다. 진핵세포가 그렇다. 세포소기관이라 부르는 막으로 둘러싸인 다양한 공간이 있으며, 각각의 공간은 고유의 기능을 담당한다. 세포가 수행해야 할 역할을 분담하고 전문화한 것이다. 오래전 가옥 형태는 움집이었다. 들어서면 하나의 공간뿐이다. 그 안에서 모든 것이 이루어진다. 원핵세포가 그렇다. 그럼에도 유전물질이 있고 유전물질의 정보에 따라 생명현상에 필요한 모든 단백질을 스스로 합성할 수 있는 완전한 생명체다. 뭐, 움집에서도 다 잘 살았다.

세균의 구조는 간단하다. 세포를 둘러싸는 세포막이 있다. 두께 8㎚의 얇은 막이다. 세포 안팎으로 물질의 선택적 이동이라는 세포막 고유의 기능 외에 세포소기관이 없는 탓에 그 기능도 일부 떠안는다. 세포막 바깥으로 견고한 세포벽이 있다. 운동성이 아예 없는 것은 아니지만 세포막만으로 환경변화에 온전히 대처하기 힘들었던 모양이다. 세균의 표면에는 부속 기관으로 편모flagellum와 선모pili가 있다. 세균의 편모는 가늘고 긴 실 모양의 털로 평균 길이는 6㎛ 정도다. 편모의 개수와 위치는 세균 분류의 중요한 기준이기도 하다. 선모는 편모처럼 가는 실 모양이지만 훨씬 짧으며, 운동성에 영향을 주지 않는다. 기생성 세균이 기주에 부착할 수 있게 해 주는 역할을 한다. 세균이 접합할 때 유전자를 전달하는 통로가 되기도 하는데 이때는 성선모sex pili라고 부른다.

세균의 기본 형태는 막대형, 구형, 나선형이다. 그 외에 기다란 관 모양의 필라멘트형과 딱히 뭐라고 표현하기 어려운 부정형도 있다. 막대 모양의 세균을 간균이라고 한다. 대개 홀로 존재하지만 사슬처럼 일렬로 늘어선 연쇄상간균도 있다. 공 모양의 세균은 구균이라고 한다. 구균은 하나만 있는 단구균, 짝을 이루는 쌍구균, 네 개가 연결된 사련구균, 여덟 개가 입방체 모양으로 붙어 있는 팔련구균, 여러 구균이 사슬 모양으로 늘어선 연쇄상구균, 포도송이처럼 뭉쳐 있는 포도상구균이 있다. 나선형의 나선균은 편모가 있어 빠르게 이동하는 특징이 있다.

세균의 증식

세균은 성이 없다. 일정 크기에 이르면 둘로 나누어지는 이분법 binary fission으로 무성생식을 한다. 세포분열이 일어나기 전에 유전물질인 DNA가 복제되고 분열 시 똑같이 나누어지기 때문에 이분법의 결과로 생긴 두 세포는 유전적으로 동일하다.

세균은 단세포며 핵 또한 원시적인 형태다. 구조가 간단한 만큼 한 세대가 무척 짧다. 환경조건만 알맞으면 상당히 빠른 속도로 번식한다. 최적조건에서는 20분에 한 번씩 분열한다. 최적조건이라 하여 대단한 것도 아니다. 물에 설탕, 무기염류, 비타민을 조금 넣어 주고 산소와 잘 접촉할 수 있도록 배양용기를 흔들어 주며 37℃를 유지하는 것이 전부다. 간단한 계산 하나를 해 보자. 20분마다 분열을 하면 n시간 뒤에는 하나의 세균이 2^{3n}개가 된다. 지수함수다. 현실적으로 지수함수의 증가라는 것이 가슴에 잘 와닿지 않는 부분은 있다. 실제는 어마어마하다. 10시간이 지나면 2^{30}(1,073,741,824) 개체가 된다. 10억이 넘는다. 여러 번 계산했다. 맞는다. 24시간이 지나면 2^{72} 개체로 늘어난다. 읽을 수도 없는 22 자릿수의 숫자다. 더운 날, 음식이 금방 상하는 이유는 세균의 이처럼 엄청난 증식 속도 때문이다.

물론 무한정 늘지는 않는다. 자연계든 인위적인 배양의 경우든 개체수가 증가하며 영양분과 산소가 고갈되고 공간의 부족과 함께 물질대사로 인한 노폐물이 축적되기 때문이다. 그러나 삽시간에 개체수가 엄청 늘어난다는 사실에 변함은 없다. 번식의 효율성만 고려한다면 이분법을 따라잡을 방법은 없다. 세균의 입장에서 볼 때 완벽한 서식처는 어디일까? 따듯하고 온갖 영양분이 지천으로 있는 곳, 동물의 몸이며 인체도 그중 하나다. 병원성 세균이 인간의 몸에 들어와 면역체계를 넘어서는 순간 세균 하나가 10억 개체로 늘어나기까지 10시간이면 충분하다는 뜻이기도 하다.

세균의 분포 – 서식지

지구는 약 46억 년 전 형성되었다. 세균은 약 40억 년 전 지구에 출현한 것으로 추정하며, 약 20억 년 동안 지구를 거의 홀로 누빈다. 이후로 원생생물, 진균류, 식물과 동물이 출현한다. 현재까지 알려진 세균은 1만 3000종이 넘으며 매년 600여 종의 신종이 보고되고 있다. 오랜 시간만큼이나 세균은 그 분포에 있어서 다른 분류군과 차원이 다르다. 실제로 세균은 자연계 거의 모든 곳에 존재한다. 극한의 환경도 가리지 않는다. 펄펄 끓는 온천이나 심해의 열수분출구, 고방사능 환경, 중금속 오염 토양, 염전이나 사해를 비롯한 고염도 지역, 빙하와 같은 저온에서도 세균은 살아간다.

세균은 하나의 세포로 이루어진 생명이지만 독립생활은 물론 부생, 기생, 공생하며 살아간다. 이 중 다른 생물의 사체나 그 생산물에 의지하여 살아가는 경우에는 유기물의 분해를 통해 에너지를 얻는다. 즉 분해자로서 자연 생태계를 유지하는 데 중요한 역할을 한다. 또한 세균은 다른 생명체에도 깃든다. 동·식물은 물론 인간의 몸 곳곳에서 서식한다. 인간에 도움이 될 때가 있고 해가 될 때도 있다. 모체에 있는 태아는 무균상태다. 하지만 출생 후 외계와 접촉하며 호흡기, 소화기, 비뇨기, 생식기, 눈 등의 점막과 온몸을 둘러싼 피부에 다양한 종류의 세균이 서식한다. 이들 세균을 정상세균총normal flora이라고 한다.

세균의 종류는 서식 장소에 따라서 대체로 일정하다. 정상세균총은 숙주인 사람이 다른 병원성 세균에 감염되지 않도록 보호해 주는 역할을 한다. 예를 들어, 소장이나 대장에 상주하는 인체 공생 장내세균의 경우 인간에 유해한 비상주병원성 균종이 장 안에 정착하지 못하도록 한다. 영양분을 먼저 섭취하거나 항균물질을 생산·분비하여 병원성 세균과 같은 일시적이며 비상주성 세균이 장내에 정착하는 것을 막아 준다. 그러나 이러한 장내세균총의 비율에 변화가 생겨 불균형이 나타나면 대사질환을 비롯한 각종 질병이 발생한다.

세균 물질대사의 다양성

식물은 광합성을 통해 영양의 문제를 스스로 해결하는 독립영양체다. 동물은 다른 생명에 기댈 수밖에 없는 종속영양체다. 어쩔 수 없이 식물은 빛이 없으면 죽고, 동물은 잡아먹을 것이 없으면 죽는다. 무엇보다 동물과 식물은 서식지가 제한적이다. 살 수 없는 곳이 많다. 이와는 대조적으로 세균은 어떠한 환경에서도 살아간다. 다양한 자연환경에 적응했다는 뜻이다. 이는 세균의 물질대사 과정 또한 다양하다는 의미이기도 하다.

세균 물질대사의 다양성은 경이로운 수준에 이른다. 실제로 생명체에서 발견되는 다양한 유형의 물질대사가 세균에서 거의 다 일어난다. 광합성이나 화학합성을 통해 독립영양체로 살아가는 세균, 종속영양을 하는 세균, 산소가 있는 환경에서 호기적 호흡으로 살아가는 세균, 산소가 없는 환경에서 혐기적 호흡을 하며 살아가는 세균, 발효 능력이 있는 세균 등 다양한 유형의 대사를 통해 세균은 생존하고 생장한다. 공생 또한 세균이 살아가는 한 형태로 물질대사의 다양성 중 하나로 꼽을 수 있다. 가장 잘 알려진 예가 콩과 식물과 뿌리혹박테리아의 공생이다. 이처럼 세균은 서식환경에 따라 맞춤형 물질대사를 꾸려 간다. 그로 인해 겉으로 드러나는 모습은 다양하다. 하지만 결국 세균의 대부분은 유기물을 분해하는 과정을 통해 에너지를 얻는다. 생태계에서 세균의 역할은 분해자라는 것이다.

동물이든 식물이든 미생물이든 살아 있는 모든 것은 언젠가 죽음에 이른다. 지극히 짧은 시간을 살다 훌쩍 떠나는 존재도 있고 수천 년의 긴 시간을 사는 나무도 있다. 그 모든 사체가 분해되지 않고 쌓이기만 한다면 어떤 일이 벌어질까? 상상만으로도 충분히 끔찍하고 두렵다. 다행스럽게도 모든 사체는 분해된다. 시간이 조금 걸릴 뿐 모두 분해되어 자연의 일부로 되돌아간다. 분해는 물질순환의 시작이다. 자연에 있는 모든 것은 순환하는 것이 정상이고 순환할 때 건강하다. 그리고 그 중심에 미생물, 특히 세균이 있다. 또한 세균은 분해의 대상을 사체로 한정하지 않는다. 생활하수, 산업폐수와 산업 폐기물, 축산폐수 및 축산 폐기물 등에 포함된 유기물도 분해하여 생태계를 정화한다.

세균에 의한 유기물의 분해 과정은 인간의 편익을 기준으로 할 때 두 가지 모습으로 나타난다. 부패와 발효다. 부패는 질소를 포함하는 유기화합물(주로 단백질)의 혐기성세균에 의한 불완전분해다. 분해 과정 중 각종 아민류와 황화수소가 발생하여 악취가 난다. 지방이 불완전분해하며 케톤류 등이 생기는 과정도 일종의 부패다. 발효는 탄수화물이 무산소 상태에서 분해되는 과정을 말한다. 부패와 발효 중 어느 길로 가느냐는 세균의 종류와 환경이 중요한 역할을 한다. 발효가 일어날 것이 부패가 일어날 수 있고, 부패가 일어날 것이 발효가 일어날 수도 있다. 또한 부패는 유기물이 자연 상태에 있을 때 거의 예외 없이 일어나지만, 발효는 특별한 조건과 환경에서만 일어난다. 부패보다는 발효의 조건이 훨씬 까다롭기 때문이다. 더운 날인데 우유를 냉장고에 넣지 못했다. 우유는 금방 부패한다. 언제나 그렇다. 하지만 포도송이를 며칠 냉장고 밖에 두었다 하여 향기로운 와인이 만들어지지는 않는다. 우유가 요구르트나 치즈가 되고, 포도가 향기로운 포도주가 되려면 특별한 조건이 필요하다. 그렇더라도 인간의 식생활은 세균의 물질대사 중 하나인 발효에 의존하는 것이 많다. 김치, 술, 식초, 청국장, 된장, 간장, 치즈, 요구르트….

세균에 대한 인간의 욕심은 그저 자연을 깨끗하게 해 주고 발효식품을 얻는 정도에서 그치지 않았다. 결국 세균의 물질대사 자체를 바꿔 버린다. 유전자까지 손을 댄 것이다. 세균은 염색체와 별도로 플라스미드plasmid라 부르는 작은 크기의 DNA를 가지고 있다. 크기가 작아 다루기가 쉽다. 이리저리 다루다 세균 고유의 플라스미드에 새로운 유전자를 끼워 넣는 유전자재조합기술이 개발되었다. 게다가 세균은 증식 속도가 엄청 빠르다. 이러한 성질을 이용하여 원하는 유전자의 발현산물을 대량으로 얻는 데 성공했다. 항산화작용, 해독작용, 면역기능증강작용, 노화지연작용 등에 효과적인 생리활성물질을 비롯하여 상업적으로 가치가 있는 비타민, 호르몬 제제, 질병의 진단·예방·치료를 위한 물질 및 기타 유용한 단백질을 다양하게 얻고 있다. 이 밖에도 세균은 유전자 조작을 통해 방사성 폐기물의 처리 및 해양 기름 유출 사고의 수습을 비롯한 생태학적 복원은 물론이고 광석에서 금속을 채취하는 과정 등에도 이용되고 있다.

세균과 질병

세균은 약 40억 년 전 출현한다. 그리고 지금도 있다. 현생인류인 호모 사피엔스는 약 30만 년 전 지구에 출현하여 역시 지금도 있다. 지구에 발붙이고 산 시간만 따진다면 인류의 역사는 역사라고 하기도 민망할 정도로 보잘것없다. 지구의 역사를 한 해 달력으로 표현할 때 현생인류의 출현은 12월 31일 오후 1시 16분이다. 현재를 12월 31일 자정으로 정한 것이니 30만 년 동안, 지구 달력으로 따지자면 10시간 44분 동안 인간과 세균이 더불어 산 것만큼은 틀림없다. 서로 좋은 날도 있었을 것이고, 어느 한쪽만 좋았던 날도 있었을 것이며, 서로 나쁜 날도 있었을 것이다. 세균의 존재는 1676년 레이우엔훅이 최초로 확인했다. 불과 340여 년 전의 일이다. 인간이 세균을 알고 지낸 시간이 무척 짧다. 더군다나 우리 눈에는 보이지도 않는다.

세균이 분해자로의 역할을 하고 발효 능력 정도만 있는 생명이었다면 우리는 보이지도 않는 세균에 별 관심을 두지 않았기 쉽다. 그런데 세균과 인간의 관계는 더 나아간다. 대부분의 세균은 인체에 해가 없으며 오히려 도움을 주는 경우가 많지만 일부는 사람에 심각한 해를 끼친다. 병을 일으키는 세균이 있는 것이다. 병원성 세균이라고 한다. 지금까지 학명이 부여된 세균만 1만 3000종이 넘고 매년 600여 종의 신종이 보고된다고 했는데, 인간에 질병을 일으키는 세균은 100종 남짓으로 알려져 있다. 숫자만 보면 세균 중 일부가 병원성이 있다고 할 만하다. 사람의 소화기관에도 수천 종류의 세균이 존재한다. 사람과 세균은 줄 것 주고, 받을 것 받으며 서로 탈 없이 잘 지낸다. 문제는 100종 남짓의 병원성 세균이 수많은 사람의 목숨을 앗아 간다는 것이다. 잘 알려진 세균성 질병은 탄저병, 식중독, 콜레라, 디프테리아, 임질과 매독을 비롯한 성병, 한센병(나병), 라임병, 흑사병, 폐렴, 결핵, 장티푸스, 발진티푸스 등이다. 충치와 위궤양도 원인은 세균이다.

병원성 세균에 의한 질병 중 가장 많은 생명을 앗아 간 것은 흑사병Black Plague이다. 흑사병은 페스트균*Yersinia pestis*에 의해 발생하는 급성열성전염병으로, 병이 진행되면서 온몸에 검은색의 괴사가 나타나기 때문에 붙은 이름이다. 페스트균의 학명 중 종소명 pestis는 '전염병'을 뜻하는 라틴어다. 흑사병의 전염성이 너무 강해서 전염병을 뜻하는 고유명사가 아예 세균의 종소명이 되었으며, 흑사병을 페스트라 부르기도 한다. 페스트균의 숙주는 쥐다. 쥐에 기생하는 벼룩으로부터 사람에게 전파되고 다시 사람에서 사람으로 전염된다. 14세기에 유럽을 중심으로 대유행했으며, 전 세계에서 7500만~2억 명이 사망한 것으로 알려지고 있다. 14세기 전반의 세계 인구는 약 4억 5000만 명이다. 세계 인구의 최소 17%, 최대 44% 정도가 흑사병으로 유명을 달리한 셈이다.

옛날이야기일까? 그렇지 않다. 1994년 동아프리카의 르완다공화국에서는 10만 명 넘게 콜레라로 사망한다. WHO의 자료에 따르면 결핵으로 날마다 5000명이 사망한다. 1년이면 약 180만 명이다. 실제로 2007년에는 사하라 사막 이남의 아프리카를 중심으로 약 180만 명이 결핵으로 사망했으며, 현재도 크게 줄지 않고 있다. 역시 WHO의 자료에 의하면 폐렴은 5세 이하 어린이의 사망 원인 중 15%를 차지하며, 2017년 한 해 동안 폐렴으로 사망한 5세 이하 어린이는 80만 8694명이었다. 폐렴은 세균뿐만 아니라 바이러스나 곰팡이에 의해서도 발병할 수는 있다. 어떻게 결핵과 폐렴으로 한 해에 그 많은 사람이 사망할 수 있나 싶다. 하지만 사실이다. 사망 원인은 질병의 최종 진단명이기 때문이다. 기저질환이 있거나 다른 질병을 앓다가도 마지막에는 결핵이나 폐렴으로 이행한 뒤에 사망하기 쉽다. 그럴 때 사망 원인은 결핵 또는 폐렴이다. 개발도상국의 경우 오늘도 여전히 영아 사망률의 가장 큰 원인은 병원성 세균으로 인한 질병이다.

병원성 세균은 공기, 물, 음식, 접촉 등을 통해 전파하며 체내에서 빠른 속도로 증식하여 질병을 일으킨다. 세균으로 인한 질병 발생의 직접적인 원인은 세균이 각 장기에서 증식하며 생산하는 독소 때문이다. 병원성 세균의 독소는 다양하다. 설사나 식중독을 일으키는 장독소, 피를 굳게 하는 응고소, 면역을 담당하는 백혈구를 죽이는 백혈구 사멸소, 적혈구를 파괴하는 용혈소, 단백질 합성 억제물질, 신경전

달을 방해하는 신경독소 등이 있다. 또한 발열, 쇼크, 내출혈, 유산 등을 일으키는 독소도 있다.

세균과 인간의 전쟁 – 항생제와 내성

조선 시대 왕들의 평균수명은 46세였다. 게다가 스물일곱 명의 왕 중에서 나이 마흔을 넘기지 못한 왕이 열한 명이나 된다. 왕의 평균수명은 그래도 높은 편이다. 조선 시대 남성의 평균수명은 약 35세로 추정한다. 태어난 아이 열 명 중 세 명은 한 살도 되기 전에 사망했으며, 절반 정도가 열 살 이전에 사망했다. 천연두, 홍역, 말라리아, 콜레라, 이질, 설사, 폐렴, 패혈증 같은 질병 때문이었다. 아기가 태어나고 돌이 지나야 비로소 출생신고를 했던 것이 불과 60여 년 전의 일이다.

오래도록 질병의 원인을 알지 못했다. 인간이 걸리는 질병의 대부분이 눈에 보이지도 않는 미생물 때문이라는 사실을 처음으로 밝힌 것은 파스퇴르Louis Pasteur와 코흐Heinrich Hermann Robert Koch였다. 세균이 최초로 발견될 때만 해도 세균이 질병의 원인 중 하나라는 사실은 알아차리지 못했다. 세균이 다른 곳에는 다 살아도 살아 있는 동물의 몸에서는 살지 않았더라면, 적어도 사람의 몸에서는 살지 않았더라면, 사람의 몸에 살더라도 도움만 주었다면 문제는 없었을 것이다. 그런데 세균이 인간의 몸에까지 살며 더군다나 질병을 일으켜 목숨마저 빼앗는 것을 안 순간부터 세균과 인간의 전쟁은 시작된다.

병원성 세균이 사람에게 질병을 일으켰다는 것은 세균 쪽에서 보면 증식에 성공했음을 의미한다. 세균이 침입하면 우리 몸에서는 면역계가 작동한다. 면역은 두 종류다. 특별히 대상을 정하지 않고 광범위하게 작용하는 비특이적 면역이 있고, 대상을 정하여 공격하는 특이적 면역이 있다. 세균이 두 종류의 면역을 모두 넘어서면 더 이상 장애물은 없다. 무서운 속도로 증식한다. 앞서 말한 것처럼 1개체의 세균이 10억 개체로 늘어나기까지 10시간이면 충분하며, 세균이 증식하는 데 인체보다 더 좋은 조건은 없다. 면역체계에만 기댈 수 없는 인간은 세균의 증식을 막거나 아예 세균의 생명을 끊을 길을 찾게 된다. 그리고 찾는다. 항생제antibiotics의 발견이다.

과학 발전의 바탕에는 두 가지 동력이 있지 않나 싶다. 하나는 알고 싶은 마음이며, 또 하나는 문제를 해결하고 싶은 마음이다. 과학자들은 끝없이 '왜'와 '어떻게'를 물어 왔고, 쉼 없이 다양한 문제에 대한 해결책을 찾고 있으며, 그 과정을 통해 과학은 하루하루 발전하고 있다. 물론 연구의 결과가 하루아침에 나오지는 않는다. 오랜 시간을 두고 조금씩 쌓이고 다져지며 앞으로 나아간다.

세균으로 인한 질병 치료에 일대 혁신을 가져온 최초의 항생제, 페니실린penicillin의 발견은 1928년 영국 런던에서 시작되었다. 세균학자 플레밍Alexander Fleming은 병원 실험실에서 화농을 일으키는 대표적인 세균인 포도상구균을 배양하고 있었다. 화농은 외상을 입은 피부나 각종 장기 등에 생기는 농(고름)을 말한다. 플레밍이 실수를 한다. 세균을 배양하는 배지에 포도상구균을 접종하고 뚜껑을 닫은 뒤 배양기에 넣어야 하는데 깜빡한 것이다. 실험대 위에 그대로 두고 휴가를 떠난다. 배지가 여러 개였을 터이니 그럴 수 있다. 뚜껑도 제대로 덮지 않았을 수 있다. 세균 배양을 할 때 더러 있는 일이며, 더군다나 휴가를 앞두고 있어 마음이 들떠 있었는지도 모르겠다. 휴가를 다녀온 플레밍은 실수에 대한 당연한 결과를 만난다. 배지에는 접종한 포도상구균뿐만 아니라 푸른곰팡이가 함께 자라고 있었던 것이다.

세균 배양의 전체 과정은 무균상태에서 이루어진다. 자칫 잘못하면 언제든 배양세균 이외의 다른 세균이나 곰팡이가 배지에 들어올 수 있다. 배지가 오염contamination되었다고 표현한다. 배지가 오염되면 대개는 "이런, 세척할 것이 늘었네." 정도의 푸념을 하며 넘어간다. 그런데 플레밍은 이 상황에서 위대한 발견을 한다. 위대한 발견의 바탕은 역시 '왜'와 '어떻게'였다. 원래 접종세균은 포도상구균이었고 푸른곰팡이에 오염되었다면 배지에서는 두 종류의 미생물이 군체를 형성하며 모두 잘 자라야 하는데 오히려 포도상구균은, 더군다나 푸른곰팡이 군체 주변으로는 포도상구균이 거의 죽어 있는 것에 눈길이 간 것이다. 눈길이 간 것으로 멈출 수도 있었을 터인데 생각은 더 나아간다.

"푸른곰팡이가 분비하는 어떤 물질이 포도상구균의 생장을 억제하거나 죽이는 것 아닐까?"

페니실린은 그렇게 발견된다. 플레밍도 고맙지만 실험실을 떠도는 수많은 세균과 곰팡이 중에 하필 푸른곰팡이가 그 배지로 떨어진 것은 인류를 위해 여간 다행이 아니다. 아쉽게도 플레밍은 페니실린을 순수하게 정제하지는 못한 채 연구를 접는다. 그렇게 플레밍의 발견은 미완성으로 묻혀 버리는 듯했으나 1929년에 발표한 그의 논문에서 영감을 얻은 플로리Howard Florey와 체인Ernst Boris Chain은 10년 뒤인 1939년 드디어 페니실린을 순수하게 분리하는 데 성공한다. 또한 1941년 2월 12일, 영국 옥스퍼드대학교 부속병원이 세계 최초로 포도상구균 감염 환자를 대상으로 페니실린의 임상실험에 성공했다. 이 공적으로 세 사람은 1945년 노벨 생리학상을 공동 수상한다. 대량생산까지 성공하면서 페니실린은 2차 세계대전이 끝나 갈 무렵 본격적으로 활용되며 수많은 사람의 생명을 구한다. 상처의 감염뿐만 아니라 폐렴, 디프테리아, 수막염을 비롯한 질병에도 큰 효과가 있었기 때문에 페니실린은 '마법의 탄환', '기적의 약'이라 불리게 되었다.

페니실린을 시작으로 항생제를 중심으로 하는 신약개발 연구는 그야말로 봇물이 터지며 1940~1962년까지를 항생제 발견의 황금기라 부른다. 이 시기에 식물이나 미생물로부터 추출한 것을 비롯하여 인공적으로 합성한 다양한 계열의 100종이 넘는 새로운 항생제가 개발되었다. 항생제는 세균의 생장을 억제하거나 죽이는 물질이다. 결국 세균을 공격하는 물질이다. 세균의 어디를 공격할 것인가?

세균의 구조를 보자. 맨 바깥에 세포벽이 있다. 세균을 보호해 주는 벽이다. 세포벽 안쪽에 세포를 둘러싼 세포막이 있다. 세포 안팎으로의 물질 이동은 말할 것도 없거니와 세포소기관이 따로 없는 세균에서는 중요한 물질대사가 일어나는 곳이다. 세포막 안쪽의 공간인 세포질을 보자. 유전물질인 핵산DNA이 흩어져 있으며, 단백질의 합성이 일어나고, 물질대사를 수행할 다양한 효소가 있다. 항생제는 결국 세포벽, 세포막, 단백질, 핵산의 합성 또는 기능을 억제하는 물질 중 하나다.

다양한 항생제의 개발로 세균감염에 의한 질병은 정복했다고 믿었다. 이후 2000년까지는 새로운 항생제 개발의 필요성을 느끼지 못한 채 시간이 흐르며 항생제 개발의 정체기를 맞는다. 하지만 세균도 항생제에 당하고만 있지 않았다. 하나의 세포로 이루어져 있지만 세균은 분명 생명체다. 생명체는 그 무엇이라도 환경변화에 적응한다. 적응으로 부족하면 극복한다. 새로운 항생제의 개발이 주춤하는 사이에 세균은 항생제에 견디는, 항생제에도 죽지 않는 내성을 키워 갔던 것이다. 어찌 보면 세균이 항생제라는 매를 맞으며 맷집을 키운 꼴이다. 항생제 내성의 증가로 예전에는 치료가 가능했던 세균성 질병들이 이제는 치료가 어려워지고 있다. 대부분의 병원균이 하나 이상의 항생제에 대해 내성을 가진다는 주장도 나온다.

항생제 내성의 직접적인 원인은 항생제의 사용이다. 게다가 항생제 사용량이 많아질수록 항생제 내성균이 만연할 가능성은 더욱 커진다. 2000년부터 2010년 사이, 전 세계 항생제 소비량은 약 40% 증가했다. 이후로도 항생제 소비량은 꾸준히 증가하고 있다. 전 세계적으로 항생제 소비의 확대를 초래하는 두 가지 요인은 소득 증대와 동물성 단백질에 대한 수요 증가다. 소득 증대는 항생제에 대한 접근성을 높여 수명을 연장하는 효과가 있지만 항생제에 대한 내성도 키운다. 동물성 단백질에 대한 수요 증가 또한 공장식 가축 사육의 확대를 초래하며, 이는 항생제의 과다 사용을 일으켜 결국은 항생제 내성으로 이어진다. 게다가 세균의 변신이 한두 가지의 항생제에 대하여 내성을 나타내는 것으로 그치지 않고 있다. 기존의 어떠한 항생제로도 증식을 막을 수 없는 세균까지 출현했다. 이제 세균은 끝이라며 자신만만했던 최후의 항생제 '반코마이신'도 효과가 없는 반코마이신내성 황색포도상구균vancomycin-resistant *Staphylococcus aureus*; VRSA이 나타난 것이다. 슈퍼박테리아라 부른다. 그런데 슈퍼박테리아가 끝일까?

인간은 태어나 죽을 때까지 병원성 세균과 마주하며 살아간다. 면역계가 제대로 작동하여 질병으로부터 자유로운 시간이 많지만 질병으로 고통을 받을 때가 있고 사망에 이르기도 한다. 질병을 치료하는 과정이 어떻게 흘러왔는지 돌아보자. 처음에는 경험에 의해 특정 질병에 유효한 약용식물을 찾는다. 그다음은 약용식물에 있는 수천 가지의 물질 중에서 특정 약리 효과를 나타내는 물질을 찾아 순수하게 분리하는 과정으로 넘어간다. 다음에는 특정 약리 성분을 나타내는 물질의 구조를 밝혀 화학적으로 합성하는 시기를 지난다. 지금은?

인공지능을 통해 또는 이론에 기초하여 특정한 세균의 성장을 특이적으로 억제하는 물질을 예상하고 그것이 혹 지구에 존재하지 않는 물질이더라도 새로 합성하는 단계에 이르렀다. 또한 우리는 현재 유전자 가위의 시대를 산다. 자연에 본래 있는 유전자를 '있는 그대로 번역하여 읽는' 시대에서 이제는 인간이 유전자를 '쓰고 편집하는' 시대로 접어들었다. 자연의 유전자를 일부 조작하는 단계를 넘어 자연에 없는 유전자를 설계하고 합성해 인간의 편익을 추구하는 시대인 것이다. 그 주요 대상이 세균이다. 구조가 간단해서다. 자기의 고유한 유전자마저 마음대로 주무르고 뜯어고치는 인간에 대해 세균은 가만히 있을까? 세균이 반격을 한다면 그 양태는 무엇일까?

지금 이 순간에도 우리는 세균 때문에 살고 또한 세균 때문에 죽는다. 문제는 죽고 싶지는 않고 살고 싶기만 하다는 것이다. 그렇다면 인간에게 나쁜 세균은 모두 없애야 할까? 표현의 차이는 조금 있지만 대학원 박사과정 시험문제이기도 했다. 압축해서 표현하면 나는 이런 답을 썼다.

"이 땅의 생명 중 의미가 없는, 없어져야 하는 생명은 없다. 그런 생명도 있다 여긴다면 우리가 그 생명에 대해 모르거나 알더라도 지극히 일부만 알기 때문일 것이다. 우리가 아는 것이 전부를 아는 것은 아니다."

어떻게 채점을 하셨는지는 모른다. 하지만 분명한 것이 있다. 세균. 단세포라고 얕볼 친구가 아니다.

2

진균

미생물은 분명 작은 생물을 뜻한다. 작다. 보이기는 하는데 어떻다고 말하기는 또 어렵다. 생물의 분류군 중에서 딱히 뭐라 말하기 어려운 어중간한 생물이 있다. 진균이라 부르는 생물이 그렇다. 혼동할 때가 많지만 세균과 진균은 완전히 다른 생명이다.

세균의 '세'는 '가늘다'는 뜻이다. 실제로 세균은 보이지 않는다. 진균은 보이기도 한다. 정확히는 보이는 것도 있고 보이지 않는 것도 있다. 또한 세균은 원핵생물이지만 진균은 진짜 핵을 가지고 있는 진핵생물이다. 세포의 진화 측면에서 진균은 세균과 격이 다른 친구다. 한때 진균을 식물로 분류했던 적이 있었다. 운동성이 거의 없고 서식지도 겹치는 경우가 많으며 어찌 보면 식물로도 보이기 때문이다. 하지만 몇 가지 결정적인 차이점이 있다. 우선 광합성 능력이 없다. 독립영양체가 아니라는 뜻이다. 물과 양분의 이동을 위한 물관과 체관을 비롯한 통도조직 또한 없다. 세포벽은 있으나 구성성분은 식물과 완전히 다르다. 식물에서 먼 곳에 있다. 굳이 따지자면 진균은 식물보다는 오히려 동물에 가깝다.

진균은 동물처럼 종속영양체다. 그런데 동물과 분명히 선을 그을 수 있는 특징이 있다. 잡아먹는 '섭식'을 하지 않는다. '흡수'한다. 진핵생물이며, 외부에 있는 유기물을 분해한 다음 흡수하는 것이 진균의 가장 큰 특징이다. 진균을 대표하는 생물이 곰팡이, 효모, 버섯이다. 버섯? 버섯이 효모나 곰팡이와는 많이 다르지 않나 싶을 것이다. 하지만 버섯은 곰팡이와 생물학적으로 무척 가깝다. 곰팡이는 보이기는 하지만 형태가 또렷하지는 않다. 곰팡이 종류 중 몸집이 더 커지며 일정 모양새를 갖춘 것이 버섯이다.

곰팡이

살며 진균과 닿은 인연을 돌아보니 첫 기억이 그리 아름다운 편은 아니다. 우리나라의 살림살이가 퍽 어렵던 시절이 있었다. 어릴 때 우리 집 형편도 다르지 않았다. 비가 쏟아지면 바빴다. 단칸방이어서 달리 갈 곳이 없는데 천장에서 물이 떨어진다. 많을 때는 세 곳에서 떨어진다. 세숫대야와 양동이로 받아 보지만 난감하다. 조금씩 커지다 제 무게를 이기지 못하고 똑 떨어지는 빗방울 하나의 힘이 제법 야무지다. 빈 그릇에 떨어져도 튀고 고인 물에 떨어져도 튄다. 그릇 주변으로는 걸레나 낡은 옷가지가 깔린다. 나는 어찌어찌 한 모퉁이라도 차지해 잠들었지만 아버지와 어머니는 눕지도 못하셨을 것이다. 하룻밤 거세게 몰아친 비야 하루가 지나면 잊히지만 장맛비가 내리면 많이 힘들었다. 게다가 장맛비는 그쳐도 천장을 따라 흔적을 남긴다.

까만색의 곰팡이. 없던 것이 피어나는 느낌이 든 것은 틀림없다. 그런데 딱히 어떻게 생겼다고 말하기는 어렵다. 생명이라는 생각이 와락 들었던 것 같지는 않다.

비슷한 일이 벌어진다. 이번 기억은 소중하다. 장 담그기에 얽힌 기억이다. 외가에서는 양념의 기본인 고추장, 된장, 간장 역시 직접 담갔다. 텃밭은 일상의 식재료를 얻는 곳이었고 제대로 일구는 밭은 외가에서 조금 떨어진 야트막한 산비탈에 있었다. 밭에서는 철을 따라 고추, 콩, 참깨, 들깨, 무, 배추를 키웠다. 추석에 성묘를 위해 시골에 며칠 머물 때면 빨갛게 익은 고추를 땄다. 볕에 잘 말린 뒤 방앗간에서 가루로 만들어 고추장을 담근다고 하셨는데, 고추장을 담그는 시기는 방학이 아닌 늦가을이어서 직접 보지는 못했다.

된장을 담그는 과정은 매년 빠짐없이 보았다. 항상 겨울방학이 끝날 즈음이었다. 나중에 안 것이지만 정월장이다. 된장 담그기의 총지휘는 낯설게도 외할아버지께서 맡으셨다. 우선 가마솥에서 콩을 삶는 것이 시작이다. 콩은 신작로, 논둑 길, 밭에서 키워 수확한 것이다. 삶은 콩 자체로도 참 구수하니 맛나다. 불 때는 일을 도우면 꽤 얻어먹었다. 알맞게 익은 콩은 절구로 옮겨 찧는다. 찧는 쪽과 콩을 뒤집어 주는 쪽의 손이 잘 맞아야 한다.

콩이 대부분 일그러지고 더러 그 모습이 조금 남아 있을 정도로 찧으면 외할아버지는 벽돌 모양으로 반듯하게 메주를 빚으셨다. 대식구가 먹을 양이라 꽤 많았다. 볏짚을 깔고 바람이 잘 드나드는 곳에서 며칠 말려 겉면이 꾸덕꾸덕해지면 사랑채 할아버지 방으로 메주를 옮긴다. 메주를 '띄운다'고 하셨다. 역시 바닥에 볏짚을 깔고 메주를 차곡차곡 쌓은 뒤 깨끗한 이불을 덮으셨다. 외할아버지는 사랑방 아궁이를 거의 떠나지 않으며 자주 불을 지피셨다. 사랑방 아궁이에서 할아버지가 뵈지 않으시면 방에서 메주의 위치를 바꿔 주고 계신 것이었다. 찜질방이 되어 버린 방에서 나는 냄새는 좀…. 며칠 뒤 할아버지 표정이 밝은 때가 있었고, 어두울 때가 있었다. 밝은 때는 메주에 하얀색 곰팡이가 핀 때이고, 어두울 때는 검은색 또는 파란색 곰팡이가 핀 때였다. 어느 경우든 장 담그기 일정은 이어졌다.

장 담그는 날이다. 장 담그기는 메주를 씻는 것으로 시작한다. 하얀색의 좋은 곰팡이가 폈을 때는 살살 헹구듯 씻고, 검은색이나 파란색 곰팡이가 폈을 때는 빡빡 깨끗이 씻은 다음 항아리에 넣는다. 소금물을 붓고 숯과 잘 마른 빨간 고추를 넣은 뒤 뚜껑 덮어 장독대로 옮기면 일단 장 담그기 일정은 끝난다. 장 담그는 첫날에서 마지막 날까지 할아버지의 표정은 무척 진지하셨다. 직접 묻고 싶은 것이 많았지만 너무 진지하셔서 주로 할머니께 여쭈었다. 두 달 정도가 지나 된장과 간장으로 장 가르기를 하는 과정은 방학이 아니어서 말로만 들었다. 액체 부분이 간장이고 건더기가 된장이라고. 역시 곰팡이가 생명이라는 생각이 가슴에 와닿았던 것 같지는 않다.

술과 효모

비슷한 시기에 비슷한 일이 또 벌어졌다. 이번 기억도 소중하다. 술에 얽힌 기억이다. 외가의 경우 경사나 애사의 행사 기간이 좀 길었다. 더군다나 환갑과 같은 가장 큰 경사는 일주일 내내 잔치가 이어졌다.

축하객이 오고 싶거나 올 수 있는 시간에 오는 축하객 맞춤형 잔치다. 잔치에 빠질 수 없는 것이 있다. 술.

면소재지에 양조장이 있었던 것으로 안다. 일주일 내내 술동이를 이거나 지고 나르기에 너무 멀다. 그래서 시골에서는 집마다 술을 직접 빚었다. 덕분에 술 빚는 과정도 모두 볼 수 있었다. 외할아버지 환갑을 앞두고 외할머니께서 가장 소중히 여기셨던 것은 누룩이었다. 술도 당신께서 빚으셨다. 된장과 간장은 부엌 근처에 얼씬도 하지 않으셨던 할아버지께서 담그셨고, 술은 술 한 모금 마시지 못하셨던 할머니께서 빚으셨는데, 장맛과 술맛 모두 뛰어났다. 참으로 신기한 일이다.

아주 오래전 수렵 채취 시절에도 술은 사람 곁에 있었으리라 생각한다. 적어도 정착과 농경의 시작과 더불어 토기를 사용한 후기구석기 시대부터는 더욱 그렇다. 과실주. 과실을 토기에 보관했기 쉽다. 먹다 남은 것을 같이 넣어 두기도 했을 것이다. 과실은 조금이라도 상처가 나면 과즙이 나온다. 그러니 먹다 남은 것은 말할 것도 없다. 과실 껍질이나 토기 안에 자연적으로 존재하거나 공중을 떠돌던 효모가 내려앉아 포도당과 과당을 분해하고 그 결과 알코올과 이산화탄소를 만든다. 알코올발효며 그 결과는 술이다. 처음은 우연, 그다음은 의도에 의해 술은 만들어졌을 것이다. 보름달이 뜨면 원숭이들이 바위나 나무의 오목한 곳에 잘 익은 포도를 놓고 그 위에서 뛰놀다 다음 달 보름에 다시 찾아와 고인 물을 마시며 논다는 이야기가 여러 나라에서 전해진다. 선사 시대에 술을 빚던 방식을 짐작해 볼 수 있는 대목이다. 벌꿀물이나 젖에서도 비슷한 일이 벌어진다. 그러나 인구가 늘고 술의 수요 또한 늘어남에 따라 술의 원료를 다른 곳에서 찾게 되었다.

농경이 발달하며 곡물 생산이 늘어나자 곡물로 술을 빚는 방법이 개발된다. 식물은 광합성을 통해 포도당을 만들고, 포도당을 에너지의 원천으로 삼아 살아간다. 그런데 이 귀한 포도당을 만든 족족 다 쓰겠는가. 그렇지 않다. 뿌리, 줄기, 씨앗, 열매에 차곡차곡 모아 둔다. 동물은 그것을 캐 먹거나 따 먹으며 살아간다. 포도당(단당류)의 저장 형태가 녹말(다당류)이다. 녹말은 포도당이 수백~수천 개 연결된 구조다. 알코올은 포도당이 변해 생긴다. 따라서 곡물로 술을 만들려면 우선 곡물의 녹말을 포도당으로 바꾸고, 포도당을 알코올로 변화시키는 두 단계의 과정을 거쳐야 한다.

녹말을 맷돌로 아무리 열심히 갈아도 포도당이 나오지 않는다. 효소가 필요하다. 아밀라아제라는 효소다. 아밀라아제는 녹말의 포도당을 끝에서부터 두 개씩 잘라 준다. 포도당-포도당의 엿당(이당류)이 생긴다. 두 개씩 자르다 보면 짝이 맞지 않아 포도당 하나가 나오기도 한다. 10% 정도 그렇다. 엿당 또한 아무리 기다려 봐야 포도당으로 나누어지지 않는다. 역시 효소가 필요하다. 말타아제maltase라는 효소다. 녹말이 아밀라아제와 말타아제의 협력으로 포도당으로 변하고, 포도당이 알코올로 발효되면 술이 만들어지는 것이다. 이처럼 술은 아밀라아제, 말타아제, 알코올발효의 작용 또는 과정을 거쳐야 한다. 이들 효소를 가지고 있거나 발효 능력을 지닌 것이 효모와 몇몇 곰팡이다. 문제는 보이지도 않은 채 어딘가에 붙어 있거나 공중을 떠다니는 효모와 곰팡이를 모아야 한다는 것이다. 그것도 원하는 것들만 콕 집어서. 그럴 수는 없더라도 술을 만드는 데 유용한 효모와 누룩곰팡이가 자리 잡고 잘 커 줄 것을 소망하며 마련하는 터전이 누룩이다.

할머니께서는 누룩을 이렇게 만드셨다. 우선 밀을 맷돌로 굽게 간다. 곡물(찹쌀, 멥쌀, 보리, 밀, 옥수수, 수수, 조 등)은 무엇이라도 쓰일 수 있다고 하셨다. 밀가루에 물을 조금씩 부으며 조금 된 듯하게 반죽한다. 큰 덩어리를 베 보자기로 잘 싼 뒤 발로 밟는다. 메주는 손으로, 누룩은 발로 빚는다. 공기 들어갈 틈도 없게 단단하게 밟으셨다. 누룩곰팡이는 산소를 싫어하는 혐기성이다. 눈이 많이 온 날이었다. 뒤꿈치는 고정한 채 발을 조금씩 옮기며 꽃무늬를 찍듯 발로 밟으셨는데 사뿐사뿐 춤을 추시는 듯했다. 제법 두툼하지만 가운데가 오목한 원판 모양의 누룩이 완성된다.

다음 순서는 누룩 띄우기다. 메주도 누룩도 모두 띄운다고 하셨다. 생물학적으로 보자면 원하는 효모와 곰팡이의 배양 과정이다. 갈아 준 밀은 효모와 곰팡이를 위한 일종의 먹이다. 녹말을 분해하며 살아갈 것이다. 물을 넣어 반죽했으니 수분도 있다. 이제 알맞은 온도만 제공하면 잘 큰다. 중요한 것은 술을 빚는 데 도움이 되는 효모와 곰팡이를 어떻게 선별할 것이냐는 점이다. 선조들은 보이지 않으며 게다가 개념도 없으셨을 미생물을 잘도 골라내셨다. 수없이 거듭한 시행착오의 결과였으리라.

누룩을 띄우는 데 중요한 과정은 온도 유지다. 조금 덥다 싶을 정도로 온도를 유지하시는 것 같았다. 이불을 덮어 줄 때가 많았다. 사흘에 한 번꼴로 누룩을 뒤집어 주셨고, 그렇게 3주 정도가 흘렀다. 나중에 안 것이지만 누룩 띄우기 중에 이런 일이 벌어진다. 누룩을 만들어 두면 제일 먼저 젖산균이 자란다. 젖산균의 도움으로 누룩의 재료나 물, 공기, 볏짚에 있던 다른 잡균의 활동이 억제되면서 상대적으로 젖산에 강한 효모의 활동이 활발해진다. 효모가 증식하면 이산화탄소가 발생하며 열이 난다. 또한 온도가 어느 정도 올라가면 열에 약한 효모의 증식은 수그러들고 열에 강한 누룩곰팡이가 생장하기 시작한다. 또 일정 시간이 흐르면 누룩의 열이 식으며 다시 효모가 증식 속도를 낸다. 3주 사이에 이런 일이 여러 번 반복된다. 발생되는 열로 인해 수분 증발이 다 이루어지면 발효는 종료된다. 누룩이 다 띄워졌다고 표현하셨지만 원하는 효모와 곰팡이를 넉넉히 키운 것이다. 물이 없으니 이들은 생장을 멈춘다. 생장을 멈출 뿐 죽은 것은 아니다.

이렇게 준비한 누룩은 술 빚기 며칠 전에 절구에 넣고 설렁설렁 빻는다. 아주 곱게 빻지는 않았다. 며칠 햇볕에 잘 말려 술 빚기에 들어간다. 드디어 술 빚는 날이다. 좋은 쌀로 술밥을 짓는다. 고슬고슬보다는 되고 꼬득꼬득보다는 질게. 고두밥이라고도 했다. 술밥은 술뿐만 아니라 식혜를 만들 때도 짓는다. 밥알 하나하나가 쉽게 떨어지니 녹말을 분해하기 쉽다. 술밥은 전날부터 준비한다. 쌀을 잘 씻어 하룻밤 넉넉히 불린다. 다음 날, 두어 시간 물기를 완전히 뺀 다음 시루에 넣고 찐다. 물을 넣고 짓는 밥이 아니다. 술밥이 완성되면 멍석에 펼치고 식힌다. 항아리에 술밥과 준비한 누룩을 넣고 알맞게 물을 부으면 일단 술 빚기 준비는 끝이다.

일주일 정도 정성을 보태야 한다. 중요한 것은 온도 조절. 항온기는 없다. 온도계도 없다. 순전히 감각으로 온도를 조절하셨다. 식사 때가 아니어도 간간이 불을 지피셨다. 이불을 덮었다 벗겼다 하는 일도 뭔가 기준이 있으셨을 텐데 그것은 모르겠다. 한번은 항아리 뚜껑을 연 적이 있다. 부글부글 거품이 올라오고 있었다. 효모와 곰팡이들의 작품이라는 것과 그 세세한 대사 과정까지 다 알지는 못했지만 뭔가 살아 있는 느낌이 든 것은 분명했다. 시간이 흐른 뒤 효모yeast의 말 뿌리가 '끓다, 거품이 나다'라는 것을 알았을 때 얼마나 실감이 났겠는가. 일주일 남짓, 할머니의 정성을 따라 안방 아랫목에서 술은 그렇게 익어 갔다. 술은 마시지 않았음에도 슬쩍 취했던 것 같기도 하다. 할머니께서 빚은 술이 최고라는 말은 술을 지고는 못 가도 마시고는 가셨던 아버지께 귀가 닳도록 들었다. 종류는 다르지만 장마 끝에 생겼던 곰팡이의 또 다른 면이기도 하다.

술이 만들어지는 과정은 무척 신기했다. 그러나 그렇게 직접 보았어도 알코올발효는 눈에 보이지 않는 미생물인 효모와 곰팡이의 공동 작품이라는 사실을 제대로 이해하기까지는 꽤 오랜 시간이 걸렸다. 대학 시절 강의와 책을 통해 발효의 생화학 과정을 자세히 배우고 심지어 달달 외우기까지 했지만 실감하지 못했다. 대학원 생활을 하며 효모와 곰팡이를 직접 본 이후에야 그나마 어렴풋이 그림이 그려졌던 것 같다. 이런 기회가 없는 사람이 대부분이다. 많이 답답하겠다 싶다. 초등학교·중학교·고등학교를 지나며 적어도 한 번씩은 눈에 보이지 않는 생명을 직접 관찰하는 시간이 꼭 있으면 좋겠다.

진균의 세상

효모, 곰팡이, 버섯이 진균을 대표하는 생명이라고 했지만 실제로 진균계는 상당히 다양한 생활사를 지닌 생물이 모인 복잡한 분류군이다. 자연에는 220만~380만 종의 진균이 존재할 것으로 추정하고 있다. 그러나 지금까지 학명이 부여된 진균류는 12만 종에 불과하다. 진균학자조차 진균의 3.2~5.5% 정도를 만났을 뿐이다.

진균류 또한 엄청난 생명력을 지닌 생명이다. 육상이라면 자라지 않는 곳을 찾기가 더 어려울 정도다. 사막, 고염분 지역, 강한 방사능 지역, 극지역도 가리지 않는다. 심지어 강력한 자외선도 잘 견딘다. 대부분 육상에서 서식하며 물에서 사는 종이 많지는 않다. 물에서 서식하는 종들은 일생을 유주자zoospore 상태로 보낸다. 유주자는 운동성이 있는 포자를 말한다. 진균류는 유성생식 또는 무성생식으로 포자를 만들어 번식한다. 생식 과정은 무척 복잡하다. 정확히는 어렵다. 균류의 대부분은 육상에서 살아가는데 포자가 운동성이 없기 때문에 산포가 쉽지 않다. 기본적으로 포자낭이 터지며 안에 있던 포자가 물리적으로 분출되는 방법을 따른다. 떨어지는 빗방울에 맞아 포자가 산포되기도 한다. 포자가 흩어지기에는 빗방울 하나의 힘도 크다. 균류의 포자는 방수 처리가 되어 있어 비에 의해 산포될 때 유리하다.

꽃처럼 아름다운 색깔 또는 냄새로 곤충을 유인하여 포자를 산포하기도 한다. 무엇보다 포자 산포에 있어서 결정적인 역할을 하는 것은 바람이다. 또한 곤충의 몸에 붙거나 동물에 먹힌 다음 소화관을 통하여 전파하는 것도 있다. 일부는 동물에게 직접적인 도움을 받기도 한다. 버섯이 대표적이다. 버섯의 모양을 생각해 보자. 발에 잘 차이게 생겼다. 실제로 포자를 산포하기 위해 동물에 차이겠다는 뜻이다. 진균류는 단시간에 방대한 수에 이르는 포자를 형성하는 능력이 있다. 다양한 방법으로 산포된 포자는 공중·수중·땅속 어느 곳에나 잘 부착한다. 그러다 환경조건이 알맞으면 발아하여 균사를 뻗어 정착한다.

생식 방법만큼이나 생활사 또한 아리송한 구석이 많다. 진균류는 생물의 사체 또는 유기물에 붙어 부생적 생활을 하지만 일부는 동물과 식물의 생체에 기생하기도 한다. 부생은 사체의 분해작용이며 기생은 생체의 분해작용이다. 부생이나 기생 외에 식물의 뿌리에 균근菌根을 만들어 식물과 공생을 하는 것도 있다. 공생의 유형도 다양하다. 식물이나 곤충과 공생할 때가 많은데 양쪽 모두 좋거나, 한쪽만 좋거나, 한쪽만 나쁘거나, 심지어 둘 다 나쁘지도 않고 좋지도 않은 경우가 있다. 어찌 되었든 함께 산다. 어떠한 경우라도 균류는 몸 밖으로 분해효소를 분비하여 유기물을 분해하고 흡수한다. 분해산물을 모두 흡수할 수 없다. 다 흡수하지 못하는 분해산물은 식물과 다른 생명이 흡수한다. 진균은 세균과 더불어 자연계의 분해자 역할을 하며 물질순환에 기여한다.

진균과 인간

진균류를 빼놓고 인간의 식생활을 말하기 어렵다. 그만큼 식생활에서 진균이 차지하는 비중은 크다. 진균 중 가장 친숙한 것은 효모다. 술과 빵의 역사는 인류의 역사와 함께할 만큼 오래다. 그러나 효모의 발효 과정이 과학적으로 입증된 것은 19세기 후반이다. 1876년 파스퇴르는 맥주가 발효되는 과정에 결정적인 역할을 하는 미생물이 있다는 논문을 발표한다. 그 미생물이 바로 효모였고, 이후 효모 배양과 분류·생태에 대한 연구가 본격적으로 시작된다. 지금까지 동정(생물의 분류학적 소속이나 명칭을 바르게 정하는 일)된 효모만 해도 1500종이 넘는다. 효모는 그 생리적 특성으로 인해 식품산업 분야에서 쓰임새가 크다. 특히 포도당을 분해하여 알코올과 이산화탄소를 만드는 효모의 발효 과정은 술의 제조뿐만 아니라 바이오에탄올 생산을 비롯하여 신재생에너지 산업에도 활용 가치가 크다. 게다가 1997년, 출아형 효모인 사카로미세스 세레비시아*Saccharomyces cerevisiae*의 염기서열 전체가 밝혀졌다. 진핵생물 최초다. 이후로 효모는 진핵생물의 모델 생물로서 물질대사, 유전자 발현, 세포 주기 등에 관해 많은 연구가 이루어지고 있으며 산업적으로도 다양하게 활용되고 있다.

빵이나 술보다 먼저 인류와 인연이 있었던 진균은 버섯이다. 실제로 수렵·어로·채취로 살던 시절에 버섯을 채취했음을 알 수 있는 벽화가 있으며, 근래는 버섯을 재배한다. 샐러드와 수프를 비롯하여 다양한 버섯 음식이 우리의 식탁을 채운다. 인간의 식생활과 떼어 놓을 수 없는 다양한 발효식품은 대부분 효모나 곰팡이의 도움을 받은 것이다. 진균류는 다양한 생명체를 담고 있는 분류군이기에 물질대사도 다양하다. 독특한 물질대사를 통해 특유의 지방, 단백질, 탄수화물, 다양한 비타민을 함유하므로 균체 자체로도 특별한 식품의 가치가 있다.

물론 진균과 인간의 관계에서 좋은 면만 있는 것은 아니다. 농작물에 큰 피해를 입혀 세계의 식량 수급에 영향을 미치기도 하고, 인간에게 직접적으로 질병을 일으키기도 한다. 12만 종의 균류 중 사람에게 질병을 일으키는 병원체는 300종 남짓으로 알려져 있다. 진균류(곰팡이)가 사람에 일으키는 질병 중 대표적인 것은 아스페르길루스증aspergillosis, 칸디다증candidiasis, 콕시디오이데스진균증coccidioidomycosis, 크립토콕쿠스증cryptococcosis, 히스토플라스마증histoplasmosis, 미케토마mycetoma, 파라콕시디오이데스진균증paracoccidioido mycosis 등이다. 주로 호흡기에 영향을 미치지만 다른 장기에도 해를 끼치며 눈, 손톱, 발톱, 피부 또한 균류의 공격 대상이다. 백선이나 무좀도 곰팡이 종류의 감염에 의한다. 진균류의 포자는 꽃가루처럼 알레르기를 일으키기도 한다.

진균류는 병도 주고 약도 준다. 어떤 곰팡이에 의한 질병의 치료물질을 다른 곰팡이에서 찾은 사례가 많다. 곰팡이가 일으키는 질병이 많지만 푸른곰팡이에서 최초의 항생제 페니실린을 발견하지 않았던가. 이후로도 진균류로부터 다양한 항생제를 얻고 있다. 항생제뿐만 아니라 진균류가 생성하거나 분비하는 물질 중 인간의 삶에 요긴한 것들이 많다. 항바이러스제, 항암제, 콜레스테롤 조절제, 이식수술과 관련한 면역억제제를 비롯한 다양한 약물, 비타민 등 쓰임새도 다양하다. 더군다나 근래 유전공학적 접근이 이루어지면서 유용한 물질의 대량생산도 가능해졌다. 최근에는 균류를 활용한 환경 복원도 시도하고 있다. 백색부후균white-rot fungi 중 몇 종은 살충제와 제초제, 심지어 콜타르를 분해하는 능력이 뛰어나다. 우라늄을 빠른 속도로 분해하는 진균류도 있다.

대부분의 균류는 생물학적으로 활성이 높은 화합물은 만드는데, 그중 독성이 강한 것을 진균독소mycotoxin라 부른다. 사람과 관련이 깊은 진균독소는 음식이나 농작물을 썩게 하는 독소 또는 독버섯의 독소다. 맥각병이라는 질병이 있다. 맥은 보리, 각은 껍질을 뜻한다. 맥각균이 밀이나 호밀을 비롯한 볏과 식물에 기생하여 독성물질을 만들어 내고 이를 사람이 먹으면 중독을 일으킨다. 기근에 시달렸던 중세에 상한 호밀이라도 먹을 수밖에 없었던 수많은 사람이 맥각병으로 목숨을 잃었다.

곡류나 견과류에 살며 아플라톡신aflatoxin을 분비하는 곰팡이도 많다. 아플라톡신은 특히 간에 치명적이며 강력한 발암물질이기도 하다. 2003년 케냐에서는 120명이 옥수수를 섭취한 뒤 아플라톡신 중독으로 사망한 적이 있다. 광대버섯 속의 버섯이 생성하는 아마톡신amatoxin은 맹독이다. 치사량은 0.1㎎/㎏이다. 70㎏ 성인 기준 7㎎이 치사량이라는 뜻이다. 알광대버섯 하나에 있는 아마톡신은 10~15㎎으로 알려져 있다. 버섯 하나로 두 사람이 죽을 수 있다. 진균류가 생성하는 진균독소는 천적의 포식으로부터 자신을 지키기 위한 방어물질이거나 다른 생명과의 경쟁에서 살아남기 위한 생리적 적응의 산물이다.

버섯과 함께 넓어진 나의 세상

진균과의 인연은 때로 애매하고 더러 모호한 정도로 끝날 수도 있었다. 공부를 통해 얄팍한 정보 조금은 보탤 수 있었을 터이다. 그런데 인연이라는 것이 참으로 묘하다. 진균이라는 생명이 마침내 생명으로 와락 와닿는 일이 벌어졌다.

버섯은 진균을 대표하는 생명 중 하나다. 버섯, 분명 생명이다. 하지만 자연 그대로의 버섯을 만나기 쉽지 않고 대부분 식탁에서 먹을거리로 만난다. 생명이라는 생각이 그다지 들지 않는 이유다. 나 역시 다르지 않았을 것이다. 평생 그저 먹을거리로만 여기며 살았기 쉽다. 나의 삶에서 상상도 못 했던 시간, 버섯에 미쳐 산 시간이 없었다면 말이다.

벌써 20년의 시간이 흘렀다. 2001년 봄날, 동료가 제안을 했다. 자연환경조사가 있는데 버섯 분야를 담당할 마땅한 사람이 없으니 버

노란다발
봄에서 가을에 걸쳐 썩은 나무나 나무 그루터기에 다발로 피어난다. 식용하는 개암버섯과 비슷하지만 맹독버섯이다. 지리산.

노랑망태버섯
망토를 닮은 모습이다. 버섯의 여왕이라 불릴 만큼 화려하며, 서양에서는 드레스버섯이라고도 한다. 전남 순천 조계산.

노랑싸리버섯
싸리버섯과 생김새는 같으나 노란색이며 독버섯이다. 전남 장흥 천관산.

섯의 세계에 한번 들어가 보면 어떠하겠느냐는 내용이었다. 또한 버섯은 중점 조사대상이 아니니 흔히 보이는 정도만 조사하면 된다고 했다. 잠시 생각했다. 우선 자연의 버섯 중에서 생김새와 이름을 아는 것을 꼽아 보니 다섯 손가락도 여유가 있었다. 그래서 바로 그러자고 했다.

달걀버섯
세상에서 가장 화려한 버섯이다. 붉은 빛깔이 강렬하지만 최고의 식용버섯이다. 로마시대 네로 황제에게 달걀버섯을 진상하면 그 무게를 달아 같은 양의 황금을 하사했다는 기록이 있다. 전남 여수 금오도.

새로운 세계에 도전한다는 결심은 기특했으나 구체적인 준비 없이 시간만 불편하게 흐르는 사이 결국 종합조사 날이 되었다. 일단 버섯으로 보이는 것과 버섯이다 싶은 것은 모두 사진을 찍었는데, 생각과 달리 많지 않았다. 그해 유난히 봄 가뭄이 심하기는 했다. 하지만 없어서 만나지 못한 것이 아니라 아는 것이 없었으니 있어도 보이지 않았으며, 있는 곳으로 가지 못하고 없는 곳에서만 헤매지 않았나 하는 생각이 들었다. 아무리 중점 조사대상이 아니라도 일을 이리할 수는 없었다.

우선 버섯과 관련한 모든 서적을 구입했다. 우리나라에는 1100여 종의 버섯이 자생하는데, 도감에는 약 400종이 수록되어 있었다. 어느 도감이라도 크게 다르지 않았다. 먼저 사진을 보며 이름을 외우기 시작했다. 3분의 1 정도는 생김새가 독특하여 쉽게 구분도 되고 이름을 기억하는 것도 어렵지 않았지만, 나머지는 그게 그것 같아 이름을 다 기억하는 데에는 시간이 제법 걸렸다. 드디어 사진을 보며 이름 맞히기 완성. 다음으로 할 일은 버섯에 직접 다가서는 것이다. 연구

말뚝버섯
원통형 말뚝 모양으로 갓에 냄새가 강한 암갈색의 점액이 흐른다. 냄새는 곤충을 유인하며 점액 속 포자는 곤충을 따라 전파한다. 지리산.

붉은그물버섯
버섯 이름에 '그물버섯'이 들어가면 갓 안쪽의 모습이 주름살이 아니라 관공이라는 뜻이다. 관공은 아주 작은 구멍을 말한다. 서울 북한산.

실에서 계단 하나 내려가 몇 걸음 더 걸으면 바로 산인 것은 내게 축복이었다. 버섯만 보고 다니는 삶은 그렇게 시작되었다.

도감을 보며 머릿속에 담아 두었던 버섯이 하나씩 보이기 시작했다. 몸을 움직일 때마다 새로운 만남이 생기는 것은 더없는 기쁨이었다. 그러나 기쁨도 잠시. 한 시간을 견디지 못하고 산을 내려와야 했다. 버섯학자들의 경고가 있어 몸도 마음도 준비는 하고 있었으나 숲모기들의 공격은 상상을 뛰어넘었다. 할 수 없이 다음 날부터는 눈만 나오는 모자를 뒤집어쓰고 완전 겨울 차림으로 산에 올랐다. 날은 점점 더 워져 땀으로 샤워를 해야 했지만 몰랐던 것을 하나씩 알아 간다는 기쁨과 일에 대한 책임에 산행을 멈출 수는 없었다. 해 뜨면 산에 들어 해 질 무렵 내려올 때까지 그날그날 마주한 버섯은 모두 사진을 찍는 것은 물론 기상 조건과 주변 환경까지 꼼꼼히 기록했다. 날마다 같은 길을 따라 움직이니 시간과 날씨에 따라 버섯이 변하는 모습을 촘촘히 챙길 수 있었고, 어떤 환경에서 어떤 버섯이 발생하는지도 알게 되어 버섯의 생태를 이해하는 데 큰 도움이 되었다. 하루도 쉬지 않고 버섯을 하나씩 만나 알아 갔다. 그렇게 나의 세상은 조금씩 넓어진 셈이다.

버섯을 찾아 온 산을 더듬듯 다니며 5년의 시간을 보냈다. 언제나 혼자 산행을 하는 것이라 위험한 순간과 마주치는 일도 적지 않았다. 버섯에 그리 빠질 이유가 있나 싶을 것이다. 이유가 있다. 직접 다가가야 느낄 수 있다. 엄청 아름답다. 버섯 그림은 모두 똑같다. 갓이 있고 자루가 있다. 실제 버섯의 생김새는 무척 다양하다. 그리고 빛깔. 아름다움의 중심이다. 버섯은 세상의 아름다운 색깔을 다 품고 있다.

생태계는 생산자, 소비자, 그리고 분해자라는 세 개의 커다란 톱니바퀴가 서로 맞물려 돌아가는 세계다. 그 어느 곳에서 톱니 하나가 빠지면 언젠가는 멈출 수밖에 없는 속성을 지니고 있다. 버섯은 진균으로 분해자다. 유기물을 분해하여 그중 일부를 취해 자신이 살고, 나머지는 다른 생명의 것으로 되돌려 준다. 한때 버섯과 인연이 닿아 버섯만 보고 다닌 적이 있었다. 그 시간 동안 내가 버섯으로 인해 알게 된 것은 하나뿐이다. 버섯을 알려면 우선 버섯과 친구가 되어야 할 것인데, 버섯의 벗이 되려면 버섯보다 많이 큰 내가 먼저 버섯의 높이로 땅

자주국수버섯
자주색 국수발 모습의 버섯이다. 가을에 소나무와 같은 침엽수림에 무리 지어 피어난다. 지리산.

털귀신그물버섯
검은색의 비늘 조각이 갓 표면을 덮고 있다. 갓 아랫면에는 주름살이 아니라 관공이 있다. 전남 해남 두륜산.

애기방귀버섯
'방귀버섯'이라는 이름은 둥그런 포자 주머니의 구멍에서 포자를 방출하는 모습을 묘사한 것이다. 또한 방귀버섯의 속명은 '땅 위에 돋는 별'이라는 뜻이다. 전북 남원 서남대학교 교정.

에 엎드리면 된다는 것이다. 아, 또 하나가 있다. 버섯을 마음속으로 줄이고 또 줄여 보이지 않을 만큼 줄이면 곰팡이로 보인다.

3
•
원생동물

초등학교·중학교·고등학교 시절, 학교에 과학실이 있었다. 들어가 보지는 못했고 창문 너머로 얼핏 보았다. 대학에 가서야 드디어 실험이라는 것을 하게 되었다. 학교를 다닌 지 13년 만이었다. 잊을 수 없는 첫 시간은 세포 관찰. 양파의 표피세포와 입속 점막세포를 표본으로 식물세포와 동물세포는 무엇이 같고 무엇이 다른지를 알아보는 내용이었다. 처음으로 현미경을 통해 세포를 만났다. 눈에 보이지 않는 세상을 본 것이다. 다른 이의 말을 전해 듣는 것과 내가 직접 체험하는 것의 차이는 어마어마했다.

작지만 소중한 생명체

두 번째 실험은 충격이었다. 생명에 대해서 깊게 사유하기 시작한 것은 분명 그때부터였다. 원생동물 관찰. 학교 뒤 작은 웅덩이에서 물을 떠 와 낮에는 햇빛이 잘 드는 곳에 두고 저녁에는 인큐베이터에 두는 단순한 일을 일주일 한 것뿐이었다. 조금 더 좋은 환경을 제공한 것으로 일종의 배양이다. 스포이트로 눈곱만큼의 물을 떠서 슬라이드글라스 위에 놓고 커버글라스를 덮은 뒤 관찰. 충격이었고 감동이었다. 아주 작은 단세포 생명체들(아메바, 연두벌레, 짚신벌레, 유글레나…)이 바글바글…. 정신없이 움직인다. 앞으로 나아갈 때, 뒤로 물러설 때, 방향을 바꿀 때, 그 움직임의 바탕이 되는 섬모 하나하나의 움직임은 환상적이었고, 기다란 편모의 움직임도 예술이었다. 인간은 100조 개의 세포. 저들은 하나의 세포로 이루어졌지만 자유자재로 움직인다는 것에 소름이 돋을 정도였다. 또한 저들 역시 생명이라는 점에서, 간절하게 삶을 헤쳐 나간다는 점에서 똑같이 소중한 존재라는 생각이 들었다.

문제가 생겼다. 슬라이드글라스 아래에서 빛을 제공하는 램프의 열에 의해 물이 말라 가는 것이었다. 물은 점점 마르고 저들의 움직임은 잠시 더 처절히 바빠지다 마침내 멈추고 말았다. 실험 시간은 두 시간으로 정해져 있다. 이제 정리할 시간. 비커에 아직도 가득히 담긴 물로 눈길이 갔다. 생명이 가득한 물을 싱크대에 버릴 수는 없었다. 물을 떠 온 곳, 웅덩이에 돌려주는 것으로 나의 실험 시간은 그렇게 끝났다.

원생동물은 2~100㎛의 현미경적 크기며, 하나의 세포로 이루어져 있다. 그럼에도 마치 동물처럼 행동한다. 원생동물을 의미하는 protozoa에서 proto는 '원시적'이라는 뜻이고, zoa는 '동물'을 뜻한다. 곧 원생동물은 원시적인 동물이라는 뜻이다. 원시적이라는 표현이 개인적으로 조금 불편하다. 단세포라 하여 꼭 원시적이라고 할 수 있나 싶은 생각이 들어서다. 그냥 한세포동물이라 불러도 좋을 듯하다. 어찌 되었든 원생동물은 하나의 세포가 생활 단위인 개체다. 그렇더라도 갖출 것은 다 갖추었다.

우선 운동성. 섬모, 편모, 또는 가짜 다리인 위족으로 움직인다. 위족으로 움직이는 대표적인 생물이 아메바다. 그래서 위족에 의해 일어나는 세포운동을 아메바운동이라고 한다. 식균작용을 하는 백혈구 또한 아메바운동으로 움직인다. 운동기관은 원생동물의 특징을 설명하는 가장 중요한 부분이다. 이를 기초로 원생동물은 아메바류, 편모충류, 섬모충류, 포자충류의 네 가지 모둠으로 구분한다.

영양 방식도 다양하다. 식물처럼 광합성을 하는 원생동물이 있다. 유글레나와 볼복스는 엽록소를 가지고 있어 광합성도 한다. 광합성을 통해 영양의 문제를 스스로 해결할 수 있으나 움직일 수 없는 식물, 영양의 문제를 스스로 해결할 수 없으나 움직일 수 있는 동물, 둘에서 장점만 택한 생명이다. 게다가 딱 하나의 세포로 이루어져 있으면서 말이다. 기생충처럼 숙주로부터 영양분을 흡수하여 살아가는 생명도 있다. 하지만 대부분의 원생동물은 고체나 액체 상태의 먹이나 다른 원생생물을 섭식함으로써 완전한 동물성 영양의 유형을 나타낸다. 하나의 세포로 이루어져 있지만 생명체로서의 위상은 확고하다.

대학을 졸업하고 대학원 시절 실험조교를 할 때도 가장 즐거운 시간은 원생동물 관찰 시간이었다. 시간이 흘러 교수가 되었으나 아직 실험조교가 없어 직접 실험을 지도해야 했을 때도 다르지 않았다. 학생들보다 내가 더 들떠 있었는지도 모르겠다. 그리고 실험 후 처리도 대학교 1학년 그때와 같았다. 물 한 방울을 들고 어쩔 줄 모르는 삶, 언제나 그렇게 살 수는 없다. 늘 그렇게 살지도 못했다. 그러면 어찌할 것인가. 적어도 편한 대로만 살지는 않으려 한다.

돌이켜 본다. 내게 원생동물 관찰 시간이 없었다면 내 삶의 모습은 어떠했을까? 분명하다. 웅덩이 물에는 아무것도 살지 않는다고 생각할 것이며, 그 생각을 굳게 믿었을 것이다. 아는 것이 중요하다. 보이지 않아도, 보이지 않는 곳에도 생명은 있다는 것을. 그리고 그 보이지 않는 생명과 다른 모든 생명이 서로 이어져 있다는 것을. 또한 그 연결 고리의 어느 곳에서 우리 인간도 서성이고 있다는 것을.

생명을 대하는 마음의 출발점

퇴직한 지 2년의 시간이 흘렀다. 퇴직하기 전까지 15년 남짓 도내 오지에 있는 초등학교를 찾아다닌 적이 있다. 찾아가는 과학교실 프로그램으로, 지역의 열악한 과학 환경을 안타깝게 여긴 동료 교수들이 마음을 모아 팀을 꾸린 것이다. 일주일에 한 번씩 학교를 방문하는 것이었는데, 우리 어린 친구들도 나도 원생동물 관찰 시간을 가장 즐거워했다. 매주 현미경 박스 열 개를 차에 싣고 내리는 것을 반복했어도 힘들지 않았다. 둘이 한 모둠으로 하면 반만 싣고 내리면 되지만 언제나 한 명이 현미경 한 대를 마음껏 사용하도록 했다. 원생동물 관찰 후 학생들의 뒷정리 모습을 눈여겨보게 된다. 많을 때는 반 정도, 비커의 물을 어디에 버려야 할지 몰라 절절매다 내게 방법을 물었다.

눈에 보이지도 않는 생명조차 이러한 마음으로 대하는 아이가 식물과 동물처럼 보이는 생명을, 더군다나 사람을 어떤 마음으로 마주

할까? 상상하기 어렵지 않다. 이러한 마음으로 성장하는 아이가 어떤 모습의 어른이 되어 있을지 상상하는 것 또한 어렵지 않다. 그래서 물 한 방울에 깃든 생명마저 소중히 여기는 마음을 전하러 나는 오늘도 길을 나선다.

생명을 보는 마음

생명과학자의 삶에 깃든 생명 이야기

초판 1쇄 발행 2020년 10월 30일
초판 5쇄 발행 2023년 1월 31일

지은이 김성호
펴낸이 홍석 | 이사 홍성우
인문편집팀장 박월 | 편집 박주혜 | 디자인 육일구디자인
마케팅 이송희 · 한유리 · 이민재 | 관리 최우리 · 김정선 · 정원경 · 홍보람 · 조영행 · 김지혜

펴낸곳 도서출판 풀빛 | 등록 1979년 3월 6일 제2021-000055호
주소 07547 서울특별시 강서구 양천로 583 우림블루나인 A동 21층 2110호
전화 02-363-5995(영업), 02-364-0844(편집) | 팩스 070-4275-0445
홈페이지 www.pulbit.co.kr | 전자우편 inmun@pulbit.co.kr

ISBN 979-11-6172-778-3 03470

이 도서의 국립중앙도서관 출판예정도서목록(CIP)은 서지정보유통지원시스템(http://seoji.nl.go.kr)과 국가자료종합목록구축시스템(http://kolis-net.nl.go.kr)에서 이용하실 수 있습니다.
(CIP제어번호: CIP2020038631)

• 책값은 뒤표지에 표시되어 있습니다.
• 파본이나 잘못된 책은 구입하신 곳에서 바꿔드립니다.